BIM技术
与施工项目管理

刘占省　赵雪锋　编著

BIM JISHU
YU SHIGONG XIANGMU GUANLI

中国电力出版社
CHINA ELECTRIC POWER PRESS

内 容 提 要

本书系统介绍了BIM技术及其在施工项目管理中的应用，并附有丰富的工程案例。全书包括6章：第1章介绍BIM技术及其应用现状，阐述BIM应用价值、软件分类及BIM人员分类；第2章介绍项目管理，指出项目管理存在的难点及不足，提出基于BIM的项目管理，给出BIM在项目管理中的应用内容，以及企业级BIM技术管理应用；第3章重点介绍基于BIM技术的项目管理体系，包括BIM实施总体目标、BIM组织机构、BIM实施标准及流程、项目BIM技术资源配置和BIM实施保障措施；第4章着重阐述BIM项目管理与应用，包括业主方BIM项目管理与应用、设计方BIM项目管理与应用、施工方BIM项目管理与应用，以及基于BIM技术的项目信息管理平台；第5章是全书理论与工程应用的核心，即施工项目管理BIM技术，包括BIM应用清单、BIM模型建立及维护、深化设计、预制加工管理、虚拟施工管理、进度管理、质量管理、安全管理、成本管理、物料管理、绿色施工管理、工程变更管理、协同工作和竣工交付；第6章重点介绍BIM应用工程实例及开发的BIM应用系统，实例均为作者主要负责的BIM咨询项目，包括北京市政务服务中心、盘锦体育场、徐州奥体中心体育场、多哈大桥、预制装配式住宅信息管理平台和幕墙设计等。

本书的读者对象是从事土木工程的施工技术人员、管理人员、工程设计人员、业主方代表、高校教师、研究生和高年级本科生，也可供从事其他相关专业的人员参考。

图书在版编目（CIP）数据

BIM技术与施工项目管理/刘占省，赵雪锋编著. —北京：中国电力出版社，2015.7(2025.1重印)
ISBN 978-7-5123-7621-2

Ⅰ.①B… Ⅱ.①刘…②赵… Ⅲ.①建筑设计-计算机辅助设计-应用软件 Ⅳ.①TU201.4

中国版本图书馆CIP数据核字（2015）第081134号

中国电力出版社出版发行
北京市东城区北京站西街19号 100005 http://www.cepp.sgcc.com.cn
责任编辑：王晓蕾 联系电话：010—63412610
责任印制：杨晓东 责任校对：郝军燕
中国电力出版社有限公司印刷・各地新华书店经售
2015年7月第1版・2025年1月第7次印刷
787mm×1092mm 1/16・15.25印张・365千字
定价：48.00元

序一

基于BIM（建筑信息模型，英文 building information modeling）具有可视化信息布阵技术和多维度协调功能的特点，并得益于计算机硬件、软件的迅速发展，BIM的研发和应用已经取得了突破性进展，也逐渐受到了业内相关部门和人士的青睐和重视，包括工程建设的业主和政府主管部门。住房和城乡建设部及其各级政府主管部门，连续出台了相关政策措施，以不断推进BIM技术的研发和应用。如今BIM技术在设计、施工企业中的应用已经日益广泛，并且将愈来愈普遍。现如今BIM的应用内容和水平，已经成为工程项目招投标阶段业主重点考核的一项内容。

我国建设工程项目的日趋大型化和复杂化，科技含量的不断扩展和层级的不断提高，以及为了适应业主在工程项目进行中难以避免的某些变动等等情况，都对BIM技术提出了新的要求。本书作者刘占省博士和赵雪锋博士等人正是本着上述从工程实践中提出来的需求，进行“实践—研发—实践”，积累经验，探索研发，解决问题。他们的团队在一系列工程中，如在北京市政务服务中心、卡塔尔多哈大桥、盘锦体育场、徐州奥体中心体育场、500m口径天文望远镜（FAST）等项目的施工管理中，进行了大量的实践，并取得了良好的效果。与此同时，国内一批BIM示范工程，如上海中心大厦、青岛海湾大桥、广州西塔、天津117大厦等均在建筑工程的全生命周期内，应用BIM技术来提高工程的安全性能，并节约了综合造价。所有这一系列成果均说明，BIM技术已经从单纯的理论研究、建模和在管线方面的应用，上升为规划、设计、建造和运营等各个阶段深入而综合的应用。可以说BIM技术带来的不仅是技术，也将是新的工作流程、新的行业规则和标准以及进一步的发展。

本书是两位作者根据他们共同合作和各自研发的成果和实践经验，经过相互反复讨论而写成的得意之作，特别在工程项目管理方面，更是具有鲜活的体会和独到的经验。本书实是广大建筑工程者的良师益友，也是工程业主们得力的参考工具书。当然对与本专业有关的土建院校师生们也有一定的参考价值。有鉴于此，特欣然为之序！

原建设部总工程师

瑞典皇家工程科学院院士

许溶烈

2015年6月22日于北京

序二

本书基于作者多年的研究成果和工程实践，系统介绍了BIM技术及其在国内外应用的基本情况，全面分析了BIM技术在我国工程进度、质量、安全、成本、物料、绿色施工、工程变更管理及协同工作的实施方法，并通过工程实例阐述了BIM技术在施工项目管理的具体应用。本书是目前最为全面的介绍BIM技术在施工项目管理应用的出版物之一。

虽然我们在BIM技术发展的崎岖山路上已经取得一点进步，每天都有新的改变，但正如新西兰《国家BIM调查报告（2013）》中Michael Thomson和Peter Jeffs先生撰文所言：我们还有很长的路要走，有一点可以肯定，任何人都不能孤军奋战。我们大家都投入了大量的时间、金钱和精力，尝试驾驭这只野兽（BIM）。但面临的挑战和管理问题实在过于庞大，没有哪个机构能够独自驾驭并声称具备专门知识。如果哪天BIM得以真正实现，我们看来那根本的改变就是我们共创信息，分享信息，期间确实涉及真诚合作和有必要暂时放弃利己的商业利益，却不忘肩负的责任问题。

建模工具为个人用户提供了巨大的优势，但如果利用BIM仅仅为了实现“卓越个体”，则低估了BIM大规模提升行业整体水平的巨大潜力。美国总承包商协会的BIM论坛（www. bimforum. org）将这种二分法相对应地称为“孤独的BIM”与“社会性BIM”。

细品本书，中国BIM发展迫切需要解决的两大问题跃然纸上：以创新精神开发适合大众参与具有中国自主知识产权的BIM建模及管理软件；暂时放弃利己的商业利益真诚合作，集中有限的“孤独的BIM”实践者力量实现“社会性BIM”。

中国建筑科学研究院副院长
中国BIM发展联盟理事长
黄 强
2015年6月19日

前　言

建筑信息模型（building information modeling，简称BIM）是以建筑工程项目的各项相关信息数据作为模型的基础，进行模型的建立，通过数字信息仿真技术来模拟建筑物所具有的真实信息。BIM不是简单地将数字信息进行集成，而是一种数字信息的应用，是利用数字模型对建筑进行规划、设计、建造和运营的全过程。采用BIM技术可使整个工程项目在设计、施工和运营维护等阶段都能够有效地实现建立资源计划、控制资金风险、节省能源、节约成本、降低污染和提高效率，从真正意义上实现工程项目的全生命周期管理。

随着经济全球化和技术需求的迅猛发展，BIM技术在土木工程各个领域的应用越来越广泛。特别是在国内，BIM已从单纯的理论研究、BIM建模和管线综合等初级应用，上升为规划、设计、建造和运营等各个阶段的深入应用。高校、科研院所、设计院和施工单位等针对各自的应用需求也展开了相关BIM工程应用和科学研究。尤其是近两年，BIM技术在国内可谓是百花齐放、百家争鸣。可以说BIM技术带来的不仅是技术，也将带来新的工作流程，新的行业标准及规则。

众所周知，中国“人口红利”正在消失，建筑业的劳动成本正急剧增加，劳动生产率并未提高。根据美国的发展经验，BIM的真正价值在施工和运维阶段。特别是在施工阶段，如何基于BIM技术进行更好的项目管理和工程应用，如何运用BIM技术协调业主、设计和施工各方，如何基于BIM技术提高项目管理水平和劳动生产率，是目前国内建筑行业亟须、并亟待完善的关键技术和研究内容。

作者在多年工作和科研基础上，编写了本书。该书系统介绍了BIM技术发展应用状况、BIM技术与项目管理、基于BIM技术的项目管理体系、BIM项目管理与应用、施工项目管理BIM技术和BIM应用工程实例，目的是使读者了解BIM技术以及BIM技术在施工项目管理中的应用内容及方法。

在本书的编写过程中，北京市建筑工程研究院BIM中心的徐瑞龙、马锦姝、卫启星、王杨、张桐睿和李斌等同事也付出了辛勤的劳动。本书也得到了北京市建筑工程研究院张然院长和李晨光总工程师等领导的大力支持和帮助，北京建工集团冯越总工程师和曲大为副总工程师也为本书的编写提出了宝贵的指导意见。在此，作者向所有参与和关心本书出版的领导、老师、亲人和朋友致以诚挚的谢意！

本书在编写过程中参考了大量宝贵的文献，吸取了行业专家的经验，参考和借鉴了有关专业书籍的内容，特别是清华大学张建平教授的相关论著，以及筑龙BIM网、中国BIM门户、BIM中国网等论坛上相关网友的BIM心得体会。在此，向这部分文献的作者表示衷心的感谢！

由于作者水平有限，加之时间仓促，书中难免有疏漏之处，恳请读者批评指正。读者在应用本书过程中，如遇到相关问题，欢迎与我们交流，我们的邮箱是lzs4216@163.com。

编著者
2015年3月16日

目　　录

1 BIM 技术简介

1.1 BIM 技术概述

1.1.1 BIM 的由来

建筑信息模型（Building Information Modeling，以下简称 BIM）的理论基础主要源于制造行业集 CAD、CAM 于一体的计算机集成制造系统 CIMS（Computer Integrated Manufacturing System）理念和基于产品数据管理 PDM 与 STEP 标准的产品信息模型。BIM 是近十年在原有 CAD 技术基础上发展起来的一种多维（三维空间、四维时间、五维成本、*N* 维更多应用）模型信息集成技术，可以使建设项目的所有参与方（包括政府主管部门、业主、设计、施工、监理、造价、运营管理、项目用户等）在项目从概念产生到完全拆除的整个生命周期内都能够在模型中操作信息和在信息中操作模型，从而从根本上改变了从业人员依靠符号文字、形式图纸进行项目建设和运营管理的工作方式，实现了在建设项目全生命周期内提高工作效率和质量以及减少错误和降低风险的目标。

CAD 技术将建筑师、工程师们从手工绘图推向计算机辅助制图，实现了工程设计领域的第一次信息革命。但是此信息技术对产业链的支撑作用是断点的，各个领域和环节之间没有关联，从整个产业整体来看，信息化的综合应用明显不足。BIM 是一种技术、一种方法、一种过程，它既包括建筑物全生命周期的信息模型，同时又包括建筑工程管理行为的模型，它将两者进行完美的结合来实现集成管理，它的出现将引发整个 A/E/C（Architecture/Engineering/Construction）领域的第二次革命：BIM 从二维（以下简称 2D）设计转向三维（以下简称 3D）设计；从线条绘图转向构件布置；从单纯几何表现转向全信息模型集成；从各工种单独完成项目转向各工种协同完成项目；从离散的分步设计转向基于同一模型的全过程整体设计；从单一设计交付转向建筑全生命周期支持。BIM 给建筑工程带来的转变如图 1-1所示。

由此可见，BIM 带来的不仅是激动人心的技术冲击，而更加值得注意的是，BIM 技术与协同设计技术将成为互相依赖、密不可分的整体。协同是 BIM 的核心概念，同一构件元素，只需输入一次，各工种即可共享该元素数据，并于不同的专业角度操作该构件元素。从这个意义上说，协同已经不再是简单的文件参照。可以说 BIM 技术将为未来协同设计提供底层支撑，大幅提升协同设计的技术含量，它带来的不仅是技术，也将是新的工作流及新的行业惯例。

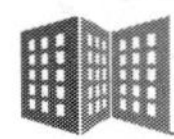

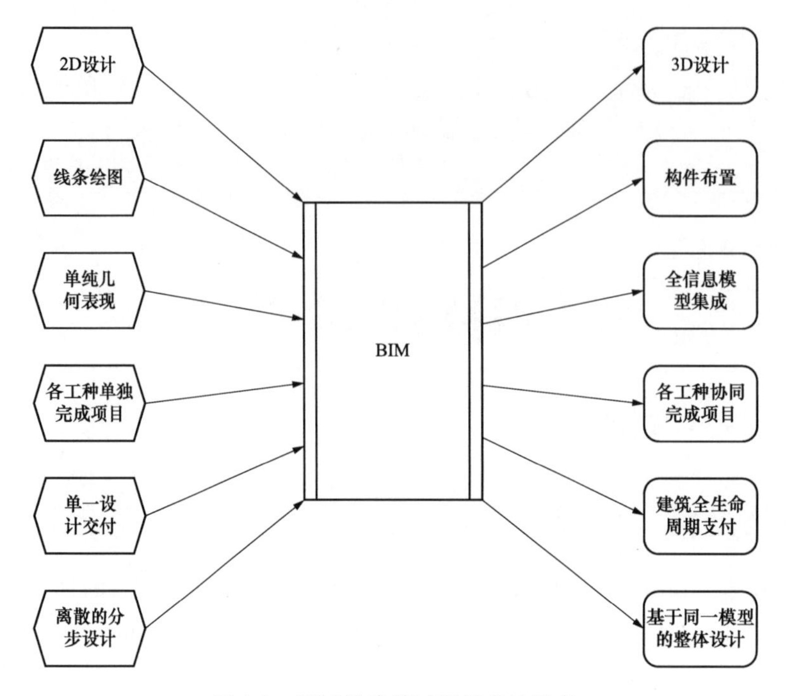

图 1-1 BIM 给建筑工程带来的转变

1.1.2 BIM 的概念

目前，国内外关于 BIM 的定义或解释有多种版本，现介绍几种常用的 BIM 定义。

1. McGraw Hill 集团的定义

McGraw Hill（麦克格劳. 希尔）集团在 2009 年的一份 BIM 市场报告中将 BIM 定义为："BIM 是利用数字模型对项目进行设计、施工和运营的过程。"

2. 美国国家 BIM 标准的定义

美国国家 BIM 标准（NBIMS）对 BIM 的含义进行了 4 个层面的解释："BIM 是一个设施（建设项目）物理和功能特性的数字表达；一个共享的知识资源；一个分享有关这个设施的信息，为该设施从概念到拆除的全生命周期中的所有决策提供可靠依据的过程；在项目不同阶段，不同利益相关方通过在 BIM 中插入、提取、更新和修改信息，以支持和反映其各自职责的协同作业。"

3. 国际标准组织设施信息委员会的定义

国际标准组织设施信息委员会（Facilities Information Council）将 BIM 定义为："BIM 是利用开放的行业标准，对设施的物理和功能特性及其相关的项目生命周期信息进行数字化形式的表现，从而为项目决策提供支持，有利于更好地实现项目的价值。"在其补充说明中强调，BIM 将所有的相关方面集成在一个连贯有序的数据组织中，相关的应用软件在被许可的情况下可以获取、修改或增加数据。

根据以上 3 种对 BIM 的定义、相关文献及资料，可将 BIM 的含义总结为：

（1）BIM 是以三维数字技术为基础，集成了建筑工程项目各种相关信息的工程数据模型，是对工程项目设施实体与功能特性的数字化表达。

（2）BIM 是一个完善的信息模型，能够连接建筑项目生命期不同阶段的数据、过程和资源，是对工程对象的完整描述，提供可自动计算、查询、组合拆分的实时工程数据，可被

建设项目各参与方普遍使用。

（3）BIM具有单一工程数据源，可解决分布式、异构工程数据之间的一致性和全局共享问题，支持建设项目生命期中动态的工程信息创建、管理和共享，是项目实时的共享数据平台。

1.1.3 BIM的特点

1. 信息完备性

除了对工程对象进行3D几何信息和拓扑关系的描述，还包括完整的工程信息描述，如对象名称、结构类型、建筑材料、工程性能等设计信息；施工工序、进度、成本、质量以及人力、机械、材料资源等施工信息；工程安全性能、材料耐久性能等维护信息；对象之间的工程逻辑关系等。

2. 信息关联性

信息模型中的对象是可识别且相互关联的，系统能够对模型的信息进行统计和分析，并生成相应的图形和文档。如果模型中的某个对象发生变化，与之关联的所有对象都会随之更新，以保持模型的完整性。

3. 信息一致性

在建筑生命期的不同阶段模型信息是一致的，同一信息无需重复输入，而且信息模型能够自动演化，模型对象在不同阶段可以简单地进行修改和扩展而无需重新创建，避免了信息不一致的错误。

4. 可视化

BIM提供了可视化的思路，让以往在图纸上线条式的构件变成一种三维的立体实物图形展示在人们的面前。BIM的可视化是一种能够将构件之间形成互动性的可视，可以用来展示效果图及生成报表。更具应用价值的是，在项目设计、建造、运营过程中，各过程的沟通、讨论、决策都能在可视化的状态下进行。

5. 协调性

在设计时，由于各专业设计师之间的沟通不到位，往往会出现施工中各种专业之间的碰撞问题，例如结构设计的梁等构件在施工中妨碍暖通等专业中的管道布置等。BIM建筑信息模型可在建筑物建造前期将各专业模型汇集在一个整体中，进行碰撞检查，并生成碰撞检测报告及协调数据。

6. 模拟性

BIM不仅可以模拟设计出的建筑物模型，还可以模拟难以在真实世界中进行操作的事物，具体表现如下：

（1）在设计阶段，可以对设计上所需数据进行模拟试验，例如节能模拟、日照模拟、热能传导模拟等。

（2）在招投标及施工阶段，可以进行4D模拟（3D模型中加入项目的发展时间），根据施工的组织设计来模拟实际施工，从而确定合理的施工方案；还可以进行5D模拟（4D模型中加入造价控制），从而实现成本控制。

（3）后期运营阶段，可以对突发紧急情况的处理方式进行模拟，例如模拟地震中人员逃生及火灾现场人员疏散等。

7. 优化性

整个设计、施工、运营的过程，其实就是一个不断优化的过程，没有准确的信息是做不出合理优化结果的。BIM 模型提供了建筑物存在的实际信息，包括几何信息、物理信息、规则信息，还提供了建筑物变化以后的实际存在。BIM 及与其配套的各种优化工具提供了对复杂项目进行优化的可能：把项目设计和投资回报分析结合起来，计算出设计变化对投资回报的影响，使得业主明确哪种项目设计方案更有利于自身的需求；对设计施工方案进行优化，可以显著地缩短工期和降低造价。

8. 可出图性

BIM 可以自动生成常用的建筑设计图纸及构件加工图纸。通过对建筑物进行可视化展示、协调、模拟及优化，可以帮助业主生成消除了碰撞点、优化后的综合管线图，生成综合结构预留洞图、碰撞检查侦错报告及改进方案等。

1.1.4 BIM 的优势

BIM 是继 CAD 之后的新技术，BIM 在 CAD 的基础上扩展更多的软件程序，如工程造价、进度安排等。此外 BIM 还蕴藏着服务于设备管理等方面的潜能。BIM 技术较二维 CAD 技术的优势见表 1-1。

表 1-1　　BIM 技术较二维 CAD 技术的优势

面向对象＼类别	CAD 技术	BIM 技术
基本元素	基本元素为点、线、面，无专业意义	基本元素如墙、窗、门等，不但具有几何特性，同时还具有建筑物理特征和功能特征
修改图元位置或大小	需要再次画图，或者通过拉伸命令调整大小	所有图元均为附有建筑属性的参数化建筑构件；更改属性即可调节构件的尺寸、样式、材质、颜色等
各建筑元素间的关联性	各建筑元素间没有相关性	各个构件相互关联，如删除一面墙，墙上的窗和门将自动删除；删除一扇窗，墙上将会自动恢复为完整的墙
建筑物整体修改	需要对建筑物各投影面依次进行人工修改	只需进行一次修改，则与之相关的平面、立面、剖面、三维视图、明细表等均自动修改
建筑信息的表达	纸质图纸电子化提供的建筑信息非常有限	包含了建筑的全部信息，不仅提供形象可视的二维和三维图纸，而且提供工程量清单、施工管理、虚拟建造、造价估算等更加丰富的信息

鉴于 BIM 技术较 CAD 技术具有如上表所示的种种优势，无疑给工程建设各方带来巨大的益处，具体见表 1-2。

表 1-2　　BIM 技术提供给建设各方的益处

应用方	BIM 技术好处
业主	实现规划方案预演、场地分析、建筑性能预测和成本估算
设计单位	实现可视化设计、协同设计、性能化设计、工程量统计和管线综合
施工单位	实现施工进度模拟、数字化建造、物料跟踪、可视化管理和施工配合
运营维护单位	实现虚拟现实和漫游、资产、空间等管理、建筑系统分析和灾害应急模拟
软件商	软件的用户数量和销售价格迅速增长
	为满足项目各方提出的各种需求，不断开发、完善软件的功能
	能从软件后续升级和技术支持中获得收益

1.2 BIM 技术应用现状

1.2.1 BIM 技术国外应用现状

1. BIM 在美国应用现状

BIM 技术起源于美国 Chuck Eastman 博士于 20 世纪末提出的建筑计算机模拟系统(Building Description System)。根据 Chuck Eastman 博士的观点，BIM 是在建筑生命周期对相关数据和信息进行制作和管理的流程。从这个意义上讲，BIM 可称为对象化开发或 CAD 的深层次开发，亦或为参数化的 CAD 设计，即对二维 CAD 时代产生的信息孤岛进行再组织基础上的应用。

随着信息的不断扩展，BIM 模型也在不断地发展成熟。在不同阶段，参与者对 BIM 的需求关注度也不一样，而且数据库中的信息字段也可以不断扩展。因此，BIM 模型并非一成不变，从最开始的概念模型、设计模型到施工模型再到设施运维模型，一直不断成长。

美国是较早启动建筑业信息化研究的国家。发展至今，其在 BIM 技术研究和应用方面都处于世界领先地位。目前，美国大多建筑项目已经开始应用 BIM，BIM 的应用点也种类繁多，并且创建了各种 BIM 协会，出台了 NBIM 标准。根据 McGraw Hill 的调研，2012 年美国工程建设行业采用 BIM 的比例从 2007 年的 28%，增长至 2009 年的 49%，直至 2012 年的 71%，如图 1-2 所示。其中有 74%的承包商，70%的建筑师及 67%的机电工程师已经在实施 BIM。

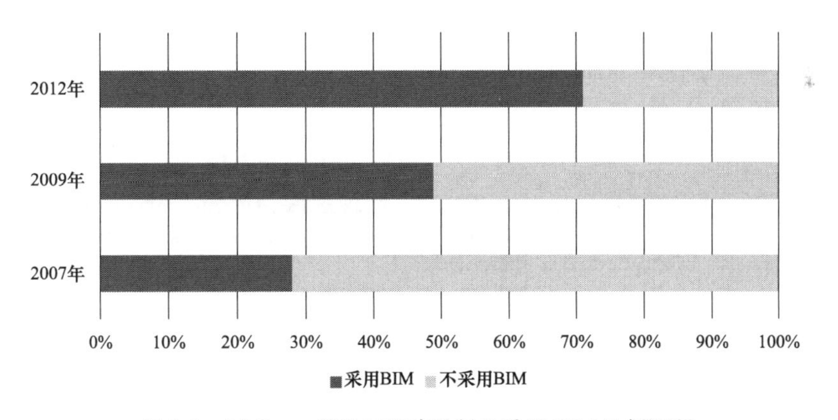

图 1-2 McGraw Hill 工程建设行业采用 BIM 比例调研

在美国，首先是建筑师引领了早期的 BIM 实践，随后是拥有大量资金以及风险意识的施工企业。当前，美国建筑设计企业与施工企业在 BIM 技术的应用方面旗鼓相当且相对比较成熟，而在其他工程领域的发展却比较缓慢。在美国，Chuck 认可的施工方面 BIM 技术应用包括：①使用 BIM 进行成本估算；②基于 4D 的计划与最佳实践；③碰撞检查中的创新方法；④使用手持设备进行设计审查和获取问题；⑤计划和任务分配中的新方法；⑥现场机器人的应用；⑦异地构件预制。

美国某研究调研中得出 2014 年度 BIM 应用与效益数据，如图 1-3 所示。从图中可以看出 BIM 技术在美国不同应用点上的常用程度与最佳使用程度对比。针对 BIM 的不同应用点，一些应用点BIM使用率完美，如3D协调、设计方案论证、设计审查；有些则与最佳使用率差距较大，如子计划（4D建模）、数字施工等。

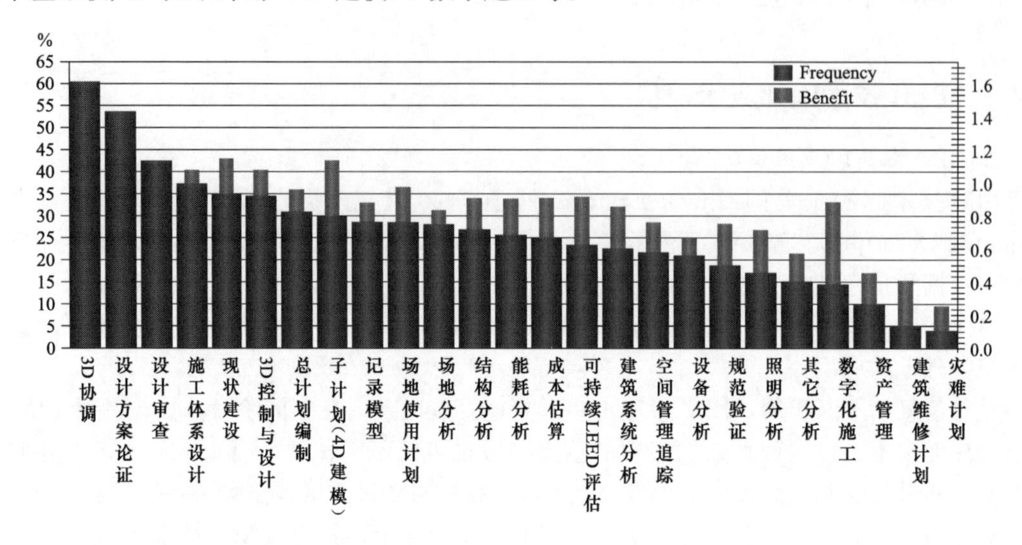

图1-3 美国研究对BIM应用与效益的比较分析

2. BIM在英国应用现状

2010年、2011年英国NBS组织了全英的BIM调研，从网上1000份调研问卷中最终统计出英国的BIM应用状况。从统计结果可以发现：2010年，仅有13%的人在使用BIM，而43%的人从未听说过BIM；2011年，有31%的人在使用BIM，48%的人听说过BIM，而21%的人对BIM一无所知。还可以看出，BIM在英国的推广趋势十分明显，调查中有78%的人同意BIM是未来趋势，同时有94%的受访人表示会在5年之内应用BIM。英国BIM使用情况如图1-4所示。

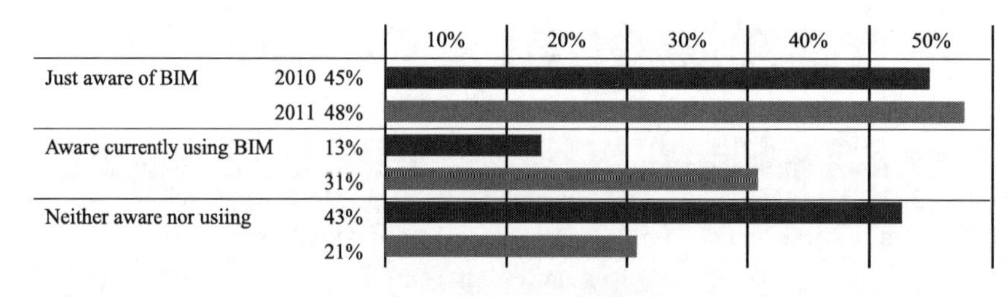

图1-4 英国BIM使用情况

与大多数国家相比，英国政府要求强制使用BIM。2011年5月，英国内阁办公室发布了“政府建设战略”文件，其中关于建筑信息模型的章节中明确要求：到2016年，政府要求全面协同的3D·BIM，并将全部的文件以信息化管理。为了实现这一目标，文件制定了明确的阶段性目标，如2011年7月发布BIM实施计划；2012年4月，为政府项目设计一套强制性的BIM标准；2012年夏季，BIM中的设计、施工信息与运营阶段的资产管理信息实现结合；2012年夏天起，分阶段为政府所有项目推行BIM计划；至2012年7月，在多个部门确立试点项目，运用3D、BIM技术来协同交付项目。文件也承认由于缺少兼容性的系统、标准和协议，以及客户和主导设计师的要求存在区别，大大限制了BIM的应用。因此，政府将重点放在制定标准上，确保 BIM 链上的所有成员能够通过 BIM 实现协同工作。

政府要求强制使用 BIM 的文件得到了英国建筑业 BIM 标准委员会的支持。迄今为止，英国建筑业 BIM 标准委员会已于 2009 年 11 月发布了英国建筑业 BIM 标准，2011 年 6 月发布了适用于 Revit 的英国建筑业 BIM 标准，2011 年 9 月发布了适用于 Bentley 的英国建筑业 BIM 标准。这些标准的制定都为英国的 AEC 企业从 CAD 过渡到 BIM 提供切实可行的方案和程序，例如如何命名模型、如何命名对象、单个组件的建模，与其他应用程序或专业的数据交换等。特定产品的标准是为了在特定 BIM 产品应用中解释和扩展通用标准中的一些概念。标准编委会成员均来自建筑行业，他们熟悉建筑流程，熟悉 BIM 技术，所编写的标准有效地应用于生产实际。

针对政府建设战略文件，英国内阁办公室于 2012 年起每年都发布“年度回顾与行动计划更新”报告。报告中分析本年度 BIM 的实施情况与 BIM 相关的法律、商务、保险条款以及标准的制定情况，并制定近期 BIM 实施计划，促进企业、机构研究基于 BIM 的实践。

伦敦是众多全球领先设计企业的总部，如 Foster and Partners、Zaha Hadid Architects、BDP 和 Arup Sports；也是很多领先设计企业的欧洲总部，如 HOK、SOM 和 Gensler。在这样环境下，其政府发布的强制使用 BIM 文件可以得到有效执行。因此，英国的 BIM 应用处于领先水平，发展速度更快。

3. *BIM 在新加坡的应用现状*

新加坡负责建筑业管理的国家机构是建筑管理署（以下简称 BCA）。在 BIM 这一术语引进之前，新加坡当局就注意到信息技术对建筑业的重要作用。早在 1982 年，BCA 就有了人工智能规划审批的想法；2000～2004 年，发展 CORENET（Construction and Real Estate NETwork）项目，用于电子规划的自动审批和在线提交，研发了世界首创的自动化审批系统。2011 年，BCA 发布了新加坡 BIM 发展路线规划，规划明确推动整个建筑业在 2015 年前广泛使用 BIM 技术。为了实现这一目标，BCA 分析了面临的挑战，并制定了相关策略，如图 1-5 所示。

挑战				策略				
缺乏需求	固守二维实践	学习曲线陡峭	缺乏BIM人才	政府部门带头	树立标杆	扫除障碍	建立BIM能力与产量	鼓励早期BIM应用者

图 1-5　新加坡 BIM 发展挑战及应对策略

截至 2014 年底，新加坡已出台了多个清除 BIM 应用障碍的主要策略，包括：2010 年 BCA 发布了建筑和结构的模板；2011 年 4 月发布了 M&E 的模板；与新加坡 buildingSMART 分会合作，制定了建筑与设计对象库，并发布了项目协作指南。

为了鼓励早期的 BIM 应用者，BCA 为新加坡的部分注册公司成立了 BIM 基金，鼓励企业在建筑项目上把 BIM 技术纳入其工作流程，并运用在实际项目中。BIM 基金有以下用途：支持企业建立 BIM 模型，提高项目可视力及高增值模拟，提高分析和管理项目文件能力；支持项目改善重要业务流程，如在招标或者施工前使用 BIM 作冲突检测，达到减少工程返工量（低于 10%）的效果，提高生产效率 10%。

每家企业可申请总经费不超过 10.5 万新加坡元，涵盖大范围的费用支出，如培训成本、咨询成本、购买 BIM 硬件和软件等。基金分为企业层级和项目协作层级，公司层级最多可申请2万新元，用以补贴培训、软件、硬件及人工成本；项目协作层级需要至少2家公司的BIM协作，每家公司、每个主要专业最多可申请3.5万新元，用以补贴培训、咨询、软件及硬件和人力成本。申请的企业必须派员工参加BCA学院组织的BIM建模或管理技能课程。

在创造需求方面，新加坡决定政府部门必须带头在所有新建项目中明确提出BIM需求。2011年，BCA与一些政府部门合作确立了示范项目。BCA将强制要求提交建筑BIM模型（2013年起）、结构与机电BIM模型（2014年起），并且最终在2015年前实现所有建筑面积大于5000m^{2}的项目都必须提交BIM模型的目标。

在建立BIM能力与产量方面，BCA鼓励新加坡的大学开设BIM的课程、为毕业学生组织密集的BIM培训课程、为行业专业人士建立了BIM专业学位。

4. BIM在北欧国家的应用现状

北欧国家包括挪威、丹麦、瑞典和芬兰，是一些主要的建筑业信息技术的软件厂商所在地，如Tekla和Solibri，而且对发源于邻近匈牙利的ArchiCAD的应用率也很高。因此，这些国家是全球最先一批采用基于模型设计的国家，并且也在推动建筑信息技术的互用性和开放标准（主要指IFC）。由于北欧国家冬季漫长多雪的地理环境，建筑的预制化显得非常重要，这也促进了包含丰富数据、基于模型的BIM技术的发展，使这些国家及早地进行了BIM部署。

与上述国家不同，北欧4国政府并未强制要求使用BIM，但由于当地气候的要求以及先进建筑信息技术软件的推动，BIM技术的发展主要是企业的自觉行为。Senate Properties是一家芬兰国有企业，也是荷兰最大的物业资产管理公司。2007年，Senate Properties发布了一份建筑设计的BIM要求，要求中规定："自2007年10月1日起，Senate Properties的项目仅强制要求建筑设计部分使用BIM，其他设计部分可根据项目情况自行决定是否采用BIM技术，但目标将是全面使用BIM。"该要求还提出："在设计招标阶段将有强制的BIM要求，这些BIM要求将成为项目合同的一部分，具有法律约束力；建议在项目协作时，建模任务需创建通用的视图，需要准确的定义；需要提交最终BIM模型，且建筑结构与模型内部的碰撞需要进行存档；建模流程分为4个阶段：Spatial Group BIM、Spatial BIM、Preliminary Building Element BIM和Building Element BIM。"

5. BIM在日本的应用现状

在日本，有"2009年是日本的BIM元年"之说。大量的日本设计公司、施工企业开始应用BIM，而日本国土交通省也在2010年3月表示：已选择一项政府建设项目作为试点，探索BIM在设计可视化、信息整合方面的价值及实施流程。

2010年秋天，日经BP社调研了517位设计院、施工企业及相关建筑行业从业人士，了解他们对于BIM的认知度与应用情况。结果显示，BIM的知晓度从2007年的30.2%提升至2010年的76.4%；2008年采用BIM的最主要原因是BIM绝佳的展示效果，而2010年采用BIM主要用于提升工作效率；仅有7%的业主要求施工企业应用BIM，这也表明日本企业应用BIM更多是企业的自身选择与需求；日本33%的施工企业已经应用BIM，在这些企业当中近90%是在2009年之前开始实施的。日本企业应用BIM的原因如图1-6所示。

日本软件业较为发达，在建筑信息技术方面也拥有较多的国产软件。日本BIM相关软件厂商认识到：BIM是多个软件来互相配合而达到数据集成的目的的基本前提。因此多家日本BIM软件商在IAI日本分会的支持下，以福井计算机株式会社为主导，成本了日本国

国产解决方案软件联盟。

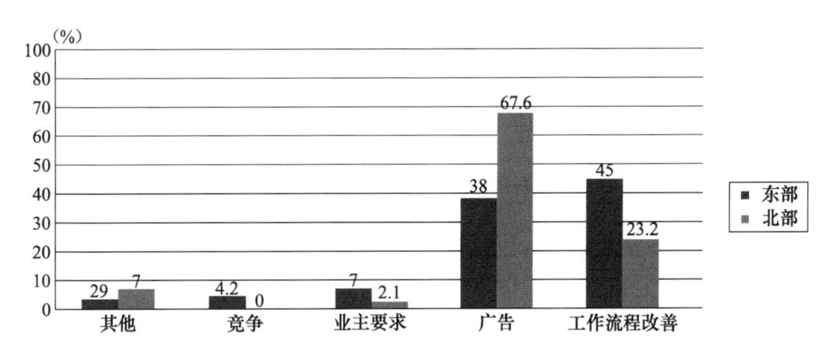

图 1-6 日本企业应用 BIM 的原因

此外，日本建筑学会于 2012 年 7 月发布了日本 BIM 指南，从 BIM 团队建设、BIM 数据处理、BIM 设计流程、应用 BIM 进行预算、模拟等方面为日本的设计院和施工企业应用 BIM 提供了指导。

6. BIM 在韩国的应用现状

building SMART Korea 与延世大学 2010 年组织了关于 BIM 的调研，问卷调查表共发给了 89 个 AEC 领域的企业，其中 34 个企业给出了答复：26 个公司反映已经在项目中采用 BIM 技术；3 个企业反映准备采用 BIM 技术；4 个企业反映尽管某些项目已经尝试 BIM 技术，但是还没有准备开始在公司范围内采用 BIM 技术。

韩国在运用 BIM 技术上十分领先。多个政府部门都致力于制定 BIM 标准，例如韩国公共采购服务中心和韩国国土交通海洋部。

韩国公共采购服务中心（PPS）是韩国所有政府采购服务的执行部门。2010 年 4 月，PPS 发布了 BIM 路线图，内容包括：2010 年，在 1～2 个大型工程项目应用 BIM；2011 年，在 3～4 个大型工程项目应用 BIM；2012～2015 年，超过 50 亿韩元大型工程项目都采用 4D・BIM技术（3D＋成本管理）；2016 年前，全部公共工程应用 BIM 技术。2010 年 12 月，PPS 发布了《设施管理 BIM 应用指南》，针对设计、施工图设计、施工等阶段中的 BIM 应用进行指导，并于 2012 年 4 月对其进行了更新。

2010 年 1 月，韩国国土交通海洋部发布了《建筑领域 BIM 应用指南》。该指南为开发商、建筑师和工程师在申请 4 大行政部门、16 个都市以及 6 个公共机构的项目时，提供采用 BIM 技术时必须注意的方法及要素的指导。根据指南能在公共项目中系统地实施 BIM，同时也为企业建立实用的 BIM 实施标准。目前，土木领域的 BIM 应用指南也已立项，暂定名为《土木领域 3D 设计指南》。

韩国主要的建筑公司已经都在积极采用 BIM 技术，如现代建设、三星建设、空间综合建筑事务所、大宇建设、GS 建设、Daelim 建设等公司。其中，Daelim 建设公司应用 BIM 技术到桥梁的施工管理中，BMIS 公司利用 BIM 软件 digital project 对建筑设计阶段以及施工阶段的一体化的研究和实施等。

1.2.2 BIM 技术国内应用现状

1. BIM 在香港应用现状

香港的 BIM 发展也主要靠行业自身的推动。早在 2009 年，香港便成立了香港 BIM 学会。2010年时，香港BIM学会主席梁志旋表示，香港的BIM技术应用目前已经完成从概念到实用的转变，处于全面推广的最初阶段。

香港房屋署自2006年起，已率先试用BIM；为了成功地推行BIM，自行订立了BIM标准、用户指南、组建资料库等设计指引和参考。这些资料有效地为模型建立、管理档案以及用户之间的沟通创造良好的环境。2009年11月，香港房屋署发布了BIM应用标准。

2. *BIM在台湾应用现状*

自2008年起，“BIM”这个名词在台湾的建筑营建业开始被热烈的讨论，台湾的产官学界对BIM的关注度也十分之高。

早在2007年，国立台湾大学与Autodesk签订了产学合作协议，重点研究BIM及动态工程模型设计。2009年，国立台湾大学土木工程系成立了“工程信息仿真与管理研究中心”（简称BIM研究中心），建立技术研发、教育训练、产业服务、与应用推广的服务平台，促进BIM相关技术与应用的经验交流、成果分享、人才培训与产官学研合作。为了调整及补充现有合同内容在应用BIM上之不足，BIM中心与淡江大学工程法律研究发展中心合作，并在2011年11月出版了《工程项目应用建筑信息模型之契约模板》一书，并特别提供合同范本与说明，让用户能更清楚了解各项条文的目的、考虑重点与参考依据。高雄应用科技大学土木系也于2011年成立了工程资讯整合与模拟研究中心。此外，国立交通大学、国立台湾科技大学等对BIM进行了广泛的研究，极大地推动了台湾对于BIM的认知与应用。

台湾有几家公转民的大型工程顾问公司与工程公司，由于一直承接政府大型公共建设，财力、人力资源雄厚，对于BIM有一定的研究并有大量的成功案例。2010年元旦，台湾世曦工程顾问公司成立BIM整合中心；2011年9月，中兴工程顾问股份3D/BIM中心成立；此外亚新工程顾问股份有限公司也成立了BIM管理及工程整合中心。台湾的小规模建筑相关单位，囿于高昂的软件价格，对于BIM的软硬件投资有些踌躇不前，是目前民间企业BIM普及的重要障碍。

台湾的政府层级对BIM的推动有两个方向。一方面是对于建筑产业界，政府希望其自行引进BIM应用，官方并没有具体的辅导与奖励措施。对于新建的公共建筑和公有建筑，其拥有者为政府单位，工程发包监督都受政府的公共工程委员会管辖，则要求在设计阶段与施工阶段都以BIM完成。另一方面，台北市、新北市、台中市都是直辖市，这3个市的建筑管理单位为了提高建筑审查的效率，正在学习新加坡的eSummision，致力于日后要求设计单位申请建筑许可时必须提交BIM模型，委托公共资讯委员会研拟编码工作，参照美国MasterFormat的编码，根据台湾地区性现况制作编码内容。预计两年内会从公有建筑物开始试办。如台北市政府于2010年启动了“建造执照电脑辅助查核及应用之研究”，并先后公开举办了三场专家座谈会：第一场为“建筑资讯模型在建筑与都市设计上的运用”，第二场为“建造执照审查电子化及BIM设计应用之可行性”，第三场为“BIM永续推动及发展目标”。2011年和2012年，台北市政府又举行了“台北市政府建造执照应用BIM辅助审查研讨会”，邀请产官学各界的专家学者齐聚一堂，从不同方面就台北市政府的研究专案说明、推动环境与策略、应用经验分享、工程法律与产权等课题提出专题报告并进行研讨。这一产官学界的公开对话，被业内喻为“2012台北BIM愿景”。

3. *BIM在大陆应用现状*

近来BIM在大陆建筑业形成一股热潮，除了前期软件厂商的大声呼吁外，政府相关单

位、各行业协会与专家、设计单位、施工企业、科研院校等也开始重视并推广 BIM。

在行业协会方面，2010 年和 2011 年，中国房地产业协会商业地产专业委员会、中国建筑业协会工程建设质量管理分会、中国建筑学会工程管理研究分会、中国土木工程学会计算机应用分会组织并发布了《中国商业地产 BIM 应用研究报告 2010》和《中国工程建设 BIM 应用研究报告 2011》，一定程度上反映了 BIM 在我国工程建设行业的发展现状。根据两届的报告，关于 BIM 的知晓程度从 2010 年的 60%提升至 2011 年的 87%。2011 年，共有 39%的单位表示已经使用了 BIM 相关软件，而其中以设计单位居多，如图 1-7 所示。

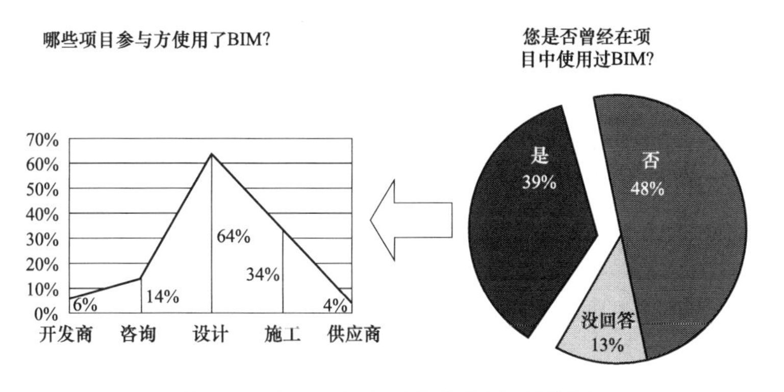

图 1-7 关于 BIM 在项目中使用情况调查

在科研院校方面，早在 2010 年，清华大学通过研究，参考 NBIMS，结合调研提出了中国建筑信息模型标准框架（简称 CBIMS），并且创造性地将该标准框架分为面向 IT 的技术标准与面向用户的实施标准。

在产业界，前期主要是设计院、施工单位、咨询单位等对 BIM 进行一些尝试。最近几年，业主对 BIM 的认知度也在不断提升，SOHO 董事长潘石屹已将 BIM 作为 SOHO 未来三大核心竞争力之一；万达、龙湖等大型房产商也在积极探索应用 BIM；上海中心、上海迪士尼等大型项目要求在全生命周期中使用 BIM，BIM 已经是企业参与项目的门槛；其他项目中也逐渐将 BIM 写入招标合同，或者将 BIM 作为技术标的重要亮点。国内大中小型设计院在 BIM 技术的应用也日臻成熟，国内大型工、民用建筑企业也开始争相发展企业内部的 BIM 技术应用，山东省内建筑施工企业如青建集团股份、山东天齐集团、潍坊昌大集团等已经开始推广 BIM 技术应用。BIM 在国内的成功应用有奥运村空间规划及物资管理信息系统、南水北调工程、香港地铁项目等。目前来说，大中型设计企业基本上拥有了专门的 BIM 团队，有一定的 BIM 实施经验；施工企业起步略晚于设计企业，不过很多大型施工企业也开始了对 BIM 的实施与探索，并有一些成功案例；运维阶段目前的 BIM 还处于探索研究阶段。

我国建筑行业 BIM 技术应用正处于由概念阶段转向实践应用阶段的重要时期，越来越多的建筑施工企业对 BIM 技术有了一定的认识并积极开展实践，特别是 BIM 技术在一些大型复杂的超高层项目中得到了成功应用，涌现出一大批 BIM 技术应用的标杆项目。在这个关键时期，我国住建部及各省市相关部门出台了一系列政策推广 BIM 技术。

2011 年 5 月，住建部发布的《2011～2015 年建筑业信息化发展纲要》（建质〔2011〕67 号）中明确指出：在施工阶段开展 BIM 技术的研究与应用，推进 BIM 技术从设计阶段向施工阶段的应用延伸，降低信息传递过程中的衰减；研究基于BIM技术的4D项目管理信息系统在大型复杂工程施工过程中的应用，实现对建筑工程有效的可视化管理等。文件中对BIM提出7点要求：一是推动基于BIM技术的协同设计系统建设与应用；二是加快推广BIM在勘察设计、施工和工程项目管理中的应用，改进传统的生产与管理模式，提升企业的生产效率和管理水平；三是推进BIM技术、基于网络的协同工作技术应用，提升和完善企业综合管理平台，实现企业信息管理与工程项目信息管理的集成，促进企业设计水平和管理水平的提高；四是研究发展基于BIM技术的集成设计系统，逐步实现建筑、结构、水暖电等专业的信息共享及协同；五是探索研究基于BIM技术的三维设计技术，提高参数化、可视化和性能化设计能力，并为设计施工一体化提供技术支撑；六是在施工阶段开展BIM技术的研究与应用，推进BIM技术从设计阶段向施工阶段的应用延伸，降低信息传递过程中的衰减；七是研究基于BIM技术的4D项目管理信息系统在大型复杂工程施工过程中的应用，实现对建筑工程有效的可视化管理。

同时，要求发挥行业协会的4个方面服务作用：一是组织编制行业信息化标准，规范信息资源，促进信息共享与集成；二是组织行业信息化经验和技术交流，开展企业信息化水平评价活动，促进企业信息化建设；三是开展行业信息化培训，推动信息技术的普及应用；四是开展行业应用软件的评价和推荐活动，保障企业信息化的投资效益。

2014年7月1日，住建部发布的《关于推进建筑业发展和改革的若干意见》（建市〔2014〕92号）中要求，提升建筑业技术能力，推进建筑信息模型（BIM）等信息技术在工程设计、施工和运行维护全过程的应用，提高综合效益。

2014年9月12日，住建部信息中心发布《中国建筑施工行业信息化发展报告（2014）BIM应用与发展》。该报告突出了BIM技术时效性、实用性、代表性、前瞻性的特点，全面、客观、系统地分析了施工行业BIM技术应用的现状，归纳总结了在项目全过程中如何应用BIM技术提高生产效率，带来管理效益，收集和整理了行业内的BIM技术最佳实践案例，为BIM技术在施工行业的应用和推广提供了有利的支撑。

2014年10月29日，上海市政府转发上海市建设管理委员会《关于在上海推进建筑信息模型技术应用的指导意见》（沪府办〔2014〕58号）。首次从政府行政层面大力推进BIM技术的发展，并明确规定：2017年起，上海市投资额1亿元以上或单体建筑面积2万m^2以上的政府投资工程、大型公共建筑、市重大工程，申报绿色建筑、市级和国家级优秀勘察设计、施工等奖项的工程，实现设计、施工阶段BIM技术应用；世博园区、虹桥商务区、国际旅游度假区、临港地区、前滩地区、黄浦江两岸等6大重点功能区域内的此类工程，全面应用BIM技术。

上海关于BIM的通知，做了顶层制度设计，规划了路线图，力度大、可操作性强，为全国BIM的推广做了示范，堪称“破冰”，在中国BIM界引来一片叫好声，也象征着住建部制定的《“十二五”信息化发展纲要》中明确提出的“BIM作为新的信息技术，要在工程建设领域普及和应用”的要求正在被切实落实，BIM将成为建筑业发展的核心竞争力。

广东省住建厅2014年9月3日发出《关于开展建筑信息模型BIM技术推广应用的通知》（粤建科函〔2014〕1652号），要求2014年底启动10项BIM；2016年底政府投资2万m^2以上公建以及申报绿建项目的设计、施工应采用BIM，省优良样板工程、省新技术示范工程、省优秀勘察设计项目在设计、施工、运营管理等环节普遍应用BIM；2020年底2万m^2

以上建筑工程普遍应用BIM。

深圳市住建局2011年12月公布的《深圳市勘察设计行业十二五专项规划》提出，“推广运用BIM等新兴协同设计技术”。为此，深圳市成立了深圳工程设计行业BIM工作委员会，编制出版《深圳市工程设计行业BIM应用发展指引》，牵头开展BIM应用项目试点及单位示范评估；促使将BIM应用推广计划写入政府工作白皮书和《深圳市建设工程质量提升行动方案（2014—2018年）》。深圳市建筑工务署根据2013年9月26日深圳市政府办公厅发出的《智慧深圳建设实施方案（2013—2015年）》的要求，全面开展BIM应用工作，先期确定创投大厦、孙逸仙心血管医院、莲塘口岸等为试点工程项目。2014年9月5日，深圳市决定在全市开展为期5年的工程质量提升行动，将推行首席质量官制度、新建建筑100%执行绿色建筑标准；在工程设计领域鼓励推广BIM技术，力争5年内BIM技术在大中型工程项目覆盖率达到10%。

山东省政府办公厅2014年9月19日发布的《关于进一步提升建筑质量的意见》要求，推广BIM技术。

工程建设是一个典型的具备高投资与高风险要素的资本集中过程，一个质量不佳的建筑工程不仅造成投资成本的增加，还将严重影响运营生产，工期的延误也将带来巨大的损失。BIM技术可以改善因不完备的建造文档、设计变更或不准确的设计图纸而造成的每一个项目交付的延误及投资成本的增加。它的协同功能能够支持工作人员可以在设计的过程中看到每一步的结果，并通过计算检查建筑是否节约了资源，或者说利用信息技术来考量对节约资源产生多大的影响。它不仅使得工程建设团队在实物建造完成前预先体验工程，更产生一个智能的数据库，提供贯穿于建筑物整个生命周期中的支持。它能够让每一个阶段都更透明、预算更精准，更可以被当作预防腐败的一个重要工具，特别是运用在政府工程中。值得一提的是中国第一个全BIM项目——总高632m的“上海中心”，通过BIM提升了规划管理水平和建设质量，据有关数据显示，其材料损耗从原来的3%降低到万分之一。

但是，如此“万能”的BIM正在遭遇发展的瓶颈，并不是所有的企业都认同它所带来的经济效益和社会效益。

现在面临的一大问题是BIM标准缺失。目前，BIM技术的国家标准还未正式颁布施行，寻求一个适用性强的标准化体系迫在眉睫。应该树立正确的思想观念：BIM技术10%是软件，90%是生产方式的转变。BIM的实质是在改变设计手段和设计思维模式。虽然资金投入大，成本增加，但是只要全面深入分析产生设计BIM应用效率成本的原因和把设计BIM应用质量效益转换为经济效益的可能途径，再大的投入也值得。技术人员匮乏，是当前BIM应用面临的另一个问题，现在国内在这方面仍有很大缺口。地域发展不平衡，北京、上海、广州、深圳等工程建设相对发达的地区，BIM技术有很好的基础，但在东北、内蒙古、新疆等地区，设计人员对BIM却知之甚少。

随着技术的不断进步，BIM技术也和云平台、大数据等技术产生交叉和互动。上海市政府就对上海现代建筑设计（集团）有限公司提出要求：建立BIM云平台，实现工程设计行业的转型。据了解，该BIM云计算平台涵盖二维图纸和三维模型的电子交付，2017年试点BIM模型电子审查和交付。现代集团和上海市审图中心已经完成了“白图替代蓝图”及电子审图的试点工作。同时，云平台已经延伸到BIM协同工作领域，结合应用虚拟化技术，为BIM协同设计及电子交付提供安全、高效的工作平台，适合市场化推广。

1.2.3 BIM相关标准、学术与辅助工具研究现状

1. BIM相关标准研究

建筑对象的工业基础类（Industry Foundation Class，以下简称IFC）数据模型标准是由国际协同联盟（International Alliance for Ineteroperability，以下简称IAI）在1995年提出的标准，该标准是为了促成建筑业中不同专业，以及同一专业中的不同软件可以共享同一数据源，从而达到数据的共享及交互。

目前不同软件的信息共享与调用主要是由人工完成，解决信息共享与调用问题的关键在于标准。有了统一的标准，也就有了系统之间交流的桥梁和纽带，数据自然在不同系统之间流转起来。作为BIM数据标准，IFC在国际上已日趋成熟，在此基础上，美国提出了NBIMS标准。中国建筑标准设计研究院提出了适用于建筑生命周期各个阶段内的信息交换以及共享的JG/T 198—2007标准，该标准参照国际IFC标准，规定了建筑对象数字化定义的一般要求，资源层、核心层及交互层。2008年由中国建筑科学研究院、中国标准化研究院等单位共同起草了工业基础类平台规范（国家指导性技术文件）。此标准相对于IFC在技术和内容上保持一致，并根据我国国家标准制定相关要求，旨在将其转换成我国国家标准。

清华大学软件学院在欧特克中国研究院（ACRD）的支持下开展中国BIM标准的研究，BIM标准研究课题组于2009年3月正式启动，旨在完成中国建筑信息模型标准（即CBIMS，China Building Information Modeling Standard）的研究。同时，为进一步开展中国建筑信息模型标准的实证研究，清华大学软件学院与CCDI集团签署BIM研究战略合作协议，CCDI集团成为“清华大学软件学院BIM课题研究实证基地”。马智亮教授等对比了IFC标准和现行的成本预算方法及标准，为IFC标准在我国成本预算中的应用提出了相应的解决方案。邓雪原等研究了设计各专业之间信息的互用问题，并以IFC标准为基础，提出了可以将建筑模型与结构模型很好的结合的基本方法。张晓菲等在阐述IFC标准的基础上，重点强调了IFC标准在基于BIM的不同软件系统之间信息传递中发挥了重要作用，指出IFC标准有效地实现了建筑业不同应用系统之间的数据交换和建筑物全生命周期管理。

2012年1月，住建部《关于印发2012年工程建设标准规范制订修订计划的通知》宣告了中国BIM标准制定工作的正式启动，其中包含5项BIM相关标准：《建筑工程信息模型应用统一标准》《建筑工程信息模型存储标准》《建筑工程设计信息模型交付标准》《建筑工程设计信息模型分类和编码标准》和《制造工业工程设计信息模型应用标准》。其中，《建筑工程信息模型应用统一标准》的编制采取“千人千标准”的模式，邀请行业内相关软件厂商、设计院、施工单位、科研院所等近百家单位，参与标准的项目、课题、子课题的研究。至此，工程建设行业的BIM热度日益高涨。

总之，关于BIM标准的研究为实现中国自主知识产权的BIM系统工程奠定坚实基础。

2. BIM相关学术研究

相关学者在阐述BIM技术优势的基础上，研究了钢结构BIM三维可视化信息、制造业信息及分析信息的集成技术，并在Autodesk平台上，选用ObjectARX技术开发了基于上述信息的轻钢厂房结构、重钢厂房结构及多高层钢框架结构BIM软件，实现了BIM与轻、重钢厂房和高层钢结构工程的各个阶段的数据接口。也有学者构建了一种主要涵盖建筑和结构

设计阶段的信息模型集成框架体系，该体系可初步实现建筑、结构模型信息的集成，为研发基于 BIM 技术的下一代建筑工程软件系统奠定了技术基础。相关的 BIM 研究小组深入分析了国内外现行建筑工程预算软件的现状，并基于 BIM 技术提出了我国下一代建筑工程预算软件框架。同时还建立了基于 IFC 标准和 IDF 格式的建筑节能设计信息模型，然后基于该模型，建立并实现了由节能设计 IFC 数据生成 IDF 数据的转换机制。该转换机制为开发基于 BIM 的我国建筑节能设计软件奠定了基础。

还有学者进行了多项研究，主要有以下几项成果：建立了施工企业信息资源利用概念框架，建立了基于 IFC 标准的信息资源模型并成功将 IFC 数据映射形成信息资源，最后设计开发了施工企业信息资源利用系统 InfoReuse；在 C＋＋语言开发环境下，研制了一种可以灵活运用 BIM 软件开发的三维图形交互模块 3DGI，并进行了实际应用。曾旭东教授研究了 BIM 技术在建筑节能设计领域的应用，提出将 BIM 技术与建筑能耗分析软件结合进行设计的新方法；通过结合 BIM 技术和成熟的面向对象建筑设计软件 ABD，研究了构建基于 BIM 技术为特征的下一代建筑工程应用软件等技术；利用三维数据信息可视化技术实现了以《绿色建筑评价标准》为基础的绿色建筑评价功能；从建筑软件开发的角度对 BIM 软件的集成方案进行初步研究，从接口集成和系统集成两大方面总结了 BIM 软件集成所要面临的问题；研究了基于 BIM 的可视化技术，并应用于实际工程中；将 BIM 技术应用于混凝土截面时效非线性分析中，开发了基于 BIM 技术的混凝土截面时效非线性分析软件系统（Non-Linear Analysis System，NLAS）。

3. BIM 辅助工具研究

在美国，很多 BIM 项目在招标和设计阶段以使用基于 BIM 的三维模型进行管理，而且更注重 BIM 模型与现场数据的交互，采用较多的技术有激光定位、无线射频技术和三维激光扫描技术。目前国内一些单位也开始积极使用新技术，进一步加深 BIM 模型与现场数据的交互。

（1）激光定位技术。目前，国内的放线更多采用传统测绘方式，在美国也有部分地方使用 Trimble 激光全站仪，在 BIM 模型中选定放线点数据和现场环境数据，然后将这些数据上传到手持工作端。运行放线软件，使工作端与全站仪建立连接，用全站仪定位放线点数据，手持工作端选择定位数据并可视化显示，实现放线定位，将现场定位数据和报告传回 BIM 模型，BIM 模型集成现场定位数据。

（2）无线射频技术（RFID）。该技术目前被用来定位人和现场材料，对人的定位主要还在研究阶段。RFID 安全帽在工地上不受工人们的欢迎，但是，材料的定位和 BIM 模型集成已经相对成熟。有的工地上，钢筋绑着条形码标签，材料在出厂、进场和安装前进行条形码扫描，成本并不高，扫描后的信息可以直接集成到 BIM 模型中，这些信息可以节省人工统计和录入报表的时间，而且可以根据这些信息来组织和优化场地布置、塔吊使用计划和采购及库存计划。

（3）三维激光扫描技术（3D Laser）。已有美国承包商根据 3D 激光扫描仪作实时的数据采集，根据扫描的点云模型，可以绘制施工现场建筑进度现状。点云模型技术在监测地下隧道施工中应用较多。根据点云模型自动识别生成实际施工模型会存在误差，如果建模人员对 BIM 模型非常熟悉，则可根据点云数据进行手动绘制，结果更准确，这样可以直观地看到当前形象进度与计划形象进度间差异。

1.2.4　BIM在我国的推广应用与发展阻碍

1. 国家政府部门推动BIM技术的发展应用

“十五”期间科技攻关计划的研究课题“基于IFC国际标准的建筑工程应用软件研究”重点在对BIM数据标准IFC和应用软件的研究上，并开发了基于IFC的结构设计和施工管理软件。

“十一五”期间，科技部制定国家科技支撑计划重点项目《建筑业信息化关键技术研究与应用》；基于项目的总体目标，重点开展以下5个方面的研究与开发工作：①建筑业信息化标准体系及关键标准研究；②基于BIM技术的下一代建筑工程应用软件研究；③勘察设计企业信息化关键技术研究与应用；④建筑工程设计与施工过程信息化关键技术研究与应用；⑤建筑施工企业管理信息化关键技术研究与应用。

2012年，住房和城乡建设部印发《2011—2015年建筑业信息化发展纲要》，《纲要》提出，“十二五”期间，普及建筑企业信息系统的应用，加快建设信息化标准，加快推进BIM、基于网络的协同工作等新技术的研发，促进具有自主知识产权软件的研究并将其产业化，使我国建筑企业对信息技术的应用达到国际先进水平。该纲要明确指出：在施工阶段开展BIM技术的研究与应用，推进BIM技术从设计阶段向施工阶段的应用延伸，降低信息传递过程中的衰减；研究基于BIM技术的4D项目管理信息系统在大型复杂工程施工过程中的应用，实现对建筑工程有效的可视化管理等。可以说，《纲要》的颁布，拉开了BIM技术在我国施工企业全面推进的序幕。

2012年3月，由住房和城乡建设部工程质量安全监管司组织，中国建筑科学研究院、中国建筑业协会工程建设质量管理分会等实施的《勘察设计和施工BIM技术发展对策研究》课题启动，以期探讨施工领域BIM发展现状、分析BIM技术的价值及其对建筑业产业技术升级的意义，为制定我国勘察设计与施工领域BIM技术发展对策提供帮助。

2012年3月28日，中国BIM发展联盟成立会议在北京召开。中国BIM发展联盟旨在推进我国BIM技术、标准和软件协调配套发展，实现技术成果的标准化和产业化，提高企业核心竞争力，并努力为中国BIM的应用提供支撑平台。

2012年6月29日，由中国BIM（建筑信息模型）发展联盟、国家标准《建筑工程信息模型应用统一标准》编制组共同组织、中国建筑科学研究院主办的中国BIM标准研究项目发布暨签约会议在北京隆重召开。中国BIM标准研究项目实施计划将为由住房城乡建设部今年批准立项的国家标准《建筑工程信息模型应用统一标准》（NBIMS-CHN）的最后制定和施行打下坚实的基础。

2013年4月，住建部又准备正式出台《关于推进BIM技术在建筑领域应用的指导意见》等纲领性文件，对加快BIM技术应用的指导思想和基本原则以及发展目标、工作重点、保障措施等方面做出了更加细致的阐述和更加具体的安排。文件要求在2016年前，政府投资的2万m^2以上的大型公共建筑及申报绿色建筑项目的设计、施工采用BIM技术，到2020年，在上述项目中全面实现BIM技术的集成应用。

2. 科研机构、行业协会等推动BIM技术的发展应用

2004年，中国首个建筑生命周期管理（BLM）实验室在哈尔滨工业大学成立，并召开BLM国际论坛会议。清华大学、同济大学、华南理工大学在2004—2005年先后成立BLM

实验室及 BIM 课题组，BLM 正是 BIM 技术的一个应用领域。国内先进的建筑设计团队和房地产公司也纷纷成立 BIM 技术小组，如清华大学建筑设计研究院、中国建筑设计研究院、中国建筑科学研究院、中建国际建设有限公司、上海现代建筑设计集团等。2008 年，中国 BIM 门户网站（www. chinabim. com）成立，该网站以“推动发展以 BIM 为核心的中国土木建筑工程信息化事业”为宗旨，是一个为 BIM 技术的研发者、应用者提供信息资讯、发展动态、专业资料、技术软件以及交流沟通的平台。2010 年 1 月，欧特克有限公司（“欧特克”或“Autodesk”）与中国勘察设计协会共同举办了首届“创新杯”BIM 设计大赛，推动建筑行业更广泛、深入地参与和应用 BIM 技术。

2011 年，华中科技大学成立 BIM 工程中心，成为首个由高校牵头成立的专门从事 BIM 研究和专业服务咨询的机构。2012 年 5 月，全国 BIM 技能等级考评工作指导委员会成立大会在北京友谊宾馆举办，会议颁发了“全国 BIM 技能等级考评工作指导委员会”委员聘书。2012 年 10 月，由 Revit 中国用户小组（Revit China User Group）主办、全球二维和三维设计、工程及娱乐软件的领导者欧特克有限公司支持、建筑行业权威媒体承办的首届“雕龙杯”Revit 中国用户 BIM 应用大赛圆满落幕。该赛事以 Revit 用户为基础，针对广大 BIM 爱好者、研究者以及工程专家在项目实施、软件应用心得和经验等方面内容而举办。

3. 行业需求推动 BIM 技术的发展应用

目前，我国正在进行着世界上最大规模的基础设施建设，工程结构形式愈加复杂、超大型工程项目层出不穷，使项目各参与方都面临着巨大的投资风险、技术风险和管理风险。为从根本上解决建筑生命期各阶段和各专业系统间信息断层问题，应用 BIM 技术，从设计、施工到建筑全生命期管理全面提高信息化水平和应用效果。国家体育场、青岛海湾大桥、广州西塔等工程项目成功实现 4D 施工动态集成管理，并获 2009 年、2010 年华夏建设科学技术一等奖。上海中心项目工程总承包招标，明确要求应用 BIM 技术。这些大型工程项目对 BIM 的应用与推广，引起了业主、设计、施工等企业的高度关注，因此必将推动 BIM 技术在我国建筑业的发展和应用。

4. BIM 发展阻碍

我国工程建设业从 2002 年以后开始接触 BIM 理念和技术，现阶段国内 BIM 技术的应用以设计单位为主，远不及美国的发展水平及普及程度，整体上仍处于起步阶段，远未发挥出其全生命周期的应用价值。从总体上看，现阶段制约我国 BIM 技术发展的主要因素见表 1-3。

表 1-3　现阶段制约我国 BIM 技术发展的主要因素

序号	内容	序号	内容
1	没有充分的外部动机	8	基于 BIM 的工作流程尚未建立
2	国内缺乏 BIM 标准合同示范文本	9	BIM 项目中的争议处理机制尚未成熟，目前各专业之间交互性差
3	不适应思维模式的变化	10	反抗新技术的抵触心理
4	对于分享数据资源持有消极态度	11	缺乏能够保护 BIM 模型的知识产权的法律条款和措施
5	使用 BIM 技术带来的经济效益不明显	12	聘用 BIM 专家和咨询需要额外费用
6	缺乏国产的 BIM 技术产品	13	设计费用的增加
7	没有政策部门和行业主管部门颁发的 BIM 标准和指南	14	国内缺乏对于 BIM 技术的研究

对比中外建筑业BIM发展的关键阻碍因素，可发现中国的阻碍因素具有如下7个特点：

(1) 缺乏政府和行业主管部门的政策支持。我国建筑企业中国有大型建筑企业占据主导地位，其在新技术引入时往往比较被动，BIM技术作为革命性技术，目前尚处于前期探索阶段，企业难以从该技术的推广应用中获取效益。从目前的政府推动力度来看，政府和行业主管部门往往只提要求，不提或很少提政策扶持，资金投入基本由企业自筹，严重影响了企业应用BIM技术的积极性。

(2) 缺少完善的技术规范和数据标准。BIM技术的应用主要包括设计阶段、建造阶段以及后期的运营维护阶段，只有三个阶段的数据实现共享交互，才能发挥BIM技术的价值。国内BIM数据交换标准、BIM应用能力评估准则和BIM项目实施流程规范等标准的不足，使得国内BIM的应用或局限于二维出图、三维翻模的设计展示型应用，或局限于原来设计、造价等专业软件的孤岛式开发，造成了行业对BIM技术能否产生效益的困惑。

(3) BIM系列软件技术发展缓慢。现阶段BIM软件存在一些弱点：本地化不够彻底，工种配合不够完善，细节不到位，特别是缺乏本土第三方软件的支持。国内目前基本没有自己的BIM概念的软件，鲁班、广联达等软件仍然是以成本为主业的专项软件，而国外成熟软件的本土化程度不高，不能满足建筑从业者技术应用的要求，严重制约了我国从业人员对于BIM软件的使用。软件的本地化工作，除原开发厂商结合地域特点增加自身功能特色之外，本土第三方软件产品也会在实际应用中发挥重要作用。2D设计方面，在我国建筑、结构、设备各专业实际上均在大量使用国内研发的基于AutoCAD平台的第三方工具软件，这些产品大幅提高了设计效率，推广BIM应借鉴这些宝贵经验。

(4) 机制不协调。BIM应用不仅带来技术风险，还影响到设计工作流程。因此，设计师应用BIM软件不可避免地会在一段时间内影响到个人及部门利益，并且一般情况下设计师无法获得相关的利益补偿。因此，在没有切实的技术保障和配套管理机制的情况下，强制单位或部门推广BIM并不现实。另外，由于目前的设计成果仍以2D图纸表达，BIM技术在2D图纸成图方面仍存在着一定细节表达不规范的现象。因此，一方面应完善BIM软件的2D图档功能，另一方面国家相关部门也应该结合技术进步，适当改变传统的设计交付方式及制图规范，甚至能做到以3D·BIM模型作为设计成果载体。

(5) 人才培养不足。建筑行业从业人员是推广和应用BIM技术的主力军，但由于BIM技术学习的门槛较高，尽管主流BIM软件一再强调其易学易用性，但实际上相对2D设计而言，BIM软件培训仍有难度，对于一部分设计人员来说熟练掌握BIM软件并不容易。另外，复杂模型的创建甚至要求建筑师具备良好的数学功底及一定的编程能力，或有相关CAD程序工程师的配合，这在无形中也提高了BIM的应用难度。加之很多从业人员在学习新技术方面的能力和意愿不足，严重影响了BIM技术的推广，并且国内BIM技术培训体系不完善、力度不足，实际培训效果也不理想。

(6) 任务风险。我国普遍存在着项目设计周期短、工期紧张的情况，BIM软件在初期应用过程中，不可避免地会存在技术障碍，这有可能导致无法按期完成设计任务。

(7) BIM技术支持不到位。BIM软件供应商不可能对客户提供长期而充分的技术支持。通常情况下，最有效的技术支持是在良好的成规模的应用环境中客户之间的相互学习，而环境的培育需要时间和努力。各设计单位首先应建立自己的BIM技术中心，以确保本单位获得有效的技术支持。这种情况在一些实力较强的设计院所应率先实现，这也是有实力的设计

公司及事务所的通常做法。在越来越强调分工协作的今天，BIM技术中心将成为必不可少的保障部门。

5. 我国BIM发展建议

BIM技术被认为是一项能够突破建筑业生产效率低和资源浪费等问题的技术，是目前世界建筑业最关注的信息化技术。我国工程建设业从2002年以后开始接触BIM理念和技术，现阶段国内BIM技术的应用以设计单位为主，远不及美国的发展水平和普及程度，整体上仍处于起步阶段，远未发挥出其全生命周期的应用价值。当前国内各类BIM咨询企业、培训机构、政府及行业协会也越来越重视BIM的应用价值和意义，国内先进的建筑设计单位等亦纷纷成立BIM技术小组，积极开展建筑项目全生命周期各阶段BIM技术的研究与应用。借鉴美国的发展经验，可从以下几点着手：

首先，从政府的角度来说，需要关注两方面的工作：一是建立公平、公正的市场环境，在市场发展不明朗的时刻，标准和规范应该缓行。标准、规范的制定应总结成功案例的经验，否则制定的标准即为简单的、低层次的引导，反而会引发出一些问题。目前市场情况，设计阶段BIM应用时间长，施工阶段相对较少，运维阶段应用则几乎没有，如果过早制定标准、规范，反而会影响市场的正常运转，或者这样的规范和标准无人理会。另外，在标准和规范制定过程中，负责人不要出自有利害关系的商业组织，而应该来自比较中立的高校、行业协会等。只有做到组织公正、流程公正，才有可能做到结果公正。二是积极推动和实践BIM。政府投资和监管的一些项目，可以率先尝试BIM，真正体验BIM的价值。对于进行BIM应用和推动的标准企业和个人，可以设立一些奖项进行鼓励。BIM如何影响行业主管部门的职能转变，取决于市场和政府两方面的态度。政府如果想要市场有更大的话语权，就需要慎行、缓行和戒行。

其次，企业在BIM健康发展中的责任最大，在企业层面，需要从3个方面来推进：一是要积极地进行BIM实践。要鼓励大家去积极尝试，但不宜大张旗鼓、全方位地去使用，可以在充分了解几家主流BIM方案的基础上，选择一个小项目或一个大项目的某几个应用开始。二是总结、制定企业的BIM规范。制定企业规范比国家标准容易，可以根据企业的情况不断改进。在试行一个或两个项目后，制定企业规范，当然，若在BIM咨询公司帮助下制定的规范会更加完善。三是制定激励措施。新事物带来的不确定性和恐惧感，会让一部分人有消极和抵触的情绪。可以在企业内部鼓励尝试新事物，奖励应用BIM的个人和组织。

最后，从软件企业的层面来说，责任同样重大。软件企业不能急功近利，而是要真正把产品做好，正确地引导客户，提供真正有价值的产品，而不能挣一切的“快钱”。这样，BIM才可以持久、深入地发展，对软件企业的回报也会更大。我们不期望BIM为客户解决所有的问题，我们要解决的首先是一些最核心、大家最关注的共性问题。

1.3 BIM技术应用价值

1. 基于BIM的工程设计

作为一名建筑师，首先要真实地再现他们脑海中或精致、或宏伟、或灵动或庄重的建筑造型，在使用BIM之前，建筑师们很多时候是通过泡沫、纸盒做的手工模型展示头脑中的创意，相应调整方案的工作也是在这样的情况下进行，由创意到手工模型的工作需要较长的时间，而且设计师还会反复多次在创意和手工模型之间进行工作。

对于双重特性项目，只有采用三维建模方式进行设计，才能避免许多二维设计后期才会发现的问题。采用基于BIM技术的设计软件作支撑，以预先导入的三维外观造型做定位参考，在软件中建立体育场内部建筑功能模型、结构网架模型、机电设备管线模型，实现了不同专业设计之间的信息共享，各专业设计可从信息模型中获取所需的设计参数和相关信息，不需要重复录入数据，避免数据冗余、歧义和错误。

由于BIM模型其真实的三维特性，它的可视化纠错能力直观、实际，对设计师很有帮助，这使施工过程中可能发生的问题，提前到设计阶段来处理，减少了施工阶段的反复，不仅节约了成本，更节省了建设周期。BIM模型的建立有助于设计对防火、疏散、声音、温度等相关的分析研究。

BIM模型便于设计人员跟业主进行沟通。二维和一些效果图软件只能制作效果夸张的表面模型，缺乏直观逼真的效果；而三维模型可以提供一个内部可视化的虚拟建筑物，并且是实际尺寸比例，业主可以通过电脑里的虚拟建筑物，查看任意一个房间、走廊、门厅，了解其高度构造、梁柱布局，通过直观视觉的感受，确定建筑业态高度是否满意，窗户是否合理，在前期方案设计阶段通过沟通提前解决很多现实当中的问题。

2. 基于BIM的施工及管理

基于BIM进行虚拟施工可以实现动态、集成和可视化的4D施工管理。将建筑物及施工现场3D模型与施工进度相链接，并与施工资源和场地布置信息集成一体，建立4D施工信息模型。实现建设项目施工阶段工程进度、人力、材料、设备、成本和场地布置的动态集成管理及施工过程的可视化模拟，以提供合理的施工方案及人员、材料使用的合理配置，从而在最大范围内实现资源合理运用。在计算机上执行建造过程，虚拟模型可在实际建造之前对工程项目的功能及可建造性等潜在问题进行预测，包括施工方法实验、施工过程模拟及施工方案优化等。

3. 基于BIM的建筑运营维护管理

综合应用GIS技术，将BIM与维护管理计划相链接，实现建筑物业管理与楼宇设备的实时监控相集成的智能化和可视化管理，及时定位问题来源。结合运营阶段的环境影响和灾害破坏，针对结构损伤、材料劣化及灾害破坏，进行建筑结构安全性、耐久性分析与预测。

4. 基于BIM的全生命周期管理

BIM的意义在于完善了整个建筑行业从上游到下游的各个管理系统和工作流程间的纵、横项沟通和多维性交流，实现了项目全生命周期的信息化管理。BIM的技术核心是一个由计算机三维模型所形成的数据库，包含了贯穿于设计、施工和运营管理等整个项目全生命周期的各个阶段，并且各种信息始终是建立在一个三维模型数据库中。BIM能够使建筑师、工程师、施工人员以及业主清楚全面地了解项目：建筑设计专业可以直接生成三维实体模型；结构专业则可取其中墙材料强度及墙上孔洞大小进行计算；设备专业可以据此进行建筑能量分析、声学分析、光学分析等；施工单位则可根据混凝土类型、配筋等信息进行水泥等材料的备料及下料；开发商则可取其中的造价、门窗类型、工程量等信息进行工程造价总预算、产品订货等。

中国建筑科学研究院副总工程师李云贵认为：“BIM在促进建筑专业人员整合、改善设

计成效方面发挥的作用与日俱增，它将人员、系统和实践全部集成到一个流程中，使所有参与者充分发挥自己的智慧和才华，可在设计，制造和施工等所有阶段优化项目成效、为业主增加价值、减少浪费并最大限度提高效率。”

基于BIM的建设工程全生命周期管理如图1-8所示。

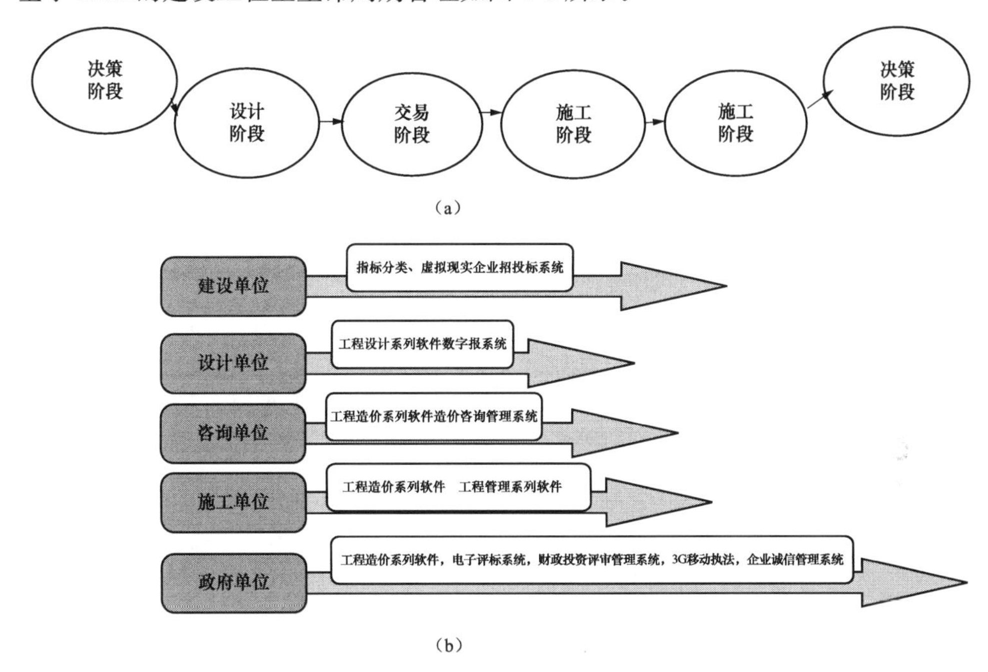

图1-8　建设工程全生命周期管理

(a) 基于BIM技术的数据协同共享；(b) 项目各参与方全生命周期BIM管理应用

5. 基于BIM的协同工作平台

BIM具有单一工程数据源，可解决分布式、异构工程数据之间的一致性和全局共享问题，支持建设项目生命期中动态的工程信息创建、管理和共享。工程项目各参与方使用的是单一信息源，确保信息的准确性和一致性。实现项目各参与方之间的信息交流和共享。从根本上解决项目各参与方基于纸介质方式进行信息交流形成的“信息断层”和应用系统之间的“信息孤岛”问题。

连接建筑项目生命期与不同阶段数据、过程和资源的一个完善的信息模型是对工程对象的完整描述，建设项目的设计团队、施工单位、设施运营部门和业主等各方人员共用，进行有效的协同工作，节省资源、降低成本以实现可持续发展。促进建筑生命期管理，实现建筑生命期各阶段的工程性能、质量、安全、进度和成本的集成化管理，对建设项目生命期总成本、能源消耗、环境影响等进行分析、预测和控制。

1.4　BIM应用软件

1.4.1　BIM软件应用背景

欧美建筑业已经普遍使用Autodesk Revit系列、Benetly Building系列，以及Graphsoft的ArchiCAD等，而我国对基于BIM技术本土软件的开发尚属初级阶段，主要有天正、鸿业、博超等开发的BIM核心建模软件，中国建筑科学研究院的PKPM，上海和北京广联达等开发的造价管理软件等，而对于除此之外的其他BIM技术相关软件如BIM方案设计软件、与BIM接口的几何造型软件、可视化软件、模型检查软件及运营管理软件等的开发基本处于空白中。国内一些研究机构和学者对于BIM软件的研究和开发在一定程度上推动了我国自主知识产权BIM软件的发展，但还没有从根本上解决此问题。

因此，在国家“十一五”科技支撑计划中便开展了对于BIM技术的进一步研究，清华大学、中国建筑科学研究院、北京航空航天大学共同承接的“基于BIM技术的下一代建筑工程应用软件研究”项目目标是将BIM技术和IFC标准应用于建筑设计、成本预测、建筑节能、施工优化、安全分析、耐久性评估和信息资源利用7个方面。

针对主流BIM软件的开发点主要集中在以下几个方面：①BIM对象的编码规则（WBS/EBS考虑不同项目和企业的个性化需求以及与其他工程成果编码规则的协调）；②BIM对象报表与可视化的对应；③变更管理的可追溯与记录；④不同版本模型的比较和变化检测；⑤各类信息的快速分组统计（如不再基于对象、基于工作包进行分组，以便于安排库存）；⑥不同信息的模型追踪定位；⑦数据和信息分享；⑧使用非几何信息修改模型。国内一些软件开发商如天正、广联达、软件、理正、鸿业、博超等也都参与了BIM软件的研究，并对BIM技术在我国的推广与应用做出了极大的贡献。

BIM软件在我国本土的研发和应用也已初见成效，在建筑设计、三维可视化、成本预测、节能设计、施工管理及优化、性能测试与评估、信息资源利用等方面都取得了一定的成果。但是，正如美国buildingSMART联盟主席Dana K. Smith先生所说：“依靠一个软件解决所有问题的时代已经一去不复返了”。BIM是一种成套的技术体系，BIM相关软件也要集成建设项目的所有信息，对建设项目各个阶段的实施进行建模、分析、预测及指导，从而将应用BIM技术的效益最大化。

如果将在市场上具有一定影响的BIM软件类型和主要软件产品一并考虑，可以得到表1-4，从中也可以看出国产软件在此领域内所处的位置。

表1-4　　具有一定影响的BIM软件类型和主要软件产品

序号	BIM软件类型	主要软件产品（可以跟BIM核心建模软件联合工作）	国产软件情况
1	BIM核心建模软件	Revit Architecture/Structural/MEP，Bentley Archhitecture/Strautural/Mechanical，ArchiCAD，Digital Project	空白
2	BIM方案设计软件	Onuma，Afflnlty	空白
3	与BIM接口的几何造型软件	Rhino，SketchUP，Formz	空白
4	可持续分析软件	Ecotech，IES，Green Building Studio，PKPM	
5	机电分析软件	Trane Trace，Design Master，IES Virtual Environment，博超，鸿业	
6	结构分析软件	ETABS，STAAD，Robot，PKPM	
7	可视化软件	3DS MAX，Lightscape，Accurebder，ARTLABTIS	空白
8	模型检查软件	Sloibri	空白
9	深化设计软件	Tekla Structure（Xsteel），Tssd	

续表

序号	BIM 软件类型	主要软件产品（可以跟 BIM 核心建模软件联合工作）	国产软件情况
10	模型综合碰撞检查	Navisworks，Projectwise Navigator，Solibri	空白
11	造价管理软件	Innovaya，Solibri，鲁班	
12	运营管理软件	Archibus，Navisworks	空白
13	发布和审核软件	PDF，3D PDF，Design Review	空白

1.4.2 美国 AGC 的 BIM 软件分类

美国总承包商协会（Associated General Contractors of American，简称 AGC）把 BIM 以及 BIM 相关软件分成 8 个类型，见表 1-5。

表 1-5　BIM 以及 BIM 相关软件分类

类　型	名　　称	国内相关软件
第①类	概念设计和可行性研究（Preliminary Design and Feasibility Tools）	国内没有同类软件
第②类	BIM 核心建模软件（BIM Authoring Tools）	天正、鸿业、博超等
第③类	BIM 分析软件（BIM Analysis Tools）	结构分析软件 PKPM、广厦； 日照分析软件 PKPM、天正； 机电分析软件鸿业、博超等
第④类	加工图和预制加工软件（Shop Drawing and Fabrication Tools）	建研院、浙大、同济等研制的空间结构和钢结构软件
第⑤类	施工管理软件（Construction Management Tools）	广联达的项目管理软件
第⑥类	算量和预算软件（Quantity Takeoff and Estimating Tools）	广联达、斯维尔、神机妙算等的算量和预算软件
第⑦类	计划软件（Scheduling Tools）	广联达收购的梦龙软件
第⑧类	文件共享和协同软件（File Sharing and Collaboration Tools）	除 FTP 以外，暂时没有具有一定实际应用和市场影响力的国内软件

不同类型的 BIM 软件包含的具体应用软件分别见表 1-6～表 1-13。

第①类：概念设计和可行性研究（Preliminary Design and Feasibility Tools）。

表 1-6　概念设计和可行性研究软件类型

产品名称	厂　　商	BIM 用途
Revit Architecture	Autodesk	创建和审核三维模型
DProfiler	Beck Technology	概念设计和成本估算
Bentley Architecture	Bentley	创建和审核三维模型
SketchUP	Google	3D 概念建模
ArchiCAD	Graphisoft	3D 概念建筑建模
Vectorworks Designer	Nemetschek	3D 概念建模
Tekla Structures	Tekla	3D 概念建模
Affinity	Trelligence	3D 概念建模
Vico Office	Vico Software	5D 概念建模

第②类：BIM 核心建模软件（BIM Authoring Tools）。

表 1-7　　BIM 核心建模软件类型

产品名称	厂　商	BIM 用途
Revit Architecture AutoCAD Architecture	Autodesk	建筑和场地设计
Revit Structure	Autodesk	结构
Revit MEP AutoCAD MEP	Autodesk	机电
Bentley BIM Suite， 包括 MicroStation， Bentley Architecture， Bentley Structural， Bentley Building Electrical Systems， Bentley Building Electrical Systems for AutoCAD， Generative Design And Generative Components	Bentley	多专业
Ditigal Project	Gehry Technologies	多专业
Digital Project MEP System Routing	Gehry Technologies	机电
SketchUP	Google	多专业
ArchiCAD	Graphisoft	建筑、机电和场地
Vectorworks	Nemetschek	建筑
Fastrak	CSC（UK）	结构
SDS/2	Design Data	结构
RISA	RISA Techologies	结构
Tekla Structures	Tekla	结构
Cadpipe HVAC	AEC Design Group	机电
MEP Modeler	Graphisoft	机电
Fabrication for ACAD MEP	East Coas CAD/CAM	机电
CAD-Duct	MicroApplication Packages Ltd.	机电
DuctDesigner 3D PipeDesigner 3D	QuickPen International	机电
HydraCAD	Hydratec	消防
AutoSPRINK VR	M. E. P. CAD	消防
FireCad	Mc4 Software	消防
AutoCAD Civil 3D	Autodesk	土木、基础设施、场地处理
PowerCivil	Bentley	场地处理
Site Design Site Planning	Eagle Pointt	土木、基础设施、场地处理
Synchro Professional	Synchro Ltd.	场地处理
Tekla Structures	Tekla	场地处理

第③类：BIM分析软件（BIM Analysis Tools）。

表1-8　　BIM分析软件类型

产品名称	厂　　商	BIM用途
Robot	Autodesk	结构分析
Green Building Studio	Autodesk	能量分析
Ecotect	Autodesk	能量分析
Structural Analysis/Detailing (STAAD Pro，RAM，Pro Structures) Building Performance (Bentley Hevacomp，Bentley Tas)	Bentley	结构分析/详图，工程量统计，建筑性能分析
Solibri Model Check	Solibri	模型检查和验证
VE-Pro	IES	能量和环境分析
RISA	RISA Structures	结构分析
Digital Projecct	Gehry Technologies	结构分析
GTSTRUDL	Georgia Institute of Technology	结构分析
Energy Plus	DOE、LBNL	能量分析
DOE2	LBNL	能连分析
FloVent	Mentor Graphics	空气流动/CFD
Fluent	Ansys	空气流动/CFD
Acoustical Roon Modeling Software	ODEON	声学分析
Apachc HVAC	IES	机电分析
Carrier E20-11	Carrier	机电分析
TRNSYS	University of Wisconsin	热能分析

第④类：加工图和预制加工软件（Shop Drawing and Fabrication Tools）。

表1-9　　加工图和预制加工软件类型

产品名称	厂　　商	BIM用途
CADPIPE Commercial Pipe	AEC Design	加工图和工厂制造
Revit MEP	Autodesk	加工图
SDS/2	Design Data	加工图
Fabricaton for AutoCAD MEP	East Coast CAD/CAM	预制加工
CAD-Duct	Micro Applicaion Packages Ltd	预制加工
PipeDesigner 3D DuctDesigner 3D	QuickPen International	预制加工
Tekla Structures	Tekla	加工图

第⑤类：施工管理软件（Construction Management Tools）。

表1-10　　施工管理软件类型

产品名称	厂　　商	BIM用途
Navisworks Manage	Autodesk	碰撞检查
ProojectWise Navigator	Bentley	碰撞检查

续表

产品名称	厂　　商	BIM用途
Digital Project Designer	Gehry Technologies	模型协调
Solobri Model Checker	Solibri	空间协调
Synchro Professional	Synchro Ltd.	施工计划
Tekla Structures	Tekla	施工管理
Vico Office	Vico Software	多种功能

第⑥类：算量和预算软件（Quantity Takeoff and Estimating Tools）。

表 1-11　　　　算量和预算软件类型

产品名称	厂　　商	BIM用途
QTO	Autodesk	工程量
DProfiler	Beck Technology	概念预算
Visual Applications	Innovaya	预算
Vico Takeoff Manager	Vico Software	工程量

第⑦类：计划软件（Scheduling Tools）。

表 1-12　　　　计划软件类型

产品名称	厂商	BIM用途
Navisworks Simulate	Autodesk	计划
ProojectWise Navigator	Bentley	计划
Visual Simulation	Inovaya	计划
Sunchro Professional	Tekla	计划
Tekla Structures	Tekla	计划
Vico Control	Vico Software	计划

第⑧类：文件共享和协同软件（File Sharing and Collaboration Tools）。

表 1-13　　　　文件共享和协同软件类型

产品名称	厂商	BIM用途
Digital Exchange Server	ADAPT Projecct Desivery	文件共享和沟通
Buzzsaw	Autodesk	文件共享
Constructware	Autodesk	协同
ProjectDox	Avolve	文件共享
SharePoint	Microsoft	文件共享、存储、管理
Project Center	Newforma	项目信息管理
Doc Set Manager	Vico Software	图形集比较
FTP Sites	各种供应商	文件共享

1.4.3　BIM软件中国战略目标

1. BIM软件中国战略目标的提出

我国建筑业软件市场规模不足建筑业本身这个市场规模的千分之一，而美欧的经验普遍认为BIM应该能够为建筑业带来10%的成本节省，即使我们把整个建筑业软件市场都归入BIM软件，那么从前面两个数字去分析，这里也有超过100倍投资回报的潜力。退一步考虑，哪怕通过BIM只降低1%的成本，从行业角度计算其投资回报也在10倍以上。

因此站在工程建设全行业的立场上，我国的BIM软件战略就应该以最快速度、最低成本让BIM软件实现最大行业价值，在保证目前质量、工期、安全水平的前提下降低建设成本1%、5%、10%甚至更多，从而把BIM软件完全应用作为实现这个目标的工具和成本中心。

怎样的BIM软件组合才能够最大限度地服务于中国工程建设行业，以实现建设质量、工期、成本、安全的最优结果呢？站在BIM软件市场的立场上，就是要研究我国需要哪种类型和功能的BIM软件，这些BIM软件如何得到，这些软件各自的市场规模、市场影响力和市场占有率如何？这一系列的问题不仅是软件适应客户还是客户适应软件的问题，也是一个简单的供求关系问题，要是一个市场经济话语权的问题。

BIM软件使用者的话语权和BIM软件开发者的话语权如何在博弈中获得共赢和平衡，是中国BIM软件战略需要考虑的又一个重要问题，而在上述两者之间的是政府行业主管部门。根据上述分析，提出下列BIM软件中国战略目标，如图1-9所示。

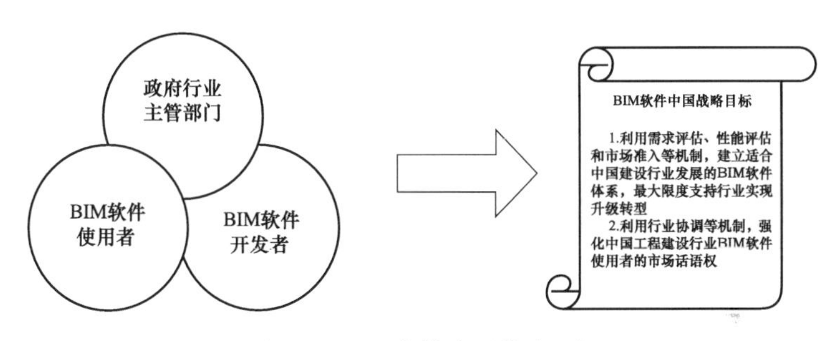

图1-9 BIM软件中国战略目标

2. BIM软件中国战略行动路线探讨

美国和欧洲的经验告诉我们，虽然BIM这个被行业广泛接受的专业名词的出现以及BIM在实际工程中的大量应用只有不到十年的时间，但是美欧对这种技术的理论研究和小范围工程实践从20世纪70年代就已开始，且一直没有中断。

美欧形成了一个BIM软件研发和推广的良性产业链：大学和科研机构主导BIM基础理论研究，经费来源于政府支持和商业机构赞助，大型商业软件公司主导通用产品研发和销售，小型公司主导专用产品研发和销售，大型客户主导客户化定制开发。

我国的基本情况是：一方面研究成果大多停留在论文、非商品化软件、示范案例上，即缺乏机制形成商品化软件，其研究成果也无法为行业共享；另一方面，由于缺乏基础理论研究的支持和资金实力，国内大型商业软件公司只能从事专用软件开发，依靠中国市场和行业的独特性生存发展。而小型商业公司则只能在客户化定制开发上寻找机会，这种经营模式严重受制于平台软件的市场和技术策略，使得小型商业公司的生存和发展变得极不稳定。

要从根本上改变我国在BIM软件领域的基本格局不是短期内可以实现的，要实现这个目标的基本战略就是使行业内的各个参与方从左边的现状转变到右边的良性状态上来，如图1-10所示。

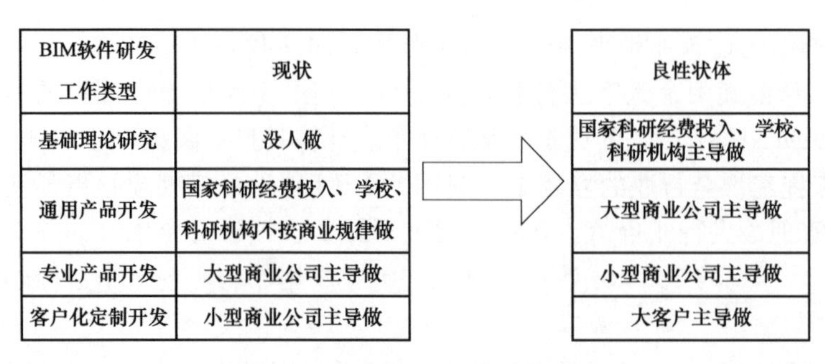

图 1-10 BIM 软件应用现状转变

1.4.4 部分软件简介

1. DP（Digital Project）

DP 是盖里科技公司（Gehry Technologies）基于 CATIA 开发的一款针对建筑设计的 BIM 软件，目前已被世界上很多顶级的建筑师和工程师所采用，进行一些最复杂，最有创造性的设计，优点就是十分精确，功能十分强大（抑或是当前最强大的建筑设计建模软件），缺点是操作起来比较困难。

2. Revit

AutoDesk 公司开发的 BIM 软件，针对特定专业的建筑设计和文档系统，支持所有阶段的设计和施工图纸。从概念性研究到最详细的施工图纸和明细表。Revit 平台的核心是 Revit 参数化更改引擎，它可以自动协调在任何位置（例如在模型视图或图纸、明细表、剖面、平面图中）所做的更改。这也是在我国普及最广的 BIM 软件，实践证明，它能够明显提高设计效率。优点是普及性强，操作相对简单。

3. Grasshopper

基于 Rhion 平台的可视化参数设计软件，适合对编程毫无基础的设计师，它将常用的运算脚本打包成 300 多个运算器，通过运算器之间的逻辑关联进行逻辑运算，并且在 Rhino 的平台中即时可见，有利于设计中的调整。优点是方便上手，可视操作。缺点是运算器有限，会有一定限制（对于大多数的设计足够）。

4. RhinoScript

RhinoScript 是架构在 VB（Visual Basic）语言之上的 Rhino 专属程序语言，大致上又可分为 Marco 与 Script 两大部分，RhinoScript 所使用的 VB 语言的语法基本上算是简单的，已经非常接近日常的口语。优点是灵活，无限制。缺点是相对复杂，要有编程基础和计算机语言思维方式。

5. Processing

也是代码编程设计，但与 RhinoScript 不同的是，Processing 是一种具有革命前瞻性的新兴计算机语言，它的概念是在电子艺术的环境下介绍程序语言，并将电子艺术的概念介绍给程序设计师。它是 Java 语言的延伸，并支持许多现有的 Java 语言架构，不过在语法（syntax）上简易许多，并具有许多贴心及人性化的设计。Processing 可以在 Windows、MAC OS X、MAC OS 9 、Linux 等操作系统上使用。

6. Navisworks

Navisworks 软件提供了用于分析、仿真和项目信息交流的先进工具。完备的四维仿真、

动画和照片级效果图功能使用户能够展示设计意图并仿真施工流程，从而加深设计理解并提高可预测性。实时漫游功能和审阅工具集能够提高项目团队之间的协作效率。Autodesk Navisworks是Autodesk出品的一个建筑工程管理软件套装，使用Navisworks能够帮助建筑、工程设计和施工团队加强对项目成果的控制。Navisworks解决方案使所有项目相关方都能够整合和审阅详细设计模型，帮助用户获得建筑信息模型工作流带来的竞争优势。

7. iTWO

RIB iTWO（Construction Project life-cycle）建筑项目的生命周期，可以说是全球第一个数字与建筑模型系统整合的建筑管理软件，它的软件构架别具一格，在软件中集成了算量模块、进度管理模块、造价管理模块等，这就是传说中“超级软件”，与传统的建筑造价软件有质的区别，与我国的BIM理论体系比较吻合。

8. 广联达 BIM 5D

广联达BIM 5D以建筑3D信息模型为基础，把进度信息和造价信息纳入模型中，形成5D信息模型。该5D信息模型集成了进度、预算、资源、施工组织等关键信息，对施工过程进行模拟，及时为施工过程中的技术、生产、商务等环节提供准确的形象进度、物资消耗、过程计量、成本核算等核心数据，提升沟通和决策效率，帮助客户对施工过程进行数字化管理，从而达到节约时间和成本、提升项目管理效率的目的。

9. ProjectWise

ProjectWise WorkGroup可同时管理企业中同时进行的多个工程项目，项目参与者只要在相应的工程项目上，具备有效的用户名和口令，便可登录到该工程项目中根据预先定义的权限访问项目文档。ProjectWise可实现以下功能：将点对点的工作方式转换为“火锅式”的协同工作方式；实现基础设施的共享、审查和发布；针对企业对不同地区项目的管理提供分布式储存的功能；增量传输；提供树状的项目目录结构；文档的版本控制及编码和命名的规范；针对同一名称不同时间保存的图纸提供差异比较；工程数据信息查询；工程数据依附关系管理；解决项目数据变更管理的问题；红线批注；图纸审查；Project附件-魔术笔的应用；提供Web方式的图纸浏览；通过移动设备进行校核（navigator）；批量生成PDF文件，交付业主。

10. IES分析软件

IES是总部在英国的Integrated Environmental Solutions公司的缩写，IES〈Virtual Environment〉（简称IES〈VE〉）是旗下建筑性能模拟和分析的软件。IES〈VE〉用来在建筑前期对建筑的光照、太阳能，及温度效应进行模拟。其功能类似Ecotect，可以与Radiance兼容对室内的照明效果进行可视化的模拟。缺点是，软件由英国公司开发，整合了很多英国规范，与中国规范不符。

11. Ecotect Analysis

Ecotect提供自己的建模工具，分析结果可以根据几何形体得到即时反馈。这样，建筑师可以从非常简单的几何形体开始进行迭代性（iterative）分析，随着设计的深入，分析也逐渐越来越精确。Ecotect和RADIANCE、POV Ray、VRML、EnergyPlus、HTB2热分析软件均有导入导出接口。Ecotec以其整体的易用性、适应不同设计深度的灵活性以及出色的可视化效果，已在中国的建筑设计领域得到了更广泛的应用。

12. Green Building Studio

Green Building Studio（GBS）是Autodesk公司的一款基于Web的建筑整体能耗、水

资源和碳排放的分析工具。在登入其网站并创建基本项目信息后，用户可以用插件将 Revit 等 BIM 软件中的模型导出 gbXML 并上传到 GBS 的服务器上，计算结果将即时显示并可以进行导出和比较。在能耗模拟方面，GBS 使用的是 DOE-2 计算引擎。由于采用了目前流行的云计算技术，GBS 具有强大的数据处理能力和效率。另外，其基于 Web 的特点也使信息共享和多方协作成为其先天优势。同时，其强大的文件格式转换器，可以成为 BIM 模型与专业的能量模拟软件之间的无障碍桥梁。

13. EnergyPlus

EnergyPlus 模拟建筑的供暖供冷、采光、通风以及能耗和水资源状况。它基于 BLAST 和 DOE-2 提供的一些最常用的分析计算功能，同时，也包括了很多独创模拟能力，例如模拟时间步长低于 1h，模组系统，多区域气流，热舒适度，水资源使用，自然通风以及光伏系统等。需要强调的是：EnergyPlus 是一个没有图形界面的独立的模拟程序，所有的输入和输出都以文本文件的形式完成。

14. DeST

DeST 是 Designer’s Simulation Toolkit 的缩写，意为设计师的模拟工具箱。DeST 是建筑环境及 HVAC 系统模拟的软件平台，该平台以清华大学建筑技术科学系环境与设备研究所十余年的科研成果为理论基础，将现代模拟技术和独特的模拟思想运用到建筑环境的模拟和 HVAC 系统的模拟中去，为建筑环境的相关研究和建筑环境的模拟预测、性能评估提供了方便实用可靠的软件工具，为建筑设计及 HVAC 系统的相关研究和系统的模拟预测、性能优化提供了一流的软件工具。目前 DeST 有 2 个版本，应用于住宅建筑的住宅版本 (DeST-h) 及应用于商业建筑的商建版本 (DeST-c)。

1.5 BIM 人员分类

在 BIM 技术应用过程中各人员有自己的明确定义，有助于在 BIM 技术发展过程中目标明确，职责清晰，层次分明；有利于不论是 BIM 技术推进还是企业自身 BIM 团队发展的平衡及有效性。本书通过总结国外认可度高的人员分类，推荐一组 BIM 人才配备建议。

1. BIM 人才名词

BIM 人才可以分为 BIM 标准人才、BIM 工具人才、BIM 应用人才 3 大名词，具体如图 1-11 所示。

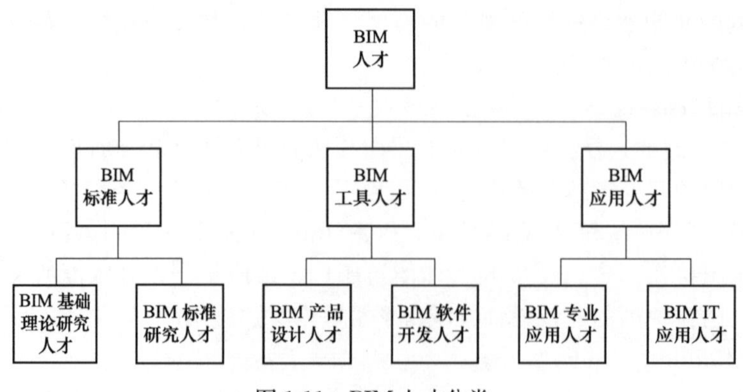

图 1-11 BIM 人才分类

2. 美国国家 BIM 标准 BIM 人员分类

美国国家 BIM 标准把跟 BIM 有关的人员分成 BIM 用户、BIM 标准提供者及 BIM 工具制造商 3 类，具体见表 1-14。

表 1-14　　美国国家 BIM 标准 BIM 人员分类

BIM 人员类型	名　称	职　责
第①类	BIM 用户	包括建筑信息创建人和使用人，他们决定支持业务所需要的信息，然后使用这些信息完成自己的业务功能，所有项目参与方都属于 BIM 用户
第②类	BIM 标准提供者	为建筑信息和建筑信息数据处理建立和维护标准
第③类	BIM 工具制造商	开发和实施软件及集成系统，提供技术和数据处理服务

3. 美国陆军工程兵（USACE）BIM 路线图的 BIM 职位分类

美国陆军工程兵（USACE-the U. S. Army Corps of Engineers）制订的 2006—2020 年 15 年 BIM 路线图“Building Information Modeling（BIM）A Roadmap for Implementation to Support MILCON Transformation and Civil Works Projects within USACE”对 BIM 团队组织的职位构成分成 BIM 经理、技术主管及设计师 3 类，具体见表 1-15。

表 1-15　　美国陆军工程兵（USACE）BIM 路线图的 BIM 职位分类

BIM 职位分类	名　称	职　责
第①类	BIM 经理（BIM manager）	协调“BIM 小窝（“BIM 小窝”是指所有建筑师和工程师在同一个房间里、在同一个 BIM 模型上、在同一时间内进行协同设计的环境，在这里关于 BIM 模型的沟通和协同都将是即时发生的）
		安排 BIM 培训
		配置和更新 BIM 相关的数据集
		提供数据变化到项目中心数据集，如果必要的话，最终到企业级数据集样板
		安排设计审查
第②类	技术主管（Lead echnician）	管理 BIM 模型
		负责从模型中提取数据、统计工程量、生成明细表
		保证所有的 BIM 工作遵守美国国家 CAD 标准和 BIM 标准
		使用质量报告工具保证数据质量
第③类	设计师（Designers）	负责本专业的设计要求，在三维环境里执行设计和设计修改

4. Willem Kymmell BIM 专著中的 BIM 职位分类

Willem Kymmell 撰写的 BIM 专著 *Building Information Modeling—Planning and Managing Construction Project with 4D CAD and Simulations* 认为 BIM 经理、BIM 操作人员、BIM 协助人员 3 种类型的 BIM 应用人才可以组建一个有效的 BIM 团队，具体见表 1-16。

表 1-16　　Willem Kymmell BIM 专著中的 BIM 职位分类

BIM 职位分类	名　称	职　责
第①类	BIM 经理（BIM manager）	协调团队，负责 BIM 生产和分析。制定战略计划，沟通、协调、评估，决定 BIM 如何能够最好地为某个特定项目服务。关键因素是客户需求和期望、项目团队经验和可用资源（人员、软件培训、工具等等），BIM 目标应该经过 BIM 经理的分析和评估，因而可以细化出一个实施计划；该角色需要具备进行 BIM 建模和分析的流程和工具的整体知识，不一定需要直接的建模经验，但了解 BIM 的流程和局限对优化项目计划非常重要

续表

BIM职位分类	名　称	职　责
第②类	BIM操作人员（BIM operators）	实际进行BIM建模和分析的人员，包括负责创建各自部分BIM模型的设计师和咨询师，也包括从不同信息角度和BIM模型进行互动的其他人员，例如预算员、计划员、预制加工人员等
第③类	BIM协助人员（BIM acilitator）	帮助浏览和获取BIM模型里面的信息。一般来说，BIM的计划和创建主要在办公室完成，但是BIM被广泛用于施工现场作为管理目的，因此要把这两部分的功能分开，这样BIM才可以更好地和施工现场的各种活动完全集成。BIM模型的可视化和沟通优势及其他可能性辅助施工现场会议非常有效，BIM协助人员原则上就是一个施工现场的角色，支持一线施工人员使用BIM。他们帮助施工负责人建立和所有分包的沟通机制。这个角色需要理解浏览软件以及模型部件的组织方式，他们帮助施工现场从BIM模型中抽取信息，通过全面浏览模型帮助施工人员更好地理解他们要完成的工作

5. 建议BIM职位分类

通过查阅大量文献及资料，BIM职位建议分为以下5类，具体见表1-17。

表1-17　　　　建议BIM职位分类

BIM职位分类	名称	职位级别	职责
第①类	BIM战略总监	企业级（大型企业的部门或专业级）	不要求能够操作BIM软件，但要求了解BIM基本原理和国内外应用现状，了解BIM将给建筑业带来的价值和影响，掌握BIM在施工行业的应用价值和实施方法，掌握BIM实施应用环境：软件、硬件、网络、团队、合同等
			负责企业、部门或专业的BIM总体发展战略，包括组建团队、确定技术路线、研究BIM对企业的质量效益和经济效益、制定BIM实施计划等
第②类	BIM项目经理	项目级	对BIM项目进行规划、管理和执行，保质保量实现BIM应用的效益
			自行或通过调动资源解决工程项目BIM应用中的技术和管理问题
第③类	BIM专业分析工程师	专业级	利用BIM模型对工程项目的整体质量、效率、成本、安全等关键指标进行分析、模拟、优化
			对该项目承载体的BIM模型进行调整，实现高效、优质、低价的项目总体实现和交付
第④类	BIM模型生产工程师	专业级	建立项目实施过程中需要的各种BIM模型
第⑤类	BIM信息应用工程师	专业级	根据项目BIM模型提供的信息完成自己负责的工作

BIM未来将有以下几种发展趋势：

（1）以移动技术来获取数据。随着互联网和移动智能终端的普及，人们现在可以在任何地点和任何时间获取信息。而在建筑设计领域，将会看到很多承包商，为自己的工作人员都配备这些移动设备，在工作现场就可以进行设计。

（2）数据的暴露。现在可以把监控器和传感器放置在建筑物的任何一个地方，对建筑内的温度、空气质量、湿度进行监测。同时加上供热信息、通风信息、供水信息和其他的控制信息。将这些信息汇总之后，设计师就可以对建筑的现状有一个全面充分的把握。

（3）未来还有一个最为重要的概念——云端技术，即无限计算。不管是能耗，还是结构分析，针对一些信息的处理和分析都需要利用云计算这一强大的计算能力。甚至，我们渲染

和分析过程可以达到实时的计算，帮助设计师尽快在不同的设计和解决方案之间进行比较。

（4）数字化现实捕捉。这种技术，通过一种激光的扫描，可以对于桥梁、道路、铁路等进行扫描，以获得早期的数据。我们也看到，现在不断有新的算法，把激光所产生的点集中成平面或者表面，然后放在一个建模的环境当中。3D 电影《阿凡达》就是在一台电脑上创造一个 3D 立体 BIM 模型的环境。因此，我们可以利用这样的技术为客户建立可视化的效果。值得期待的是，未来设计师可以在一个 3D 空间中使用这种进入式的方式来工作，直观地展示产品开发的未来。

（5）协作式项目交付。BIM 是一个工作流程，而且是基于改变设计方式的一种技术，而且改变了整个项目执行施工的方法，它是一种设计师、承包商和业主之间合作的过程，每个人都有自己非常有价值的观点和想法。所以，如果能够通过分享 BIM 让这些人都参与其中，在这个项目的全生命周期都参与其中，那么，BIM 将能够实现它最大的价值。国内 BIM 应用处于起步阶段，绿色和环保等词语几乎成为各个行业的通用要求。特别是建筑设计行业，设计师早已不再满足于完成设计任务，而更加关注整个项目从设计到后期的执行过程是否满足高效、节能等要求，期待从更加全面的领域创造价值。

2 BIM 技术与项目管理

2.1 项目管理

现代的工程项目对管理的要求越来越高，对质量、投资回报、计划进度要求严格。无论是业主方的项目管理，还是总承包单位的项目管理，都要围绕着项目的进度、质量、成本来开展工作。

先进的项目管理理念，可以帮助项目部门科学、高效地管理项目，对项目各阶段（工程项目的勘察、设计、采购、施工、试运行（竣工验收）等实行全过程或若干阶段、各项内容合理计划，严格控制，综合平衡，有效地协调工作安排，进行项目成本、进度、范围、质量的管理，规避项目风险和对项目实现全过程的动态管理，使项目最终取得圆满成功。

1. 广义的项目管理

项目管理通常可以广义地定义为：以项目为管理对象，在既定的约束条件下，为最优地实现项目目标，根据项目的内在规律，对项目全寿命周期进行有效地计划、组织、指挥、控制和协调的系统管理活动。

在实际应用中，项目管理是从项目的开始到项目的完成，通过项目策划（PP-Project plan）和项目控制（PC-Project Control），以实现项目的费用目标（投资目标、成本目标）、质量目标和进度目标。全阶段管理包括三部分，分别为决策阶段管理（DM）、实施阶段管理（PM）以及使用阶段管理（FM），其具体表达及项目各管理方的工作范围如图 2-1 所示。

	决策阶段	实施阶段			使用阶段
		设计准备	设计	施工	
投资方	DM	PM			FM
开发商	DM	PM			
设计方			PM		
施工方				PM	
供货方				PM	
物业管理方					FM

DM—Development Management，PM—Project Management，FM—Facility Management

图 2-1 工程项目全阶段的管理

通过项目管理可以实现工程建设增值、工程使用（运行）增值，能够确保工程建设安全、工程使用安全，能够提高工程质量，降低工程运营成本，便于工程维护，最终满足用户的使用功能。

2. 施工项目管理

施工阶段的项目管理，是以施工项目经理为核心的项目经理部，对施工项目全过程进行的管理，负责整个工程的施工安全、施工总进度控制、施工质量控制和施工成本控制等，其具体管理内容如图 2-2 所示。施工项目控制的行为主体是施工单位，其核心任务是通过项目策划和项目控制以达成项目的控制目标。施工项目的控制目标有进度目标、质量目标、成本目标和安全目标等。

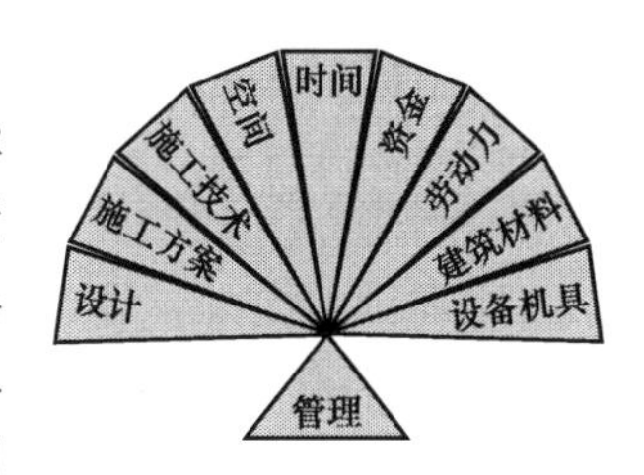

图 2-2 施工项目管理内容

2.2 项目管理存在难点及不足

2.2.1 项目管理存在难点

目前，工程项目管理在技术革新、管理模式创新和项目流程梳理上都有了质的飞跃，行业内的企业已普遍拥有一套适合企业和社会发展的管理体系。尽管如此，理想的项目管理体系执行难度仍非常之大。工程项目数据量大、各岗位间数据流通效率低、团队协调能力差等问题成了制约项目管理发展的主要因素，具体如下：

1. 项目管理各条线获取数据难度大

工程项目开始后会产生海量的工程数据，这些数据获取的及时性和准确性直接影响到各单位、各班组的协调水平和项目的精细化管理水平。然而，现实中工程管理人员对于工程基础数据的获取能力较差，使得采购计划不准确，限额领料难执行，短周期的多算对比无法实现，过程数据难以管控。

2. 项目管理各条线协同、共享、合作难度大

工程项目的管理决策者获取工程数据的及时性和准确性都不够，严重制约了各条线管理者对项目管理的统筹能力。在各工种、各条线、各部门协同作业时往往凭借经验进行布局管理，各方的共享与合作难以实现，工程项目的管理成本骤升、浪费严重。

3. 工程资料保存难度大

当前工程项目的大部分资料保存在纸质媒介上，由于工程项目的资料种类繁多、体量和保存难度过大、应用周期过长等，使得工程项目从开始到竣工后大量的施工依据不易追溯。特别是变更单、签证单、技术核定单、工程联系单等重要资料的遗失，将对工程建设各方责权利的确定与合同的履行造成重要影响。

4. 设计图纸碰撞检查与施工难点交底难度大

在建筑物的造型日益复杂、建筑施工周期逐渐缩短的大趋势下，对建筑施工协调管理和技术交底的要求也逐步提高。由于设计院出具的施工图纸中各专业划分不同，设计人员的素质不同，导致各专业的相互协调难度大，图纸碰撞问题、设计变更问题时有发生。设计图纸的碰撞问题易导致工期延误、成本增加等，给工程质量安全带来巨大隐患；施

工人员在面临反复变化的设计图纸和按图施工的要求时显得力不从心，导致工程项目施工过程中，不同班组同一部位施工采用不同蓝图的情况，建筑成品与施工蓝图不一致的情况也屡见不鲜。

2.2.2 项目管理存在不足

目前，我国的项目管理还处于粗放式的管理水平，与英国、新加坡等国家相比，我国传统项目管理存在以下不足：

（1）业主方在建设工程不同的阶段可自行或委托进行项目前期的开发管理、项目管理和设施管理，但是缺少必要的相互沟通。

（2）前期的开发管理、项目管理和设施管理的分离造成的弊病，仅从各自的工作目标出发，而忽视了项目全寿命的整体利益。

（3）工程项目管理只局限于施工领域，设计方、供货方和监理方的项目管理还相当弱，各方容易互相推诿责任。

（4）二维CAD设计图形象性差，二维图纸不方便各专业之间的协调沟通，传统方法不利于规范化和精细化管理。

（5）施工方对效益过分的追求，质量管理方法很难充分发挥其作用。

（6）施工人员专业技能水平不高，材料使用不规范，不按设计或规范进行施工，不能准确预知完工后的质量效果，各个专业工种相互影响。

（7）造价分析数据细度不够，功能弱，精细化成本管理需要细化到不同时间、构件、工序等，难以实现过程管理。

（8）对环境因素的估计不足，重检查，轻积累。

2.3 基于BIM技术的项目管理

BIM技术自出现以来就迅速覆盖建筑的各个领域。全国建筑业信息化发展规划纲要支持建筑业软件产业化，提升企业管理水平和核心竞争能力；“十二五”规划中提出“全面提高行业信息化水平，重点推进建筑企业管理与核心业务信息化建设和专项信息技术的应用”。针对我国目前存在的不足，需要信息化技术弥补，而BIM技术可以轻松地实现集成化管理，如图2-3所示。可见BIM技术与项目管理的结合不仅符合政策导向，也是发展的必然趋势。

传统的项目管理模式即“设计—招投标—建造”模式，将设计、施工分别委托不同单位承担。设计基本完成后通过招标选择承包商，业主和承包商签订工程施工合同和设备供应合同，由承包商与分包商和供应商单独订立分包及材料的供应合同并组织实施。业主单位一般指派业主代表负责有关的项目管理工作。施工阶段的质量控制和安全控制等工作一般授权监理工程师进行。

引入BIM技术后，将从建设工程项目的组织、管理和手段等多个方面进行系统的变革，实现理想的建设工程信息积累，从根本上消除信息的流失和信息交流的障碍。理想的建设工程信息积累变化如图2-4所示。

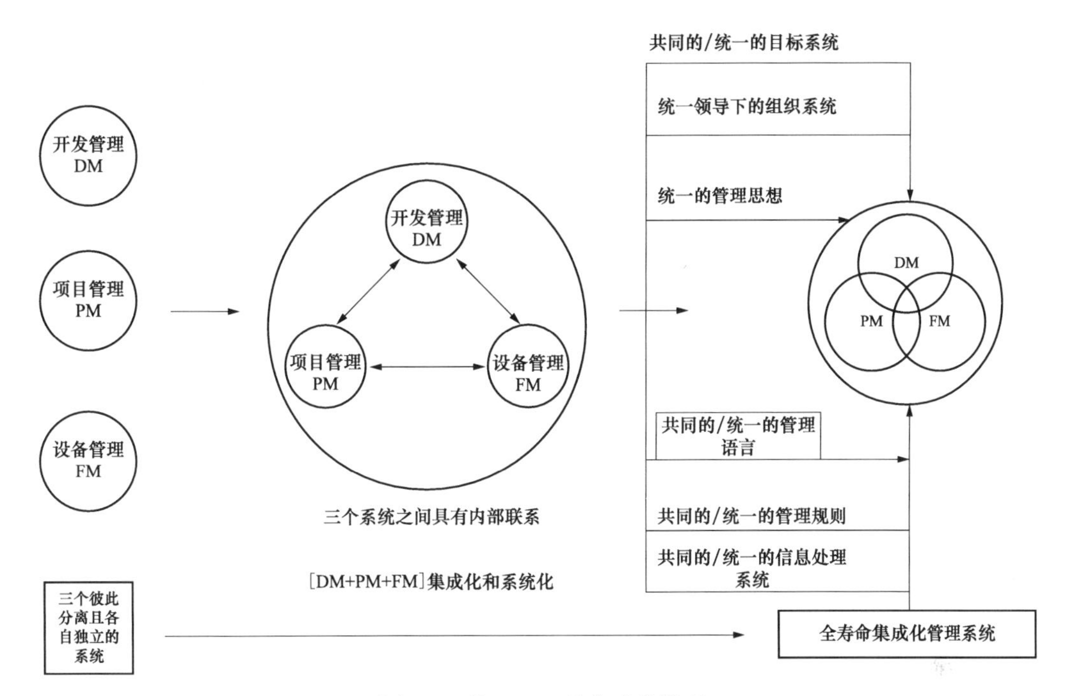

图 2-3　基于 BIM 的集成化管理

BIM 中含有大量的工程相关的信息，可为工程提供数据后台的巨大支撑，可以使业主、设计院、顾问公司、施工总承包、专业分包、材料供应商等众多单位在同一个平台上实现数据共享，使沟通更为便捷、协作更为紧密、管理更为有效，从而弥补传统的项目管理模式的不足。BIM 引入后的工作模式转变如图 2-5 所示。

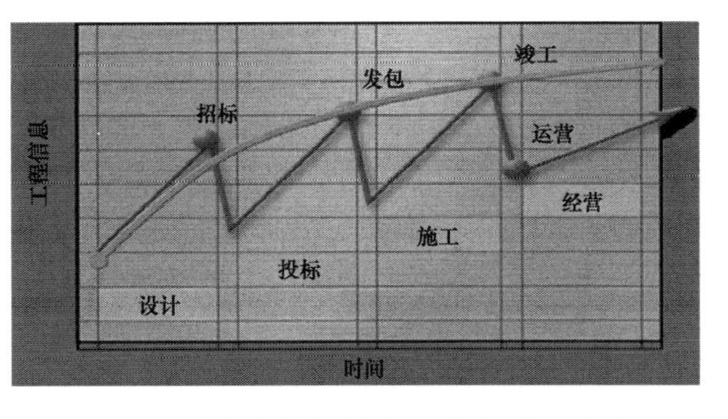

图 2-4　理想的建设工程信息积累变化示意图

弧线—引入 BIM 的信息保留；折线—传统模式的信息保留

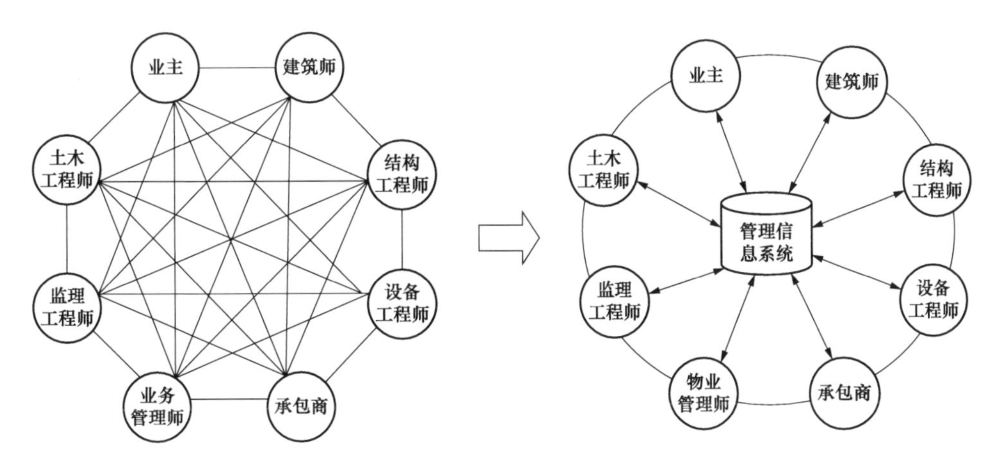

图 2-5　BIM 引入后的工作模式转变

基于BIM的管理模式是创建信息、管理信息、共享信息的数字化方式，其具有很多优势，具体如下：

（1）通过建立BIM模型，能够在设计中最大限度地满足业主对设计成果的细节要求。业主可在线以任何一个角度观看设计产品的的构造，甚至是小到一个插痤的位置、规格、颜色，业主也可以在设计过程中在线提出修改意见，从而使精细化设计成为可能。

（2）工程基础数据如量、价等数据可以实现准确、透明及共享，能完全实现短周期、全过程对资金风险以及盈利目标的控制。

（3）能够对投标书、进度审核预算书、结算书进行统一管理，并形成数据对比。

（4）能够对施工合同、支付凭证、施工变更等工程附件进行统一管理，并对成本测算、招投标、签证管理、支付等全过程造价进行管理。

（5）BIM数据模型能够保证各项目的数据动态调整，方便追溯各个项目的现金流和资金状况。

（6）根据各项目的形象进度进行筛选汇总，能够为领导层更充分地调配资源、进行决策提供有利条件。

（7）基于BIM的4D虚拟建造技术能够提前发现在施工阶段可能出现的问题，并逐一修改，提前制定应对措施。

（8）能够在短时间内优化进度计划和施工方案，并说明存在问题，提出相应的方案用于指导实际项目施工。

（9）能够使标准操作流程可视化，随时查询物料及产品质量等信息。

（10）利用虚拟现实技术实现对资产、空间管理，建筑系统分析等技术内容，从而便于运营维护阶段的管理应用。

（11）能够对突发事件进行快速应变和处理，快速准确掌握建筑物的运营情况，如对火灾等安全隐患进行及时处理，减少不必要的损失。

综上，采用BIM技术可使整个工程项目在设计、施工和运营维护等阶段都能有效地实现制订资源计划、控制资金风险、节省能源、节约成本、降低污染及提高效率。应用BIM技术，能改变传统的项目管理理念，引领建筑信息技术走向更高层次，从而提高建筑管理的集成化程度。

2.4 BIM在项目管理中的应用内容

由于施工项目有施工总承包、专业施工承包、劳务施工承包等多种形式，其项目管理的任务和工作重点也会有很大差别。BIM技术引入后，需要针对项目的需求进行具体的内容划分。BIM在项目管理中按不同工作阶段、内容、对象和目标可以分很多类别，具体见表2-1。

表2-1　　**BIM在项目管理中应用内容划分**

类别	按工作阶段划分	按工作对象划分	按工作内容划分	按工作目标划分
1	投标签约管理	人员管理	设计及深化设计	工程进度控制
2	设计管理	机具管理	各类计算机仿真模拟	工程质量控制
3	施工管理	材料管理	信息化施工、动态工程管理	工程安全控制
4	竣工验收管理	工法管理	工程过程信息管理与归纳	工程成本控制
5	运维管理	环境管理	—	—

以按照工作阶段划分为例，对 BIM 在项目管理各工作阶段的具体内容进行梳理。BIM 模型在各阶段中的应用过程如图 2-6 所示，其具体应用内容见表 2-2。

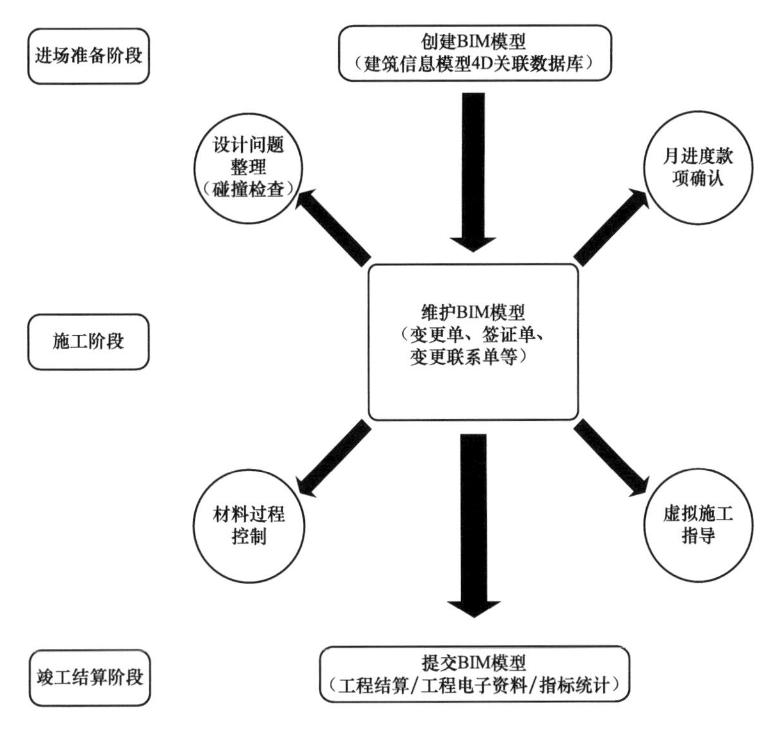

图 2-6　BIM 模型在各阶段中的应用过程

表 2-2　BIM 模型在各阶段中的应用内容

工作阶段	具体应用点	操作方法	具体应用效果
投标签约管理	场区规划模拟	建立三维场地模型，对施工过程中的各个阶段进行，并模拟塔吊碰撞	三维的规划图更加清晰直观，塔吊模型与实际模型 1∶1，直接显示实际的工作方式
	通过动画或虚拟现实技术展示施工方案	根据针对项目提出的不同施工方案建立相应动画，或建立集成多方案的交互平台	比起传统的文字加口述来描述施工方案，以动画的形式或交互平台的方式，方案对比更明显，更容易展示技术实力
设计管理	建立 3D 信息模型	建立三维几何模型，并把大量的设计相关信息（如构件尺寸、材料、配筋信息等）录入到信息模型中	取代了传统的平面图或效果图，形象地表现出设计成果，让业主全方位了解设计方案；业主及监理方可随时统计实体工程量，方便前期的造价控制、质量跟踪控制
	可视化设计交底	设计人员通过模型实现向施工方的可视化设计交底	能够让施工方清楚了解设计意图，了解设计中的每一个细节

续表

工作阶段	具体应用点	操作方法	具体应用效果
施工管理	建立4D施工信息模型	把大量的工程相关信息（如构件和设备的技术参数、供方信息、状态信息）录入到信息模型中，将3D模型与施工进度相链接，并与施工资源和场地布置信息集成一体，建立4D施工信息模型	4D施工信息模型是实现建设项目施工阶段工程进度、人力、材料、设备、成本和场地布置的动态集成管理及施工过程的可视化模拟的基础； 在运营过程中可以随时更新模型，通过对这些信息快速准确地筛选调阅，能够为项目的后期运营带来很大便利
	碰撞检查	在碰撞检测软件中检查各个BIM模型软硬碰撞，并出具碰撞报告	能够彻底消除硬碰撞、软碰撞，优化工程设计，避免在建筑施工阶段可能发生的错误损失和返工的可能； 能够优化净空，优化管线排布方案
	构件工厂化生产	基于BIM设计模型对构件进行分解，对其进行二维码，在工厂加工好后运到现场进行组装	精准度高，失误率低
	钢结构预拼装	大型钢结构施工过程中变形较大，传统的施工方法要在工厂进行预拼装后再拆开到现场进行拼装。BIM技术可以把需要现场安装的钢结构进行精确测量后在计算机中建立与实际情况相符的模型，实现虚拟预拼装	为技术方案论证提供全新的技术依据，减少方案变更
	虚拟施工	在计算机上执行建造过程，模拟施工场地布置、施工工艺、施工流程等，形象地反映出工程实体的实况	能够在实际建造之前对工程项目的功能及可建造性等潜在问题进行预测，包括施工方法实验、施工过程模拟及施工方案优化等； 利用BIM模型的虚拟性与可视化，提前反映施工难点，避免返工
	工程量统计	基于模型对各步工作的分解，精确统计出各步工作工程量，结合工作面和资源供应情况分析后，可精确地组织施工资源进行实体的修建	实现真正的定额领料并合理安排运输
	进度款管理	根据三维图形分楼层、区域、构件类型、时间节点等进行“框图出价”	能够快速、准确地进行月度产值审核，实现过程三算对比，对进度款的拨付做到游刃有余； 工程造价管理人员可及时、准确地筛选和调用工程基础数据
	材料领取控制	利用BIM模型的4D关联数据库，快速、准确获得过程中工程基础数据拆分实物量	随时为采购计划的制定提供及时、准确的数据支撑，随时为限额领料提供及时、准确的数据支撑，为飞单等现场管理情况提供审核基础

续表

工作阶段	具体应用点	操作方法	具体应用效果
施工管理	可视化技术交底	通过模型进行技术交底	直观地让工人了解自身任务及技术要求
	BIM模型维护与更新	根据变更单、签证单、工程联系单、技术核定单等相关资料派驻人员进驻现场配合对BIM模型进行维护、更新	为项目各管理条线提供最为及时、准确的工程数据
竣工验收管理	工程文档管理	将文档（勘察报告、设计图纸、设计变更、会议记录、施工声像及照片、签证和技术核定单、设备相关信息、各种施工记录、其他建筑技术和造价资料相关信息等）通过手工操作和BIM模型中相应部位进行链接	对文档快速搜索、查阅、定位，充分提高数据检索的直观性，提高工程相关资料的利用率
	BIM模型的提交	汇总施工各相关资料制定最终的全专业BIM模型，包括工程结算电子数据、工程电子资料、指标统计分析资料，保存在服务器中，并刻录成光盘备份保存	可以快速、准确地对工程各种资料进行定位； 大量的数据留存与服务器经过相应处理形成建筑企业的数据库，日积月累为企业的进一步发展提供强大的数据支持
运维管理	三维动画渲染和漫游	在现有BIM模型的基础上，建立反应项目完成后的真实动画	让业主在进行销售或有关于建筑宣传展示的时候给人以真实感和直接的视觉冲击
全生命周期管理	网络协同工作	项目各参与方信息共享，基于网络实现文档、图档和视档的提交、审核、审批及利用	建造过程中无论是施工方、监理方、甚至非工程行业出身的业主领导都对工程项目的各种问题和情况了如指掌
	项目基础数据全过程服务	在项目过程中依据变更单、技术核定单、工程联系单、签证单等工程相关资料实时维护更新BIM数据，并将其及时上传至BIM云数据中心的服务器中，管理人员即可通过BIM浏览器随时看到最新的数据	客户可以得到从图纸到BIM数据的实时服务，利用BIM数据的实时性、便利性大幅提升，实现最新数据的自助服务

2.5 企业级BIM技术管理应用

随着BIM技术的引入，传统的建筑工程项目管理模式将被BIM所取代，BIM可以使众多参与单位在同一个平台上实现数据共享，从而使得建筑工程项目管理更为便捷、有效。为了更好地应用BIM技术，应该从以下几方面着手：

1. 促进施工技术人员掌握施工及项目管理方面BIM技术

深入学习BIM在施工行业的实施方法和技术路线，提高施工技术人员的BIM软件操作能力；掌握基本BIM建模方法，加深BIM施工管理理念；在施工、造价管理和项目管理方面能进行BIM技术的综合应用，从而加快推动施工人员由单一型技术人才向复合型全面人才的转变。

2. 提升企业综合技术实力

提高施工方三维可视化技术的能力，辅助企业进行投标，承揽BIM项目，提升中标可能性，能进行BIM模型的可视化渲染、碰撞检测报告、绘制施工图等；选定试点项目展开BIM工作，进而带动整个公司的BIM技术普及，使之成为单位的核心竞争力，为承揽大型复杂项目提供技术保障；进行后期BIM大赛及其他奖项的申报，拓展企业市场，增强企业的影响力；促进新技术与BIM相结合，通过企业内部资源与科研机构等联合研发BIM施工管理中新的应用点，例如云技术、激光扫描点云技术、GIS技术等。

3. 组建企业BIM团队

组建多层级团队，能够应用BIM技术为企业、部门或项目提高工作质量和效率；进而建立企业BIM技术中心，负责BIM知识管理、标准与模板、构件库的开发与维护、技术支持、数据存档管理、项目协调、质量控制等；合理制定企业内部BIM标准，规范BIM应用。

4. 公司BIM族库开发

族是BIM系列软件中组成项目的单元，同时是参数信息的载体，是一个包含通用属性集和相关图形表示的图元组；族样板建立：在软件原有族样板的基础上结合公司深化的经验与习惯，创建适应公司结构施工及日后维护的族样板作为族库建立的标准样板，在此标准样板中包含了尺寸、应力、价格、材质、施工顺序等在施工中必需的参数；族库建立：根据项目的需求建立族，要求所建立的族具有高度的参数化性质，可以根据不同的工程项目来改变族在项目中的参数，通用性和拓展性强，将每个项目建立的族库组合成为公司特有族库。

5. 企业级BIM私有云平台

以创建的BIM模型和全过程造价数据为基础，把原来分散在个人手中的工程信息模型汇总到企业，形成一个汇总的企业级项目基础数据库；企业将数据库及BIM应用所需图形工作站、高性能计算资源、高性能存储以及BIM软件部署在云端；地端的用户无需安装专业的BIM软件及强大的图形处理功能，利用普通终端电脑通过网络连接到云平台进行BIM相关工作。

6. 企业信息资源管理系统

施工企业管理的信息可依据面向对象方法进行分析，如分解成人员、部门、分公司等相关对象，包括成本记录、企业计划、技术文档等信息，这些信息都可以基于BIM技术的面向对象特性进行表示。基于BIM的企业管理流程如图2-7所示。

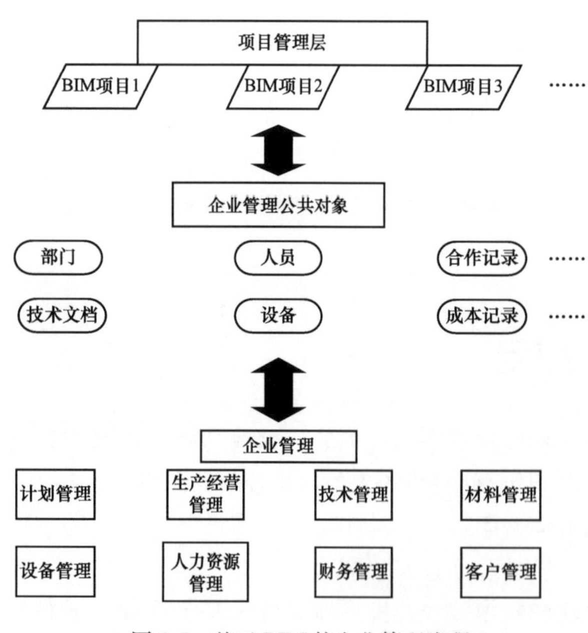

图2-7 基于BIM的企业管理流程

3　基于BIM技术的项目管理体系

3.1　BIM实施总体目标

企业在应用BIM技术进行项目管理时，需明确自身在管理过程中的需求，并结合BIM本身特点确定BIM辅助项目管理的服务目标，如图3-1所示。

BIM技术在项目中的应用点众多，各个公司不可能做到样样精通，若没有服务目标而盲目发展BIM技术，可能会出现在弱势技术领域过度投入的现象，从而产生不必要的资源浪费。只有结合自身建立有切实意义的服务目标，才能有效提升技术实力，在BIM技术快速发展的趋势下占有一席之地。

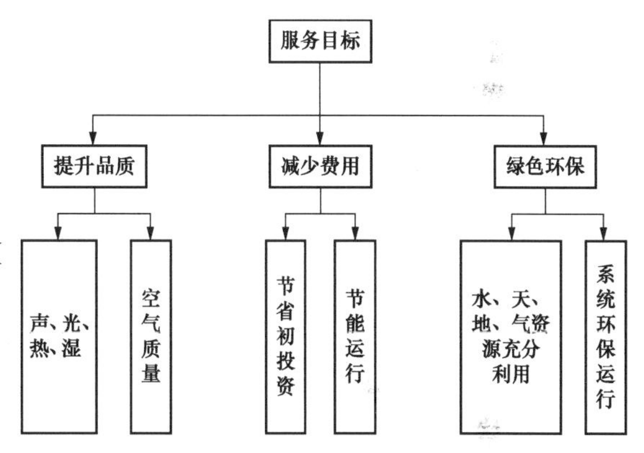

图3-1　BIM服务目标

为完成BIM应用目标，各企业应紧随建筑行业技术发展步伐，结合自身在建筑领域全产业链的资源优势，确立BIM技术应用的战略思想。如某施工企业根据其“提升建筑整体建造水平、实现建筑全生命周期精细化动态管理、实现建筑生命周期各阶段参与方效益最大化”的BIM应用目标，确立了“以BIM技术解决技术问题为先导、通过BIM技术实现流程再造为核心，全面提升精细化管理，促进企业发展”的BIM技术应用战略思想。

3.2　BIM组织机构

在项目建设过程中需要有效地将各种专业人才的技术和经验进行整合，让他们各自的优势和经验得到充分的发挥，以满足项目管理的需要，提高管理工作的成效。为更好地完成项目BIM应用目标，响应企业BIM应用战略思想，需要结合企业现状及应用需求，先组建能够应用BIM技术为项目提高工作质量和效率的项目级BIM团队，进而建立企业级BIM技术中心，以负责BIM知识管理、标准与模板、构件库的开发与维护、技术支持、数据存档管理、项目协调、质量控制等。

1. 项目级BIM团队的组建

一般来讲，项目级BIM团队中应包含各专业BIM工程师、软件开发工程师、管理咨询师、培训讲师等。项目级BIM团队的组建应遵循以下原则：

（1）BIM团队成员有明确的分工与职责，并设定相应奖惩措施。

（2）BIM系统总监应具有建筑施工类专业本科以上学历，并具备丰富的施工经验、BIM管理经验。

（3）团队中包含建筑、结构、机电各专业管理人员若干名，要求具备相关专业本科以上学历，具有类似工程设计或施工经验。

（4）团队中包含进度管理组管理人员若干名，要求具备相关专业本科以上学历，具有类似工程施工经验。

（5）团队中除配备建筑、结构、机电系统专业人员外，还需配备相关协调人员、系统维护管理员。

（6）在项目实施过程中，可以根据项目情况，考虑增加团队角色，如增设项目副总监、BIM技术负责人等。

2. BIM人员培训

在组建企业BIM团队前，建议企业挑选合适的技术人员及管理人员进行BIM技术培训，了解BIM概念和相关技术，以及BIM实施带来的资源管理、业务组织、流程变化等，从而使培训成员深入学习BIM在施工行业的实施方法和技术路线，提高建模成员的BIM软件操作能力，加深管理人员BIM施工管理理念，加快推动施工人员由单一型技术人才向复合型人才转变。进而将BIM技术与方法应用到企业所有业务活动中，构建企业的信息共享、业务协同平台，实现企业的知识管理和系统优化，提升企业的核心竞争力。BIM人员培训应遵循以下原则：

（1）关于培训对象，应选择具有建筑工程或相关专业大专以上学历、具备建筑信息化基础知识、掌握相关软件基础应用的设计、施工、房地产开发公司技术和管理人员。

（2）关于培训方式，应采取脱产集中学习方式，授课地点应安排在多媒体计算机房，每次培训人数不宜超过30人，为学员配备计算机，在集中授课时，配有助教随时辅导学员上机操作。技术部负责制订培训计划、组织培训实施、跟踪检查并定期汇报培训情况，培训最后要进行考核，以确保培训的质量和效果。

（3）关于培训主题，应普及BIM的基础概念，从项目实例中剖析BIM的重要性，深度分析BIM的发展前景与趋势，多方位展示BIM在实际项目操作中与各个方面的联系；围绕市场主要BIM应用软件进行培训，同时要对学员进行测试，将理论学习与项目实战相结合，并要对学员的培训状况及时反馈。

BIM在项目中的工作模式有多种，总承包单位在工程施工前期可以选择在项目部组建自己的BIM团队，完成项目中一切BIM技术应用（建模、施工模拟、工程量统计等）；也可以选择将BIM技术应用委托给第三方单位，由第三方单位BIM团队负责BIM模型建立及应用，并与总承包单位各相关专业技术部门进行工作对接。总包单位可根据需求，选择不同的BIM工作模式，并成立相应的项目级BIM团队。

3. BIM团队建设的应用实例

为加深读者对BIM组织结构的理解，下面对某项目BIM团队建立进行介绍，可作为企业BIM团队组建的参考依据。

该项目工程量大，根据需求选择BIM工作模式，在项目部组建自己的BIM团队，在团队成立前期进行项目管理人员和技术人员的BIM基础知识培训工作。团队由项目经理牵头，团队成员由项目部各专业技术部门、生产、质量、预算、安全和专业分包单位组成，共同落实BIM应用与管理的相关工作。项目部整体组织机构如图3-2所示，其中BIM实施团

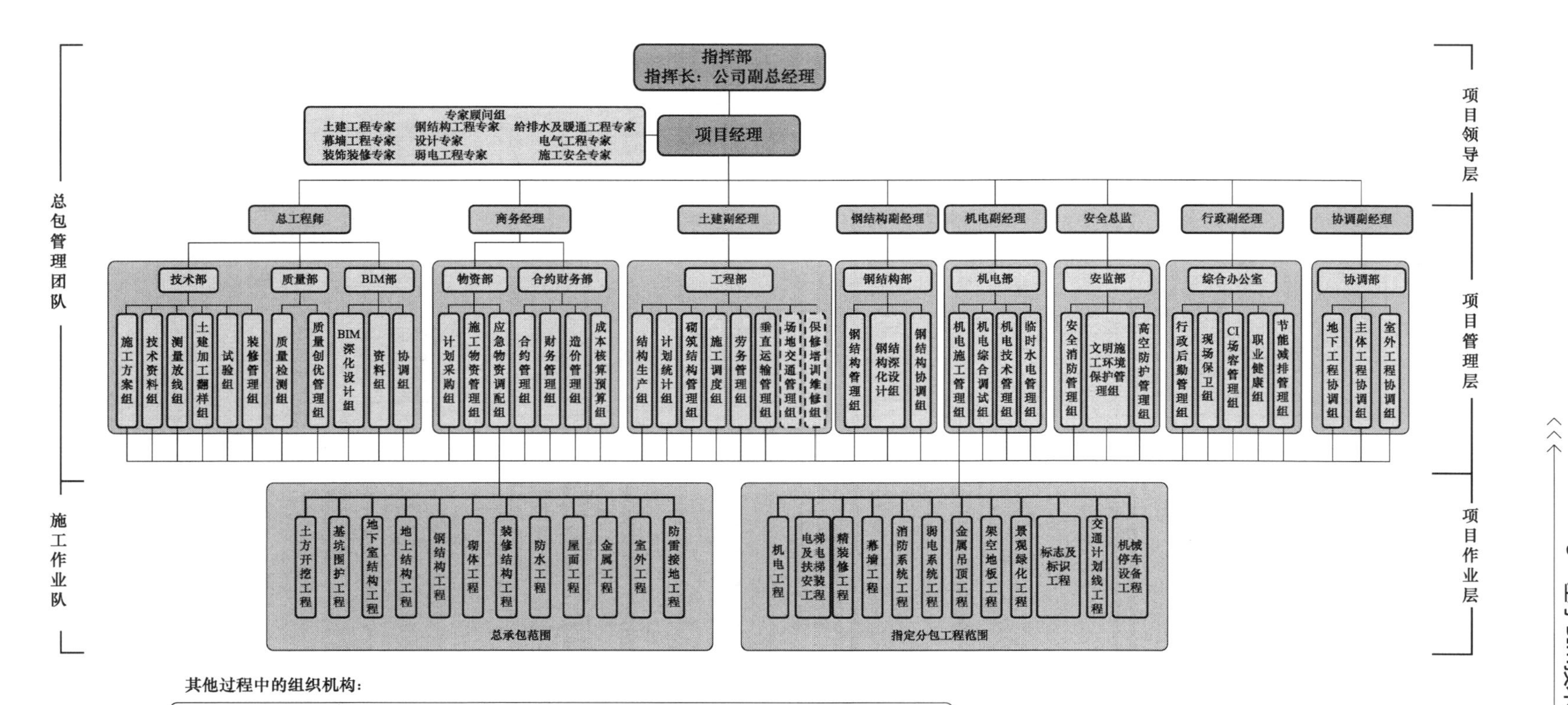

图3-2　项目部整体组织机构

队具体人员、职责及BIM能力要求见表3-1。

表3-1　　实施团队一览表

团队角色	姓名	电话	BIM工作及责任	BIM能力要求
项目经理			监督、检查项目执行进展	基本应用
BIM小组组长			制订BIM实施方案并监督、组织、跟踪	基本应用
项目副经理			制订BIM培训方案并负责内部培训考核、评审	基本应用
测量负责人			采集及复核测量数据，为每周BIM竣工模型提供准确数据基础；利用BIM模型导出测量数据指导现场测量作业	熟练运用
技术管理部			利用BIM模型优化施工方案，编制三维技术交底	熟练运用
深化设计部			运用BIM技术展开各专业深化设计，进行碰撞检测并充分沟通、解决、记录；图纸及变更管理	精通
BIM工作室			预算及施工BIM模型建立、维护、共享、管理；各专业协调、配合；提交阶段竣工模型，与各方沟通；建立、维护、每周更新和传送问题解决记录（IRL）	精通
施工管理部			利用BIM模型优化资源配置组织	熟练运用
机电安装部			优化机电专业工序穿插及配合	熟练运用
商务合约管理部			确定预算BIM模型建立的标准。利用BIM模型对内、对外的商务管控及内部成本控制，三算对比	熟练运用
物资设备管理部			利用BIM模型生成清单，审批、上报准确的材料计划	熟练运用
安全环境管理部			通过BIM可视化展开安全教育、危险源识别及预防预控，指定针对性应急措施	基本运用
质量管理部			通过BIM进行质量技术交底，优化检验批划分、验收与交接计划	熟练运用

3.3　BIM实施标准及流程

BIM是一种新兴的复杂建筑辅助技术，融入在项目的各个阶段与层面。在项目BIM实施前期，应制定相应的BIM实施标准，对BIM模型的建立及应用进行规划，实施标准主要内容包括：明确BIM建模专业、明确各专业部门负责人、明确BIM团队任务分配、明确BIM团队工作计划、制定BIM模型建立标准。

现有的BIM标准有美国NBIMS标准、新加坡BIM指南、英国AutodeskBIM设计标准、中国CBIMS标准以及各类地方BIM标准等。但由于每个施工项目的复杂程度不同、施工办法不同、企业管理模式不同，仅仅依照国家级统一标准难以实现在BIM实施过程中对细节的把握，导致对工程的BIM实施造成一定困扰。

为了能有效地利用BIM技术，企业有必要在项目开始阶段建立针对性强、目标明确的企业级乃至于项目级的BIM实施办法与标准，全面指导项目BIM工作的开展。总承包单位可依据已发行的BIM标准，设计院提供的蓝图、版本号、模型参数等内容，制定企业级、

项目级 BIM 实施标准。一些国家及企业标准如图 3-3～图 3-8 所示。

图 3-3　美国国家标准

图 3-4　韩国 BIM 标准

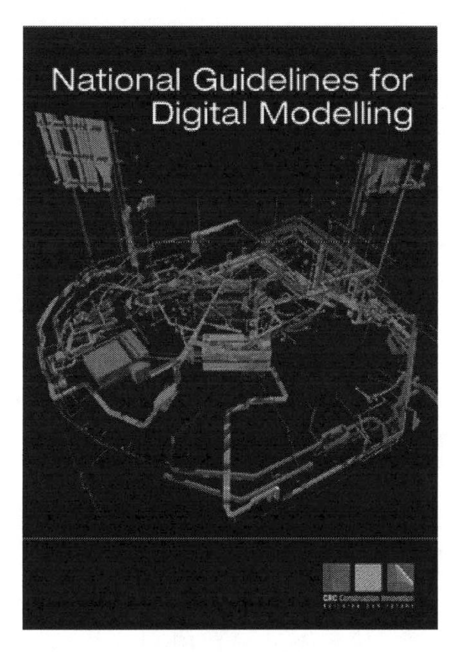

图 3-5　澳大利亚《国家数字模拟指南》

图 3-6　英国 BIM 标准

本节将详细介绍 BIM 实施标准中的 BIM 建模要求、审查要求、优化要求等，可作为企业级、项目级 BIM 标准建立的参考依据。

依照 BIM 标准应用 BIM 进行工作对接、碰撞检查、施工进度检查及机电专业深化设计流程分别如图 3-9～图 3-12 所示。

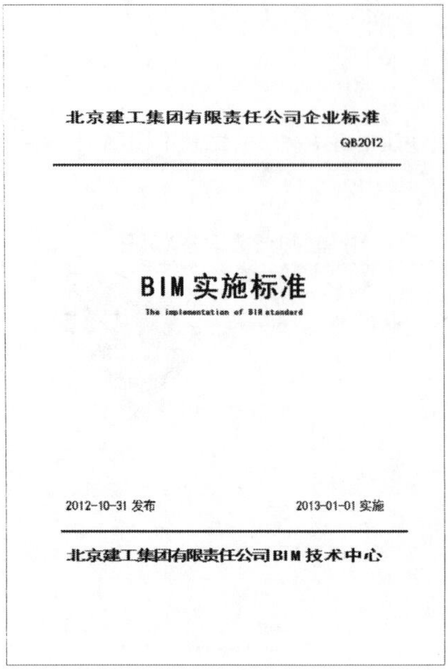

北京建工集团有限责任公司企业标准

QB2012

BIM实施标准

The implementation of BIM standard

2012-10-31 发布　　2013-01-01 实施

北京建工集团有限责任公司BIM技术中心

图 3-7　BIM 实施标准（企业级）

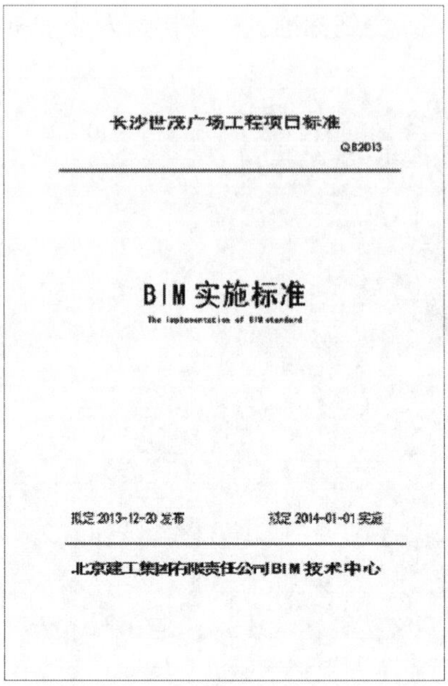

长沙世茂广场工程项目标准

QB2013

BIM实施标准

The implementation of BIM standard

拟定 2013-12-20 发布　　拟定 2014-01-01 实施

北京建工集团有限责任公司BIM技术中心

图 3-8　BIM 实施标准（项目级）

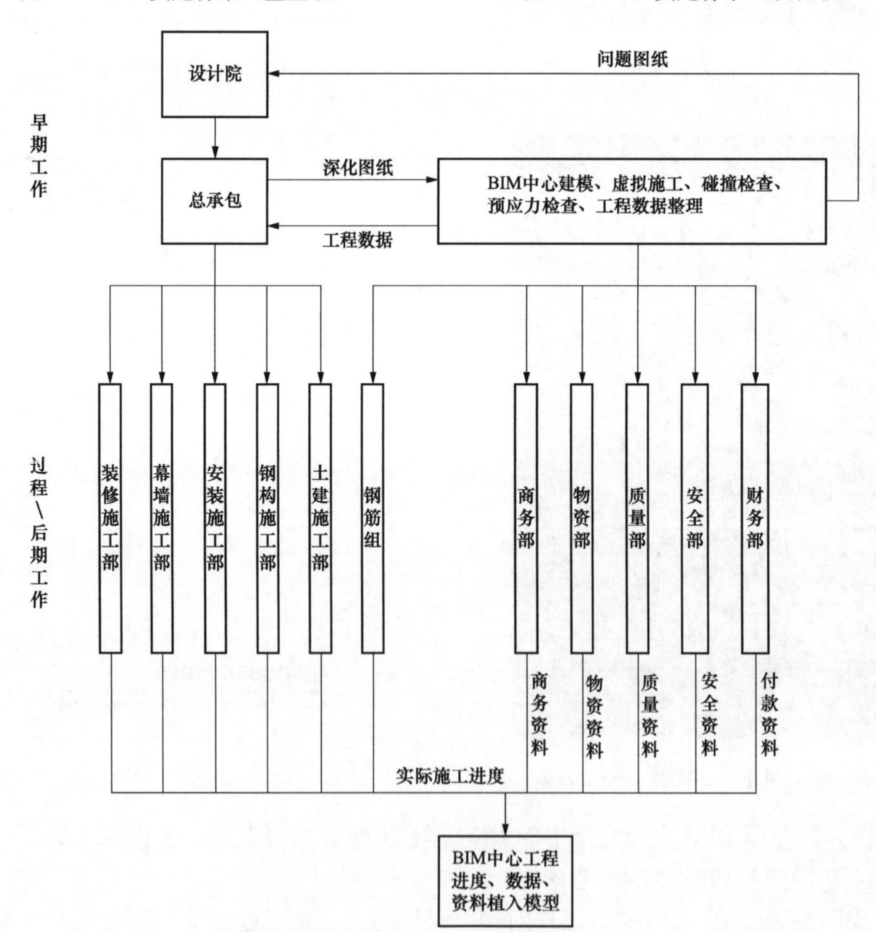

图 3-9　BIM 工作对接流程图

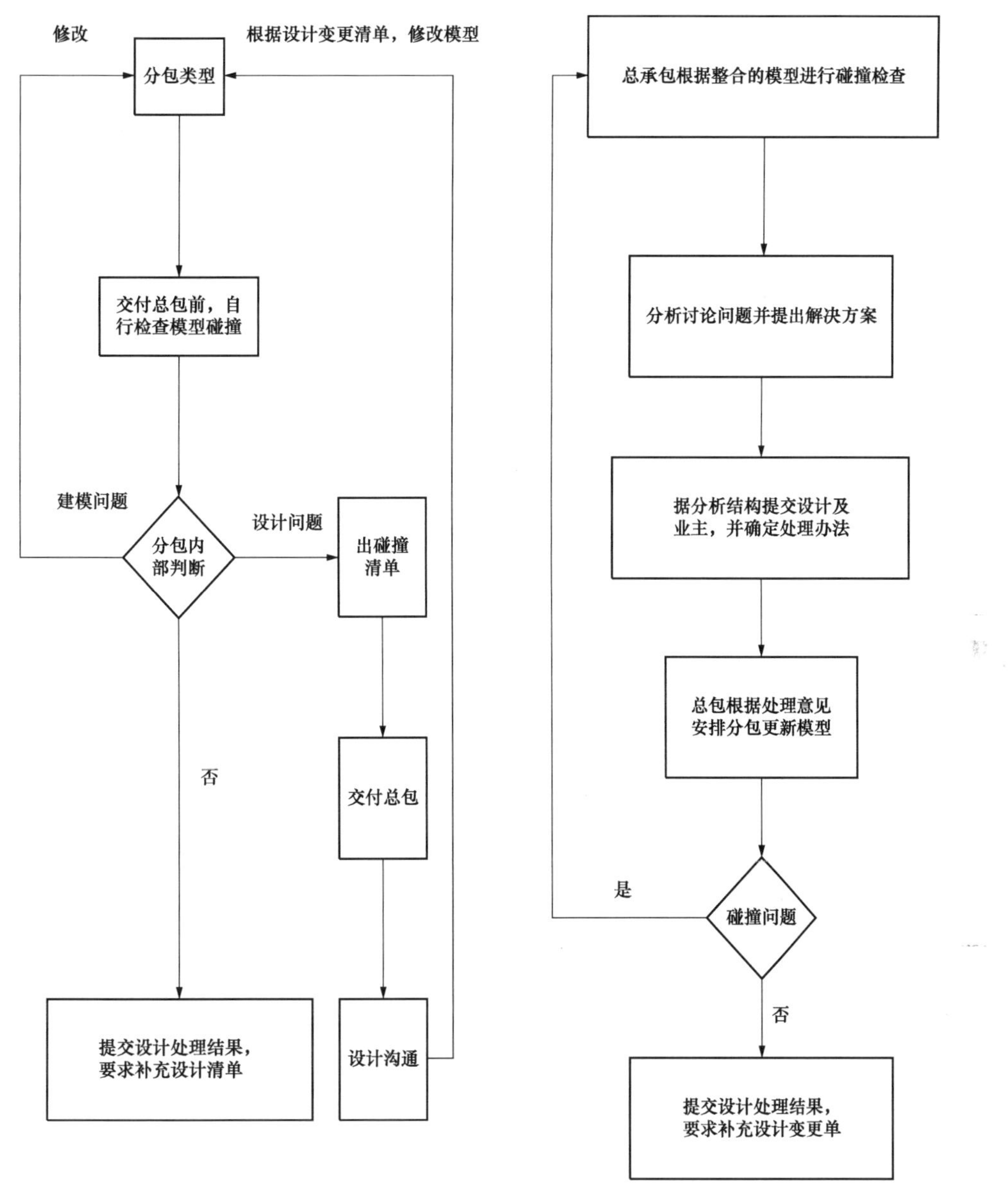

图 3-10　碰撞检查流程图

3.3.1　BIM 建模要求及建议

大型项目模型的建立涉及专业多、楼层多、构件多，BIM 模型的建立一般是分层、分区、分专业。为了保证各专业建模人员以及相关分包在模型建立过程中，能够进行及时有效的协同，确保大家的工作能够有效对接，同时保证模型的及时更新，BIM 团队在建立模型时应遵从一定的建模规则，以保证每一部分的模型在合并之后的融合度，避免出现模型质量、深度等参差不齐的现象。对 BIM 模型建立的要求见表 3-2。针对 BIM 建模要求给出具体建议见表 3-3。

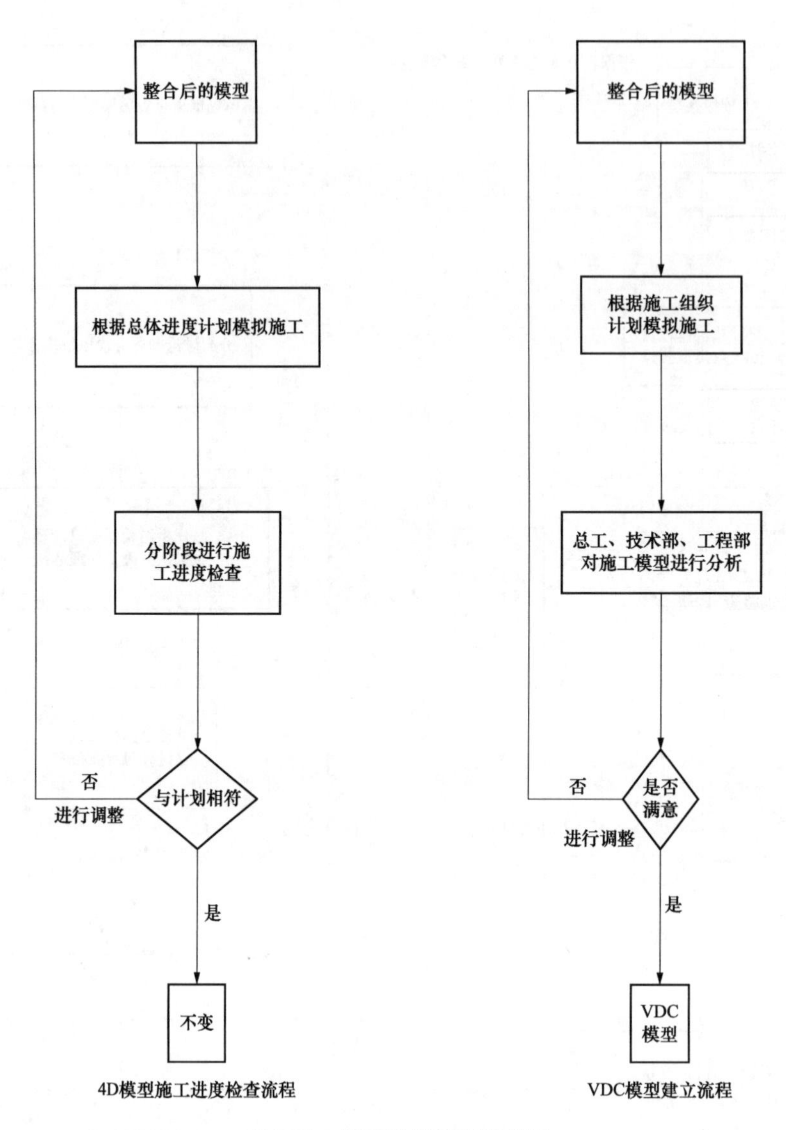

图 3-11 施工进度检查流程图

3.3.2 工作集拆分原则

为了保证建模工作的有效协同和后期的数据分析，需对各专业的工作集划分、系统命名进行规范化管理，并将不同的系统、工作集分别赋予不同颜色加以区分，方便后期模型的深化调整。由于每个项目需求不同，在一个项目中的有效工作集划分标准未必适用于另一个项目，故应尽量避免把工作集想象成传统的图层或者图层标准，划分标准并非一成不变。建议综合考虑项目的具体状况和人员状况，按照表的工作集拆分标准进行工作集拆分。为了确保硬件运行性能，工作集拆分的基本原则是：对于大于 50M 的文件都应进行检查，考虑是否能进行进一步拆分。理论上，文件的大小不应超过 200M。工作集划分的大致标准见表 3-4。

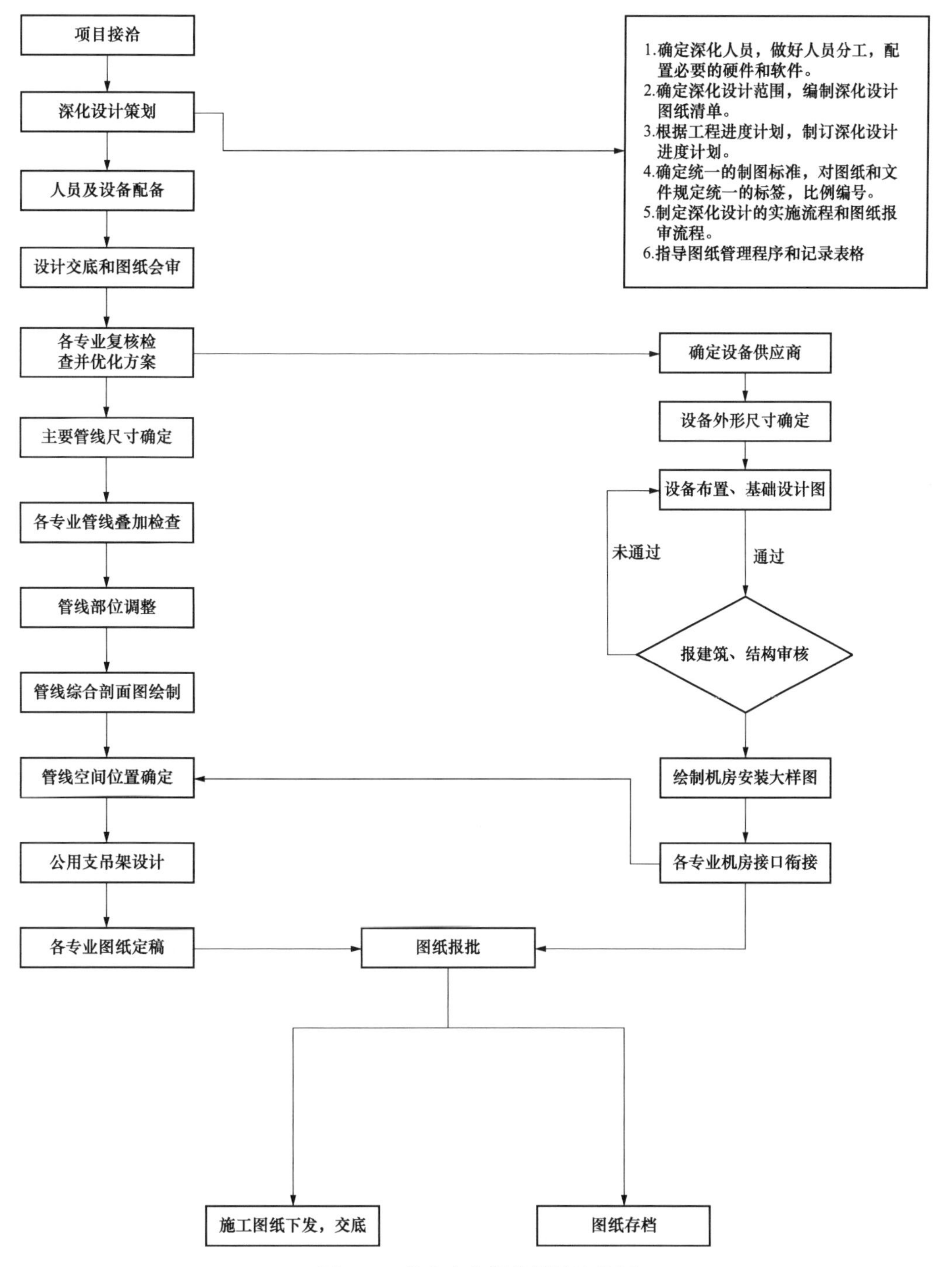

图 3-12　机电专业深化设计流程图

表 3-2　BIM 模型建立要求

序号	建模要求	具体内容
1	模型命名规则	大型项目模型分块建立，建模过程中随着模型深度的加深、设计变更的增多，BIM 模型文件数量成倍增长。为区分不同项目、不同专业、不同时间创建的模型文件，缩短寻找目标模型的时间，建模过程中应统一使用一个命名规则

续表

序号	建模要求	具体内容
2	模型深度控制	在建筑设计、施工的各个阶段，所需要的BIM模型的深度不同，如建筑方案设计阶段仅需要了解建筑的外观、整体布局，而施工工程量统计则需要了解每一个构件的尺寸、材料、价格等。这就需要根据工程需要，针对不同项目、项目实施的不同阶段建立对应标准的BIM模型
3	模型质量控制	BIM模型的用处大体体现在以下2个方面：可视化展示与指导施工。不论哪个方面，都需要对BIM模型进行严格的质量控制，才能充分发挥其优势，真正用于指导施工
4	模型准确度控制	BIM模型是利用计算机技术实现对建筑的可视化展示，需保持与实际建筑的高度一致性，才能运用到后期的结构分析、施工控制及运维管理中
5	模型完整度控制	BIM模型的完整度包含2部分：一是模型本身的完整度，二是模型信息的完整度。模型本身的完整度应包括建筑的各楼层、各专业到各构件的完整展示。信息的完整度包含工程施工所需的全部信息，各构件信息都为后期工作提供有力依据。如钢筋信息的添加给后期二维施工图中平法标注自动生成提供属性信息
6	模型文件大小控制	BIM软件因包含大量信息，占用内存大，建模过程中控制模型文件的大小，避免对电脑的损耗及建模时间的浪费
7	模型整合标准	对各专业、各区域的模型进行整合时，应保证每个子模型的准确性，并保证各子模型的原点一致
8	模型交付规则	模型的交付完成建筑信息的传递，交付过程应注意交付文件的整理，保持建筑信息传递的完整性

表3-3　　BIM模型建立具体建议

序号	建模建议	具体内容
1	BIM移动终端	基于网络采用笔记本电脑、移动平台等对进行模型建立及修改
2	模型命名规则	制定相应模型的命名规则，方便文件筛选与整理
3	模型深度控制	BIM制图需按照美国建筑师学会（AIA——American Institute of Architects）制定的模型详细等级（LOD——Level of Detail）来控制BIM模型中的建筑元素的深度
4	模型准确度控制	模型准确度的校检遵从以下步骤： （1）建模人员自检，检查的方法是结合结构常识与二维图纸进行对照调整。 （2）专业负责人审查。 （3）合模人员自检，主要检查对各子模型的缝接是否准确。 （4）项目负责人审查
5	模型完整度控制	应保证BIM模型本身的完整度及相关信息的完整度，尤其注意保证关键及复杂部位的模型完整度。BIM模型本身应精确到螺栓的等级，如对机电构件，检查阀门、管件是否完备；对发电机组，检查其油箱、油泵和油管是否完备。BIM模型信息的完整体现在构件参数的添加上，如对柱构件，检查材料、截面尺寸、长度、配筋、保护层厚度信息是否完整等
6	模型文件大小控制	BIM模型超过200 M必须拆分为若干个文件，以减轻电脑负荷及软件崩溃概率。控制模型文件大小在规定范围内的方法如下： （1）分区、分专业建模，最后合模。 （2）族文件建立时，建模人员应使相互构件间关系条理清晰，减少不必要的嵌套。 （3）图层尽量符合前期CAD制图命名的习惯，避免垃圾图层的出现
7	模型整合标准	模型整合前期应确保子模型的准确性，这需要项目负责人员根据BIM建模标准对子模型进行审核，并在整合前进行无用构件、图层的删除整理，注意保持各子模型在合模时原点及坐标系的一致性
8	模型交付规则	BIM模型建成后在进一步移交给施工方或业主方时，应遵从规定的交付准则。模型的交付应按相关专业、区域的划分创建相应名称的文件夹，并链接相关文件；交付Word版模型详细说明

如可以将设备专业工作集划分为4大系统，分别为通风系统、电气系统、给排水系统和空调水系统，每个系统的内部工作集划分、系统命名及颜色显示分表见表3-5～表3-8。

表3-4　工作集划分标准

序号	标准	说明
1	按照专业划分	
2	按照楼层划分	如B01、B05等
3	按照项目的建造阶段划分	
4	按照材料类型划分	
5	按照构件类别与系统划分	

表3-5　通风系统的工作集划分、系统命名及颜色显示

序号	系统名称	工作集名称	颜色编号（红/绿/蓝）
1	送风	送风	深粉色RGB247/150/070
2	排烟	排烟	绿色RGB146/208/080
3	新风	新风	深紫色RGB096/073/123
4	采暖	采暖	灰色RGB127/127/127
5	回风	回风	深棕色RGB099/037/035
6	排风	排风	深橘红色RGB255/063/000
7	除尘管	除尘管	黑色RGB013/013/013

表3-6　电气系统的工作集划分、系统命名及颜色显示

序号	系统名称	工作集名称	颜色编号（红/绿/蓝）
1	弱电	弱电	粉红色RGB255/127/159
2	强电	强电	蓝色RGB000/112/192
3	电消防——控制	电消防	洋红色RGB255/000/255
4	电消防——消防		青色RGB000/255/255
5	电消防——广播		棕色RGB117/146/060
6	照明	照明	黄色RGB255/255/000
7	避雷系统（基础接地）	避雷系统（基础接地）	浅蓝色RGB168/190/234

表3-7　给排水系统的工作集划分、系统命名及颜色显示

序号	系统名称	工作集名称	颜色
1	市政给水管	市政加压给水管	绿色RGB000/255/000
2	加压给水管		
3	市政中水给水管	市政中水给水管	黄色RGB255/255/000
4	消火栓系统给水管	消火栓系统给水管	青色RGB000/255/255
5	自动喷洒系统给水管	自动喷洒系统给水管	洋红色RGB255/000/255
6	消防转输给水管	消防转输给水管	橙色RGB255/128/000
7	污水排水管	污水排水管	棕色RGB128/064/064
8	污水通气管	污水通气管	蓝色RGB000/000/064
9	雨水排水管	雨水排水管	紫色RGB128/000/255
10	有压雨水排水管	有压雨水排水管	深绿色RGB000/064/000
11	有压污水排水管	有压污水排水管	金棕色RGB255/162/068
12	生活供水管	生活供水管	浅绿色RGB128/255/128
13	中水供水管	中水供水管	藏蓝色RGB000/064/128
14	软化水管	软化水管	玫红色RGB255/000/128

表 3-8　空调水系统的工作集划分、系统命名及颜色显示

<table>
<tr><th>序号</th><th>系统名称</th><th>工作集名称</th><th>颜色</th></tr>
<tr><td>1</td><td>空调冷热水回水管</td><td rowspan="3">空调水回水管</td><td rowspan="3">浅紫色 RGB185/125/255</td></tr>
<tr><td>2</td><td>空调冷水回水管</td></tr>
<tr><td>3</td><td>空调冷却水供水管</td></tr>
<tr><td>4</td><td>空调冷热水供水管</td><td rowspan="4">空调水供水管</td><td rowspan="4">蓝绿色 RGB000/128/128</td></tr>
<tr><td>5</td><td>空调热水供水管</td></tr>
<tr><td>6</td><td>空调冷水供水管</td></tr>
<tr><td>7</td><td>空调冷却水回水管</td></tr>
<tr><td>8</td><td>制冷剂管道</td><td>制冷剂管道</td><td>粉紫色 RGB128/025/064</td></tr>
<tr><td>9</td><td>热媒回水管</td><td>热媒回水管</td><td>浅粉色 RGB255/128/255</td></tr>
<tr><td>10</td><td>热媒供水管</td><td>热媒供水管</td><td>深绿色 RGB000/128/000</td></tr>
<tr><td>11</td><td>膨胀管</td><td>膨胀管</td><td>橄榄绿 RGB128/128/000</td></tr>
<tr><td>12</td><td>采暖回水管</td><td>采暖回水管</td><td>浅黄色 RGB255/255/128</td></tr>
<tr><td>13</td><td>采暖供水管</td><td>采暖供水管</td><td>粉红色 RGB255/128/128</td></tr>
<tr><td>14</td><td>空调自流冷凝水管</td><td>空调自流冷凝水管</td><td>深棕色 RGB128/000/000</td></tr>
<tr><td>15</td><td>冷冻水管</td><td>冷冻水管</td><td>蓝色 RGB000/000/255</td></tr>
</table>

3.3.3　模型命名标准

在项目标准中，对模型、视图、构件等的具体命名方式制定相应的规则，实现模型建立和管理的规范化，方便各专业模型间的调用和对接，并为后期的工程量统计提供依据和便利。模型命名原则见表 3-9。

表 3-9　各专业项目中心文件命名标准

<table>
<tr><th>类别</th><th>专业</th><th>分项</th><th>命名标准</th><th>说明/举例</th></tr>
<tr><td rowspan="5">各专业项目中心文件命名标准</td><td>建筑专业</td><td>—</td><td>项目名称-栋号-建筑</td><td></td></tr>
<tr><td>结构专业</td><td>—</td><td>项目名称-栋号-结构</td><td></td></tr>
<tr><td rowspan="3">管线综合专业</td><td>电气专业</td><td>项目名称-栋号-电气</td><td></td></tr>
<tr><td>给排水专业</td><td>项目名称-栋号-给排水</td><td></td></tr>
<tr><td>暖通专业</td><td>项目名称-栋号-暖通</td><td></td></tr>
<tr><td rowspan="7">项目视图命名标准</td><td rowspan="4">建筑专业、结构专业</td><td rowspan="2">平面视图</td><td>楼层-标高</td><td>如 B01（-3.500）</td></tr>
<tr><td>标高-内容</td><td>如 B01-卫生间详图</td></tr>
<tr><td>剖面视图</td><td>内容</td><td>如 A-A 剖面，集水坑剖面</td></tr>
<tr><td>墙身详图</td><td>内容</td><td>如 XX 墙身详图</td></tr>
<tr><td rowspan="3">管线综合专业（根据专业系统，建立不同的子规程，如通风、空调水、给排水、消防、电气等。每个系统的平面、详图、剖面视图，放置在其子规程中）</td><td rowspan="2">平面视图</td><td>楼层-专业系统/系统</td><td>如 B01-给排水，B01-照明</td></tr>
<tr><td>楼层-内容-系统</td><td>如 B01-卫生间-通风排烟</td></tr>
<tr><td>剖面视图</td><td>内容</td><td>如 A-A 剖面、集水坑剖面</td></tr>
</table>

续表

类别	专业	分项	命名标准	说明/举例
详细构件命名标准	建筑专业	建筑柱	层名+外形+尺寸	如B01-矩形柱-300×300
		建筑墙及幕墙	层名+内容+尺寸	如B01-外墙-250
		建筑楼板或天花板	层名+内容+尺寸	如B01-复合天花板-150
		建筑屋顶	内容	如复合屋顶
		建筑楼梯	编号+专业+内容	如3#建筑楼梯
		门窗族	层名+内容+型号	如B01-防火门-GF2027A
	结构专业	结构基础	层名+内容+尺寸	如B05-基础筏板-800
		结构梁	层名+型号+尺寸	如B01-CL68（2）-500×700
		结构柱	层名+型号+尺寸	如B01-B-KZ-1-300×300
		结构墙	层名+尺寸	如B01-结构墙200
		结构楼板	层名+尺寸	例如B01-结构板200
	管线综合专业	管道	层名+系统简称	例如B01-J3
		穿楼层的立管	系统简称	如J3L
		埋地管道	层名+系统简称+埋地	如B01-J3-埋地
		风管	层名+系统名称	如B01-送风
		穿楼层的立管	系统名称	如送风
		线管	层名+系统名称	如B01-弱电线槽
		电气桥架	层名+系统名称	如B03-弱电桥架
		设备	层名+系统名称+编号	如B01-紫外线消毒器-SZX-4

3.3.4 模型LOD标准

各专业BIM模型LOD标准详见附表A-1～附表A-7。

3.3.5 建模范围制定

在每次建模任务执行前，制定模型交底单和模型建立范围清单，明确建模依据的图纸版本、系统划分、构件要求、添加参数范围、明细表要求等，对模型的建立指令要求进行有效传达。

BIM模型建立范围、模型数据明细及模型交底内容见表3-10～表3-12。

表3-10　BIM模型建立范围清单

BIM模型建立范围清单					
序号	专业模型	构件系统	模型构件名称①	模型包含信息②	备注
01	结构				
02	建筑				
03	暖通				
04	给排水				
05	电气专业				
06	机房大样				

填表说明：

① 模型中需要表示出的单个构件，如门、窗、梁、板、柱、风管、弯头等。

② 模型信息指每个构件所带有的参数。如材质、标高、规格、专业、系统等参数。

表 3-11　　模型数据明细表

<table>
<tr><td colspan="5">模型数据明细表</td></tr>
<tr><td>序号</td><td>明细表名称</td><td>明细表包含内容①</td><td>交付格式</td><td>备注</td></tr>
<tr><td>01</td><td></td><td></td><td></td><td></td></tr>
<tr><td>02</td><td></td><td></td><td></td><td></td></tr>
</table>

填表说明：

① 明细表包含材质、标高、楼层、工程量（要求写明工程量单位）、系统名称、规格尺寸等内容。

表 3-12　　BIM 模型交底单

<table>
<tr><td colspan="7">BIM 模型交底单</td></tr>
<tr><td colspan="7">工程名称：
委托单位：
建模单位：</td></tr>
<tr><td colspan="2">序号</td><td colspan="3">单位</td><td colspan="2">参会人员</td></tr>
<tr><td colspan="2"></td><td colspan="3"></td><td colspan="2"></td></tr>
<tr><td colspan="7">BIM 模型配套 CAD 图</td></tr>
<tr><td>序号</td><td>CAD 专业</td><td>图纸名称</td><td>提供人</td><td>图纸路径</td><td>存档日期</td><td>备注</td></tr>
<tr><td>01</td><td>结构</td><td></td><td></td><td></td><td></td><td></td></tr>
<tr><td>02</td><td>建筑</td><td></td><td></td><td></td><td></td><td></td></tr>
<tr><td>03</td><td>暖通</td><td></td><td></td><td></td><td></td><td></td></tr>
<tr><td>04</td><td>给排水</td><td></td><td></td><td></td><td></td><td></td></tr>
<tr><td>05</td><td>电气</td><td></td><td></td><td></td><td></td><td></td></tr>
<tr><td>06</td><td>其他</td><td></td><td></td><td></td><td></td><td></td></tr>
</table>

3.3.6　BIM 模型审查及优化标准

各专业 BIM 模型审查及优化标准见表 3-13。

表 3-13　　各专业 BIM 模型审查及优化标准

<table>
<tr><td>专业</td><td>序号</td><td>内容</td><td>说明</td></tr>
<tr><td rowspan="10">建筑专业</td><td>1</td><td>已完成的建筑施工图全面核对</td><td>含地下室</td></tr>
<tr><td>2</td><td>消防防火分区的复核与确认</td><td>按批准的消防审图意见梳理，包括：防火防烟分区的划分，垂直和水平安全疏散通道、安全出口等</td></tr>
<tr><td>3</td><td>防火卷帘、疏散通道、安全出口距离及建筑消防设施核对</td><td>如防火门位置、开启方向、净宽；消火栓埋墙位置、喷淋头、报警器、防排烟设施等</td></tr>
<tr><td>4</td><td>扶梯电梯门洞的净高、基坑及顶层机房，楼梯梁下净高核对</td><td>扶梯：含观光电梯平台外观及交叉处净高等</td></tr>
<tr><td>5</td><td>各种变形缝位置的审核</td><td>变形缝：含主楼与裙楼，抗震与沉降缝等</td></tr>
<tr><td>6</td><td>专业间可能发生的各种碰撞校审</td><td>如室内与室外，建筑与结构和机电的标高等，重点是消防疏散梯、疏散转换口的复核</td></tr>
<tr><td>7</td><td>室内砌墙图、橱窗及其他隔断布置图纸的复核</td><td>—</td></tr>
<tr><td>8</td><td>所有已发生和待发生的建筑变更图纸的复核</td><td>—</td></tr>
<tr><td>9</td><td>设计是否符合规范及审图要求</td><td>如商业防火玻璃的使用部位</td></tr>
<tr><td>10</td><td>是否满足消防要求</td><td>如消防门的宽度及材料与内装设计要求是否一致</td></tr>
</table>

续表

专业	序号	内容	说明
结构专业	1	屋顶及后置钢结构计算书的审核	—
	2	天窗等二次钢结构图纸、滑移天窗结构图纸、天窗侧面钢结构及幕墙结构图纸审核	—
	3	梁、板、柱图纸审核	主要检查标高及点位
	4	结构缝的处理方式	如缝宽优化
	5	室内看室外有未封闭部位复核与整合	—
	6	基坑部位等 2 次钢结构复核	—
	7	电梯井道架结构复核	—
	8	室内 LED 屏幕连接复核	主要为与钢结构或 2 次结构的连接
	9	室内外挂件、雕塑结构位置的复核	—
	10	幕墙结构与室内入口门厅位置结构的复核	—
	11	结构变更图纸的复核	—
	12	现场已完成施工的结构条件与机电、内装碰撞点整合	—
设备专业	1	是否符合管线标高原则	风管、线槽、有压和无压管道均按管底标高表示，考虑检修空间，考虑保温后管道外径变化情况
	2	是否符合管线避让原则	有压管让无压管；小管线让大管线；施工简单管让施工复杂管；冷水管道避让热水管道；附件少的管道避让附件多的管道；临时管道避让永久管道
	3	审核吊顶标高	整合建筑设计单位及装饰单位图纸
	4	审核走廊、中庭等净高度、宽度、梁高	审查结构和机电图纸给定的条件
	5	确定管道保温厚度、管道附件设置	审查机电管线综合图纸
	6	审定管道穿墙、穿梁预留空洞位置标高	审查结构和机电专业图纸碰撞点
	7	公共部位暖通风管、消防排烟风管的走向、标高及设备位置的复核	提出要求，满足效果要求下修正尺寸
	8	通风口、排风口的位置是否正确，风口的大小是否符合要求	提出要求，满足效果要求下修正尺寸
	9	室内 LED 屏大小、尺寸、载荷重量、安装维护方式的复核	—
	10	雨污水管道位置、煤气、自来水管道位置的复核	—
	11	涉及内装楼层的监控、探头等装置的复核	
	12	消防喷淋、立管、消防箱位置的复核；挡烟垂壁、防火卷帘位置的复核	
	13	综合管线排布审核，强电桥架线路图纸的复核；弱电桥架、系统点位的复核	

设备专业 BIM 审图内容和具体要求见表 3-14。

表 3-14　　设备专业 BIM 审图内容和具体要求

图纸种类	专业划分	程序	审图内容	具体要求
与土建专业配合图纸	给排水专业	审图 管线协调 管线/基础定位 留洞及基础图	各层给排水，消防水一次墙及二次墙及楼板留洞图	洞口尺寸，洞口位置
			卫生间墙板留洞图	
			生活，消防水泵房水泵基础图	基础尺寸，基础位置，基础标高
			水箱基础图	
			各种机房设备基础图	
	暖通专业	审图 管线协调 管线/基础定位 留洞及基础图	各层空调水，空调风留洞图	洞口尺寸，洞口位置
			冷冻机房设备基础图	基础尺寸，基础位置，基础标高
			热力设备基础图	
			各类空调机房基础图	
	强电专业	审图 桥架/线槽协调 桥架/线槽线定位 留洞及基础图	各层桥架，线槽穿墙及楼板留洞图	洞口尺寸，洞口位置
			电气竖井小间楼板留洞图	
			变电所母线桥架高低压柜基础留洞图 变配电所土建条件图	
			高低压进户线穿套管留洞图	
			防雷接地引出接点图	
	弱电专业	审图 桥架/线槽/管线协调 桥架/线槽/管线定位 留洞及基础图	各层桥架，线槽穿墙及楼板留洞图	洞口尺寸，洞口位置
			竖井小间楼板留洞图	
			弱电管线进户预留预埋图	
			弱电各机房线槽穿墙及楼板留洞图	
			弱电机房接地端子预留图	尺寸，位置
			卫星接收天线基座图	基础尺寸，位置
综合协调图	各专业	各专业管线综合协调 综合管线图叠加 综合协调图	机电管线综合协调平面图	管道及线槽尺寸及定位，标高及关专业的平面协调关系
			机电管线综合协调剖面图	管道及线槽尺寸及定位，标高及相关专业的空间位置
深化设计图纸	给排水专业	专业指导 管线/设备定位 专业深化设计	各层给水平面图，系统图	管道尺寸及平面定位、标高
			各层雨水、污水平面图、系统图	
			各层消防水平面图、系统图	
		卫生洁具选型 管线/器具定位 大样图	卫生间大样图	设备及管道尺寸及平面定位、标高
		设备选型 设备定位 专业深化设计	生活、消防水泵房大样图	设备及管道尺寸及平面定位、标高
			水箱间大样图	
			各类机房大样图	

续表

图纸种类	专业划分	程序	审图内容	具体要求
深化设计图纸	暖通专业	专业指导 管线/设备定位 专业深化设计	空调水平面图	水管尺寸定位及标高、位置、坡度等
			空调风平面图	风管尺寸定位及标高，风口的位置及尺寸等
		设备选型 设备定位 专业深化设计	冷冻机房大样图	水管管径定位及标高坡度等
			空调机房大样图	新风机组的位置及附件管线连接
			屋顶风机平面图	正压送风机，卫生间等的排风机定位
			楼梯间及前室加压送风系统图	加压送风口尺寸及所在的楼梯间编号
			排烟机房大样图	风机具体位置、编号及安装形式等
			卫生间排风大样图	排气扇位置及安装形式
			冷却塔大样图	设备、管线平面尺寸定位、标高等
	电气专业	专业指导 管线/线槽/桥架定位 专业深化设计 专业指导 管线/线槽/桥架定位 专业深化设计	室内照明平面图	灯具及开关平面布置、管线选取、管线的敷设
			插座供电平面图	插座布置、管线选取及敷设
			动力干线平面图 动力桥架平面图	配电箱、桥架、母线、线槽的协调定位、选取、平面图的绘制
			动力配电箱系统图 照明配电箱系统图	动力、照明配电箱系统图的绘制、二次原理图的控制要求的注明
			室内动力电缆沟剖面图	尺寸，位置，标高
			防雷平面图	尺寸，位置
			设备间接地平面图	接地线、端子箱的位置、高度；平面图的绘制
			弱电接地平面图	接地线、端子箱的位置、高度；平面图的绘制
			变配电室照明平面图	灯具及开关的平面布置、管线选取、管线的敷设
			变配电室动力平面图，动力干线平面图 动力桥架平面图	配电箱、桥架、母线、线槽的协调定位、选取、平面图的绘制
			变配电室平面布置图	高、低压柜；模拟屏；直流屏；变压器等的布置
			高压供电系统图	系统图
			低压供电系统图	系统图
			变配电室接地干线图	系统图
			应急发电机房照明平面图	系统图
			动力部分	要求同室内工程的动力系统部分
			发电机房接地系统图	原理，配置，系统情况

续表

图纸种类	专业划分	程序	审图内容	具体要求
深化设计图纸	弱电专业	专业指导 管线/线槽/桥架定位 专业深化设计	火灾报警系统/平面图	桥架，管线的规格尺寸，标高，位置
			安全防范系统/平面图	
			综合布线系统/平面图	
			楼宇自控系统/平面图	
			卫星及有线电视平面/平面图	
			公共广播系统平面/平面图	

3.3.7　模型检查机制

为了保证模型的准确性和实时更新，需制定一套完成的模型检查和维护机制，对每个模型的建模人、图纸依据、建模时间、存储位置、检查人等进行详细的记录，同时规范出检查人应该对模型进行的各项检查内容，在一定程度上提高了模型的可靠性和精准度。模型检查记录及检查内容记录见表 3-15 和表 3-16。

表 3-15　　模型检查记录

建模人	模型名称	图纸版本	图纸名称	建模时间	储存位置	模型说明	移交人	备注
检查人	模型名称	图纸版本	图纸名称	建模时间	储存位置	模型说明	移交人	备注
建模人	模型名称	图纸版本	图纸名称	建模时间	储存位置	模型说明	移交人	备注
检查人	模型名称	图纸版本	图纸名称	建模时间	储存位置	模型说明	移交人	备注
建模人	模型名称	图纸版本	图纸名称	建模时间	储存位置	模型说明	移交人	备注
检查人	模型名称	图纸版本	图纸名称	建模时间	储存位置	模型说明	移交人	备注

表 3-16　　模型检查内容记录

工程名称				楼层信息		
依据图纸				专业		
序号	项目	检查方法	检测内容	检查结果	问题说明	备注
1	基本信息	以某专业模型为基础，将其他专业模型链接到建筑模型中	轴网			
			原点			
			标高			
			储存位置			
2	构件名及参数	对照相关专业图纸进行建模检查	是否按照《BIM 建模标准》中的命名规则命名			
			是否将机电各专业系统完整划分			
			中心文件工作集是否完整			
			机电专业所属工作集名称与各管线颜色是否按照《BIM 建模标准》执行			
3	图纸对照检查	对照相关专业图纸进行建模检查	依据的图纸是否正确			
			轴网、标高、图纸是否锁定，避免因手误导致错位			
			根据图纸检查构件的位置、大小、标高与原图是否一致			
			各节点模型参照节点详图进行检查			

续表

工程名称				楼层信息		
依据图纸				专业		
序号	项目	检查方法	检测内容	检查结果	问题说明	备注
4	建模精度	对照相关专业图纸进行建模检查	检查各专业模型是否按照《BIM建模标准》中的LOD标准建模			
			若机电专业设备的具体型号尺寸没有时，检查是否用体量进行站位，待数据更新后进行替换			
5	设计问题	针对项目上较为关心的项目，进行图纸问题检查	梁板的位置			
			降板的合理性			
			预留洞位置的合理性等			
			综合管线碰撞			
6	变更检查	对照相关专业图纸、变更文件、问题报告等进行建模检查	每次提出的问题报告，应由专人检查后再进行交付			
			项目部就问题报告进行回复后，需进行书面记录，并在模型上予以相应调整			
			在获取变更洽商后，应对相关模型进行调整并记录			
7	注意事项	—	通过过滤功能，查看每个机电系统的管件是否有缺漏等错误			
			在管综调整过程中，发现碰撞点必须先检查图纸问题			
			绘制模型过程中，注意管理中的错误提示，随时调整			
			将所有模型按照各项目、各专业分门别类进行规范命名，并进行过程版本储存，备份			
			及时删除认为无用的自动保存到文件			

3.3.8 模型调整原则

基础模型建立完成后，针对建模过程中发现的图纸问题，包括各种碰撞问题，我们将会如实反馈给设计方，然后根据设计方提供的修改意见进行模型调整。同时，对于图纸更新、设计变更等，我们也需要在规定时间内完成模型的调整工作。而对于需要进行深化的管综、钢结构等节点，将由建设方、设计方、总包方、分包方等共同制定出合理的调整原则，再据此进行模型的深化和出图工作，保证调整后模型能够有效指导现场施工。BIM模型调整原则及CAD出图调整原则见表3-17和表3-18。

表3-17　　BIM模型调整原则

BIM模型调整原则					
序号	专业模型	调整前	调整后	调整原则	备注
01	结构专业				
02	建筑专业				
03	暖通专业				□ 综合专业 □ 分专业
04	给排水专业				
05	电气专业				
填表说明：调整前模型：要打“√”，不要打“×”。 调整后模型：要打“√”，不要打“×”。					

表 3-18　　CAD 出图调整原则

CAD 出图				
序号	专业图纸	剖面图		备注
		轴号	标识信息	
01	结构专业			
02	建筑专业			
03	暖通专业			□ 综合专业 □ 分专业
04	给排水专业			
05	电气专业			

3.4　项目 BIM 技术资源配置

3.4.1　软件配置计划

BIM 工作覆盖面大，应用点多。因此任何单一的软件工具都无法全面支持。需要根据工程实施经验，拟定采用合适的软件作为项目的主要模型工具，并自主开发或购买成熟的 BIM 协同平台作为管理依托。软件构成如图 3-13 所示。

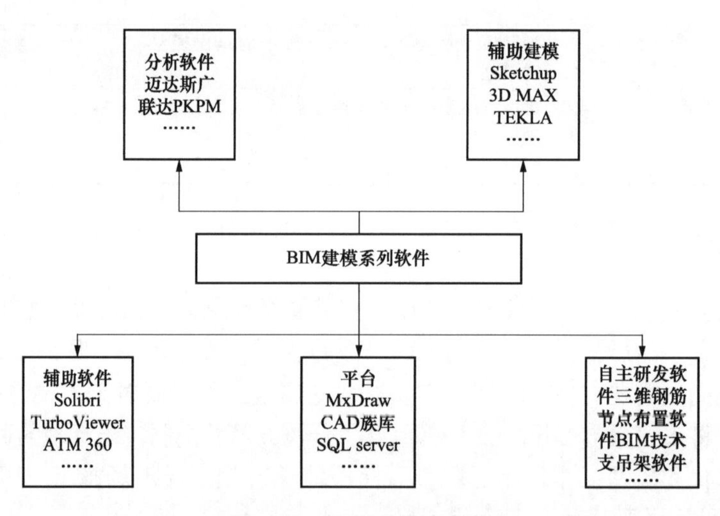

图 3-13　软件系统示意图

为了保证数据的可靠性，项目中所使用的 BIM 软件应确保正常工作，且甲方在工程结束后可继续使用，以保证 BIM 数据的统一、安全和可延续性。同时根据公司实力可自主研发用于指导施工的实用性软件，如三维钢筋节点布置软件，其具有自动生成三维形体、自动避让钢骨柱翼缘、自动干涉检查、自动生成碰撞报告等多项功能；BIM 技术支吊架软件，其具有完善的产品族库、专业化的管道受力计算、便捷的预留孔洞等多项功能模块。在工作协同、综合管理方面，通过自主研发的施工总包 BIM 协同平台，来满足工程建设各阶段需求。根据工程特点，制订的 BIM 软件应用计划见表 3-19。

现有较为通用的建模软件见表 3-20。

表 3-19 **BIM 软件应用计划**

序号	实施内容	应用工具
1	全专业模型的建立	Revit 系列软件、Bentley 系列软件、AichiCAD Digital Projict、Xsteel
2	模型的整理及数据的应用	Revit 系列软件、PKPM、RTABS、ROBOT
3	碰撞检测	Revit Architecture、Revit Structure Revit MEP、Naviswork Manage
4	管综优化设计	Revit Architecture、Revit Structure Revit MEP、Naviswork Manage
5	4D 施工模拟	Naviswork Manage、Project Wise Navigator Visula Simulation、Synchro
6	各阶段施工现场平面施工布置	SketchUp
7	钢骨柱节点深化	Revit Structure、钢筋放样软件 PKPM、Tekla Structure
8	协同、远程监控系统	自主开发软件
9	模架验证	Revit 系列软件
10	挖土、回填土算量	Civil 3D
11	虚拟可视空间验证	Naviswork Manage 3D Max
12	能耗分析	Revit 系列软件 MIDAS
13	物资管理	自主开发软件
14	协同平台	自主开发软件
15	二维模型交付及维护	自主开发软件

表 3-20 **各软件 BIM 建模体系**

Autodesk	Bentley	NeMetschek Graphisoft	Gery Technology Dassault
Revit Architecture	Bentley Architecture	Archie CAD	Digital Project
Revit Structural	Bentley Structural	AllPLAN	CATIA
Revit MEP	Bentley Buiding Mechanical Systems	Vector works	

3.4.2 硬件配置计划

BIM 模型带有庞大的信息数据，因此，在 BIM 实施的硬件配置上也要有严格的要求，并在结合项目需求以及节约成本的基础上，需要根据不同的使用用途和方向，对硬件配置进行分级设置，即最大程度保证硬件设备在 BIM 实施过程中的正常运转，最大限度地控制成本。

在项目 BIM 实施过程中，根据工程实际情况搭建 BIM Server 系统，方便现场管理人员和 BIM 中心团队进行模型的共享和信息传递。通过在项目部和 BIM 中心各搭建服务器，以 BIM 中心的服务器作为主服务器，通过广域网将两台服务器进行互联，然后分别给项目部和 BIM 中心建立模型的计算机进行授权，就可以随时将自己修改的模型上传到服务器上，实现模型的异地共享，确保模型的实时更新。

（1）项目拟投入多台服务器，如：

项目部——数据库服务器、文件管理服务器、Web 服务器、BIM 中心文件服务器、数据网关服务器等。

公司 BIM 中心——关口服务器、Revitserver 服务器等。

（2）若干台 NAS 存储，如：

项目部——10 T NAS 存储几台。

公司 BIM 中心——10 T NAS 存储。

（3）若干台 UPS，如 6kVA 几台。

（4）若干台图形工作站。系统拓扑结构如图 3-14 所示。

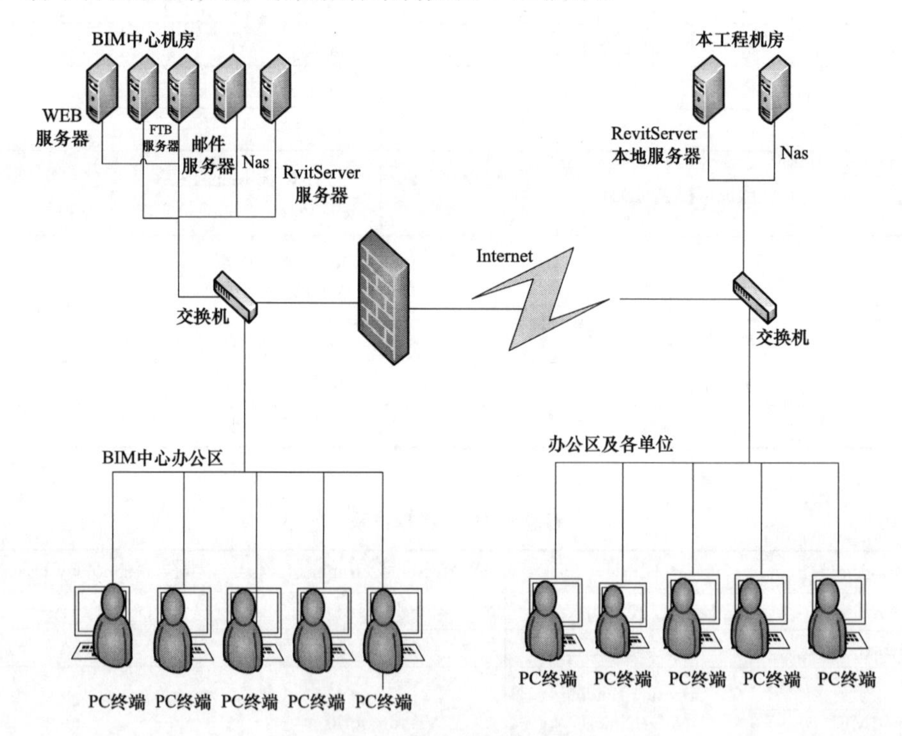

图 3-14　硬件与网络示意图

常见的 BIM 硬件设备见表 3-21。

表 3-21　　常见的 BIM 硬件设备

CPU	内存	硬盘容量	显卡	显示器
I7 393 012 核	16 G	2 T	Q4000	HKC22 寸
I7 393 012 核	32 G	2 T	Q6000	HKC22 寸
I7 4770K	32 G	2 T	Q6000	飞利浦 22 寸
E5 2630	64 G	2 T	Q6000	飞利浦 27 寸

3.4.3 应用计划

为了充分配合工程，实际应用将根据工程施工进度设计 BIM 应用方案。主要节点为：

（1）投标阶段初步完成基础模型建立、厂区模拟、应用规划、管理规划，依实际情况还可建立相关的工艺等动画。

（2）中标进场前初步制定本项目 BIM 实施导则、交底方案，完成项目 BIM 标准大纲。

（3）人员进场前针对性进行 BIM 技能培训，实现各专业管理人员掌握 BIM 技能。

（4）确保各施工节点前一个月完成专项 BIM 模型，并初步完成方案会审。

（5）各专业分包投标前一个月完成分包所负责部分模型工作，用于工程量分析，招标准备。

（6）各专项工作结束后一个月完成竣工模型以及相应信息的三维交付。

（7）工程整体竣工后针对物业进行三维数据交付。

详细节点如图 3-15 所示。

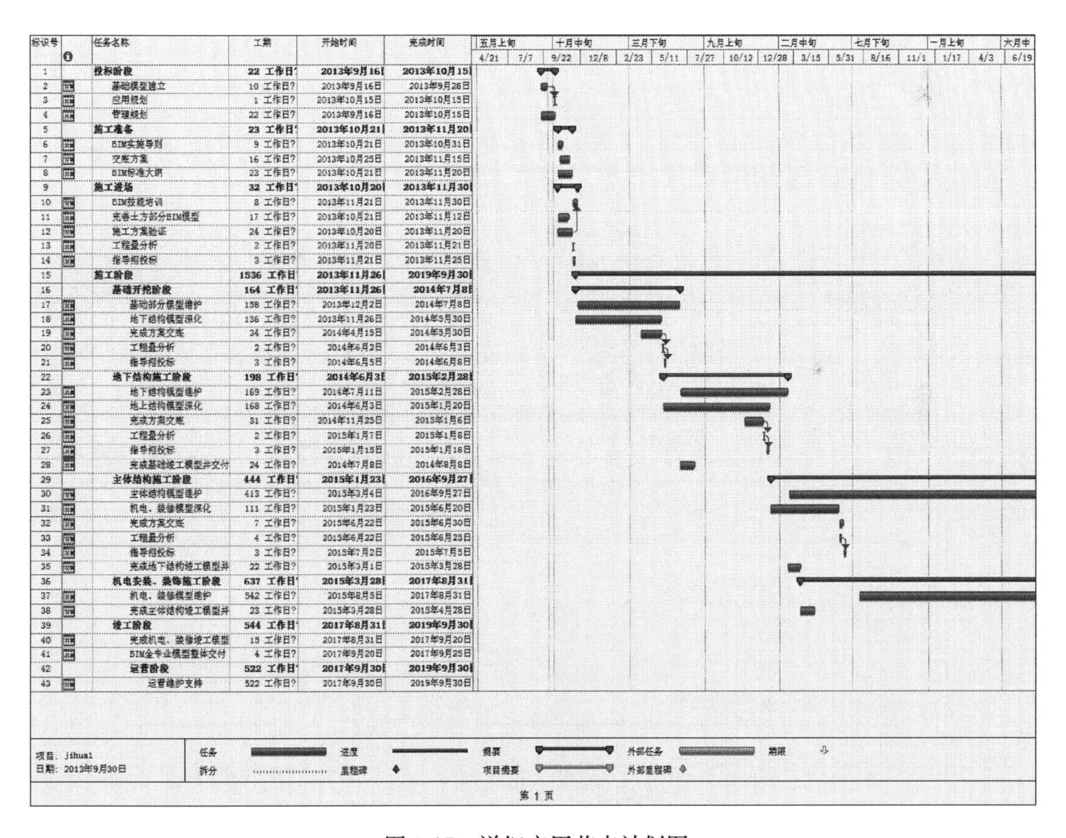

标识号	任务名称	工期	开始时间	完成时间
1	投标阶段	22 工作日	2013年9月16	2013年10月15
2	基础模型建立	10 工作日?	2013年9月16日	2013年9月26日
3	应用规划	1 工作日?	2013年10月15日	2013年10月15日
4	管理规划	22 工作日?	2013年9月16日	2013年10月15日
5	施工准备	23 工作日	2013年10月21	2013年11月20
6	BIM实施导则	9 工作日?	2013年10月21日	2013年10月31日
7	交底方案	16 工作日?	2013年10月25日	2013年11月15日
8	BIM标准大纲	23 工作日?	2013年10月21日	2013年11月20日
9	施工进场	32 工作日	2013年10月20	2013年11月30
10	BIM技能培训	8 工作日?	2013年11月21日	2013年11月30日
11	完善土方部分BIM模型	17 工作日?	2013年10月21日	2013年11月12日
12	施工方案验证	24 工作日?	2013年10月20日	2013年11月20日
13	工程量分析	2 工作日?	2013年11月20日	2013年11月21日
14	指导招投标	3 工作日?	2013年11月21日	2013年11月25日
15	施工阶段	1536 工作日	2013年11月26	2019年9月30
16	基础开挖阶段	164 工作日	2013年11月26	2014年7月8
17	基础部分模型维护	158 工作日?	2013年12月2日	2014年7月8日
18	地下结构模型深化	136 工作日?	2013年11月26日	2014年5月30日
19	完成方案交底	34 工作日?	2014年4月15日	2014年5月30日
20	工程量分析	2 工作日?	2014年6月2日	2014年6月3日
21	指导招投标	3 工作日?	2014年6月5日	2014年6月8日
22	地下结构施工阶段	198 工作日	2014年6月3	2015年2月28
23	地下结构模型维护	169 工作日?	2014年7月11日	2015年2月28日
24	地上结构模型深化	168 工作日?	2014年6月3日	2015年1月20日
25	完成方案交底	31 工作日?	2014年11月25日	2015年1月6日
26	工程量分析	2 工作日?	2015年1月7日	2015年1月8日
27	指导招投标	3 工作日?	2015年1月15日	2015年1月16日
28	完成基础竣工模型并交付	24 工作日?	2014年7月8日	2014年8月8日
29	主体结构施工阶段	444 工作日	2015年1月23	2016年9月27
30	主体结构模型维护	413 工作日?	2015年3月4日	2016年9月27日
31	机电、装修模型深化	111 工作日?	2015年1月23日	2015年6月20日
32	完成方案交底	7 工作日?	2015年6月22日	2015年6月30日
33	工程量分析	4 工作日?	2015年6月22日	2015年6月25日
34	指导招投标	3 工作日?	2015年7月2日	2015年7月5日
35	完成地下结构竣工模型并	22 工作日?	2015年3月1日	2015年3月28日
36	机电安装、装饰施工阶段	637 工作日	2015年3月28	2017年8月31
37	机电、装修模型维护	542 工作日?	2015年8月5日	2017年8月31日
38	完成主体结构竣工模型并	23 工作日?	2015年3月28日	2015年4月28日
39	竣工阶段	544 工作日	2017年8月31	2019年9月30
40	完成机电、装修竣工模型	15 工作日?	2017年8月31日	2017年9月20日
41	BIM全专业模型整体交付	4 工作日?	2017年9月20日	2017年9月25日
42	运营阶段	522 工作日	2017年9月30	2019年9月30
43	运营维护支持	522 工作日?	2017年9月30日	2019年9月30日

图 3-15 详细应用节点计划图

模型作为 BIM 实施的数据基础，为了确保 BIM 实施能够顺利进行，应根据应用节点计划合理安排建模计划，并将时间节点、模型需求、模型精度、责任人、应用方向等细节进行明确要求，确保能够在规定时间内提供相应的 BIM 应用模型。

BIM 建模计划见表 3-22。

表 3-22　　BIM 建模计划

时间节点	模型需求	模型精度	负责人	应用方向	施工工期阶段
投标阶段	基础模型	LOD250	总包 BIM	模型展示、4D 模拟	
施工准备	场地模型	LOD250	总包 BIM	电子沙盘、场地空间管理	施工准备阶段
	全专业模型	LOD300	总包 BIM	工程量统计、图纸会审、分包招标	
	土方开挖模型	LOD300	总包 BIM	土方开挖方案模拟、论证，土方量计算	
基础施工阶段	模型维护	LOD350	总包 BIM	根据新版图纸和变更洽商，进行模型维护	地下结构施工阶段
	模型数据分析	LOD350	总包 BIM	4D 施工模拟、成本分析、分包招标	
主体施工阶段	精细化模型	LOD450	总包 BIM	精细化模型，加入项目参数等相关信息	低区（1～36 层）结构施工阶段 高区（36 层以上）结构施工阶段
	深化设计	LOD500	总包 BIM、分包	完成节点深化模型（钢构及管综等）	
	技术交底	LOD450	总包 BIM、分包	结构洞口预留预埋	
	方案论证	LOD500	总包 BIM、分包	重点方案模拟	
	方案模拟	LOD400	总包 BIM、分包	大型构件吊装模拟、定位	
装修阶段	精细化模型	LOD500	总包 BIM	样板间制作	装饰装修机电安装施工阶段
	施工工艺	LOD400	分包 BIM	墙顶地布置	
	质量管控	LOD500	总包 BIM	幕墙全过程控制	
	成品保护	LOD500	总包 BIM	模型中进行责任面划分	
运营维护	模型交付	LOD500	总包 BIM、分包	模型交付	系统联动调试、试运行竣工验收备案

3.5　BIM 实施保障措施

3.5.1　建立系统运行保障体系

（1）按 BIM 组织架构表成立总包 BIM 系统执行小组，由 BIM 系统总监全权负责。经业主审核批准，小组人员立刻进场，以最快速度投入系统的创建工作。

（2）成立 BIM 系统领导小组，小组成员由总包项目总经理、项目总工、设计及 BIM 系统总监、土建总监、钢结构总监、机电总监、装饰总监、幕墙总监组成，定期沟通，及时解决相关问题。

（3）总包各职能部门设专人对口 BIM 系统执行小组，根据团队需要及时提供现场进展信息。

（4）成立 BIM 系统总分包联合团队，各分包派固定的专业人员参加。如果因故需要更

换，必须有很好的交接，保持其工作的连续性。

（5）购买足够数量的BIM正版软件，配备满足软件操作和模型应用要求的足够数量的硬件设备，并确保配置符合要求。

3.5.2 编制BIM系统运行工作计划

（1）各分包单位、供应单位根据总工期以及深化设计出图要求，编制BIM系统建模以及分阶段BIM模型数据提交计划、四维进度模型提交计划等，由总包BIM系统执行小组审核，审核通过后由总包BIM系统执行小组正式发文，各分包单位参照执行。

（2）根据各分包单位的计划，编制各专业碰撞检测计划，修改后重新提交计划。

3.5.3 建立系统运行例会制度

（1）BIM系统联合团队成员，每周召开一次专题会议，汇报工作进展情况以及遇到的困难、需要总包协调的问题。

（2）总包BIM系统执行小组，每周内部召开一次工作碰头会，针对本周本条线工作进展情况和遇到的问题，制定下周工作目标。

（3）BIM系统联合团队成员，必须参加每周的工程例会和设计协调会，及时了解设计和工程进展情况。

3.5.4 建立系统运行检查机制

（1）BIM系统是一个庞大的操作运行系统，需要各方协同参与。由于参与的人员多且复杂，需要建立健全一定的检查制度来保证体系的正常运作。

（2）对各分包单位，每两周进行一次系统执行情况飞行检查，了解BIM系统执行的真实情况、过程控制情况和变更修改情况。

（3）对各分包单位使用的BIM模型和软件进行有效性检查，确保模型和工作同步进行。

3.5.5 模型维护与应用机制

（1）督促各分包在施工过程中维护和应用BIM模型，按要求及时更新和深化BIM模型，并提交相应的BIM应用成果。如在机电管线综合设计过程中，对综合后的管线进行碰撞校验并生成检验报告。设计人员根据报告所显示的碰撞点与碰撞量调整管线布局，经过若干个检测与调整的循环后，可以获得一个较为精确的管线综合平衡设计。

（2）在得到管线布局最佳状态的三维模型后，按要求分别导出管线综合图、综合剖面图、支架布置图以及各专业平面图，并生成机电设备及材料量化表。

（3）在管线综合过程中建立精确的BIM模型，还可以采用Autodesk Inventor软件制作管道预制加工图，从而大大提高项目的管道加工预制化、安装工程的集成化程度，进一步提高施工质量，加快施工进度。

（4）运用Revit Navisworks软件建立四维进度模型，在相应部位施工前一个月内进行施工模拟，及时优化工期计划，指导施工实施。同时，按业主所要求的时间节点提交与施工进度相一致的BIM模型。

（5）在相应部位施工前的一个月内，根据施工进度及时更新和集成BIM模型，进行碰撞检测，提供包括具体碰撞位置的检测报告。设计人员根据报告迅速找到碰撞点所在位置，并进行逐一调整。为了避免在调整过程中有新的碰撞点产生，检测和调整会进行多次循环，直至碰撞报告显示零碰撞点。

（6）对于施工变更引起的模型修改，在收到各方确认的变更单后的14天内完成。

（7）在出具完工证明以前，向业主提交真实准确的竣工BIM模型、BIM应用资料和设备信息等，确保业主和物业管理公司在运营阶段具备充足的信息。

（8）集成和验证最终的BIM竣工模型，按要求提供给业主。

3.5.6 BIM模型的应用计划

（1）根据施工进度和深化设计及时更新和集成BIM模型，进行碰撞检测，提供具体碰撞的检测报告，并提供相应的解决方案，及时协调解决碰撞问题。

（2）基于BIM模型，探讨短期及中期之施工方案。

（3）基于BIM模型，准备机电综合管道图（CSD）及综合结构留洞图（CBWD）等施工深化图纸，及时发现管线与管线、管线与建筑、管线与结构之间的碰撞点。

（4）基于BIM模型，及时提供能快速浏览的nwf，dwf等格式的模型和图片，以便各方查看和审阅。

（5）在相应部位施工前的一个月内，施工进度表进行4D施工模拟，提供图片和动画视频等文件，协调施工各方优化时间安排。

（6）应用网上文件管理协同平台，确保项目信息及时有效传递。

（7）将视频监视系统与网上文件管理平台整合，实现施工现场的实时监控和管理。

3.5.7 实施全过程规划

为了在项目期间最有效地利用协同项目管理与BIM计划，先投入时间对项目各阶段中团队各利益相关方之间的协作方式进行规划。项目全过程BIM交付如图3-16所示。

从建筑的设计、施工、运营，直至建筑全寿命周期的终结，各种信息始终整合于一个三维模型信息数据库中；设计、施工、运营和业主等各方可以基于BIM进行协同工作，有效提高工作效率、节省资源、降低成本，以实现可持续发展，如图3-17所示。

借助BIM模型，可大大提高建筑工程的信息集成化程度，从而为项目的相关利益方提供了一个信息交换和共享的平台，如图3-18所示。结合更多的数字化技术，还可以被用于模拟建筑物在真实世界中的状态和变化，在建成之前，相关利益方就能对整个工程项目的成败作出完整的分析和评估。

3.5.8 协同平台准备

为了保证各专业内和专业之间信息模型的无缝衔接和及时沟通，BIM项目需要在一个统一的平台上完成。该协同平台可以是专门的平台软件，也可以利用Windows操作系统实现。其关键技术是具备一套具体可行的合作规则。协同平台应具备的最基本功能是信息管理和人员管理。

在协同化设计的工作模式下，设计成果的传递不应为U盘拷贝及快递发图纸等系列低效滞后的方式，而应利用Windows共享、FTP服务器等共享功能。

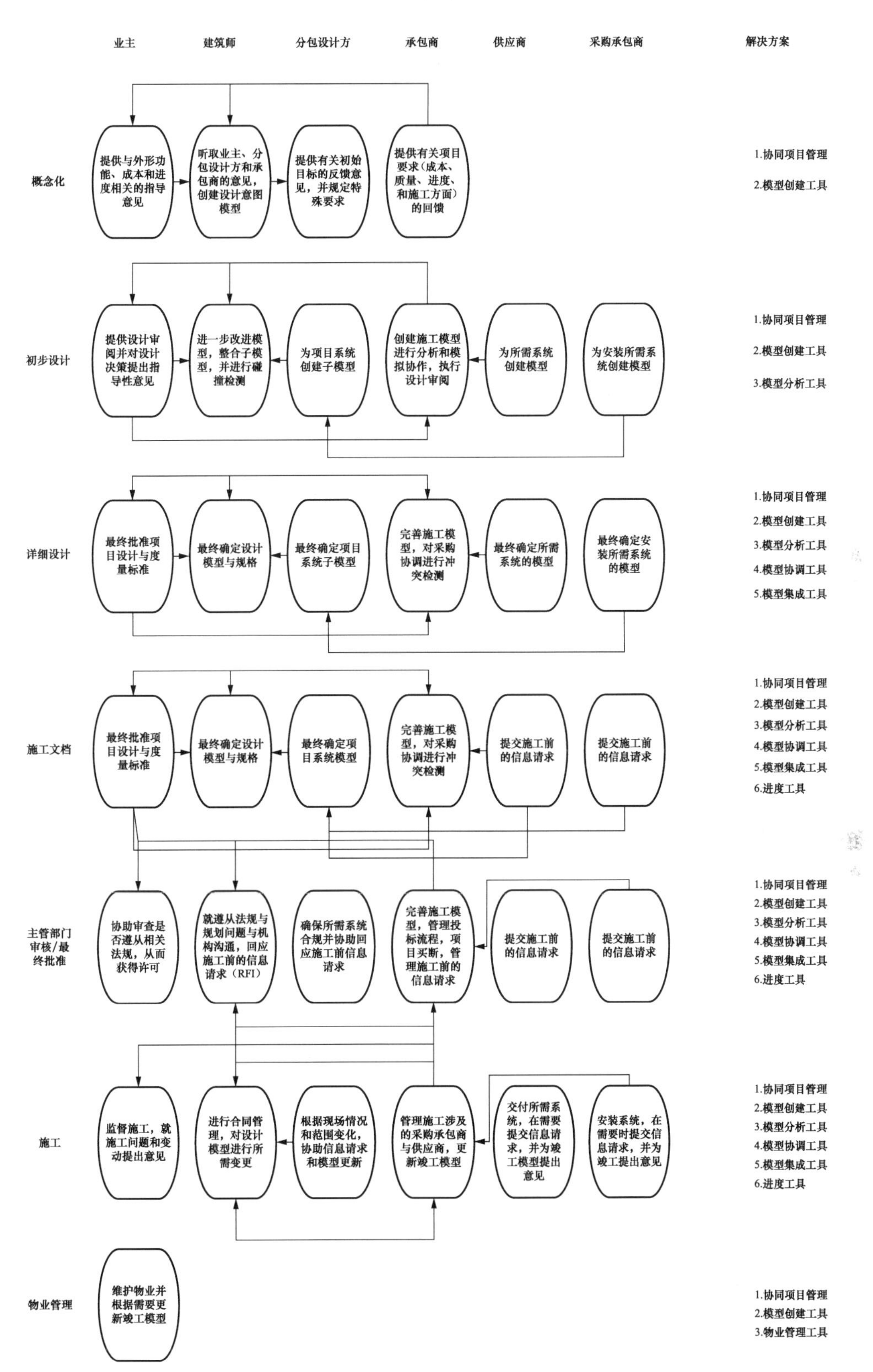

图 3-16　项目全过程 BIM 交付

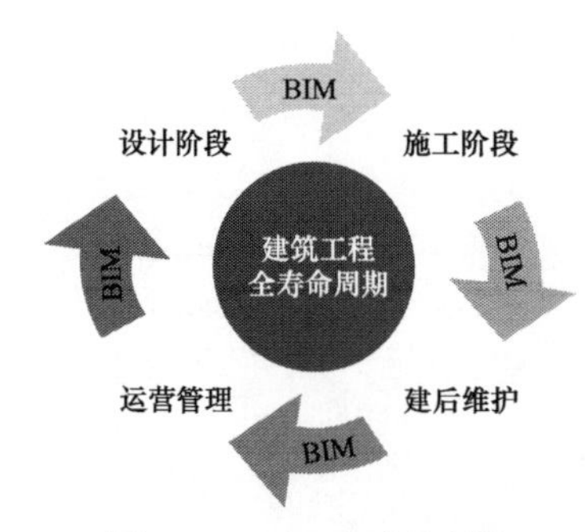

图 3-17 BIM 在建筑周期中的关系

BIM 设计传输的数据量远大于传统设计，其数据量能达到几百兆，甚至于几 GB，如果没有一个统一的平台来承载信息，则设计的效率会大大将低。

信息管理的另一方面是信息安全。项目中有些信息不宜公开，比如 ABD 的工作环境 workspace 等。这就要求在项目中的信息设定权限。各方面人员只能根据自己的权限享有 BIM 信息。

至此，在项目中应用 BIM 所采用的软件及硬件配置，BIM 实施标准及建模要求，BIM 应用具体执行计划，项目参与人员的工作职责和工作内容，以及团队协同工作的平台均已经准备完毕。那么下面要做的就是项目参与方各司其职，进行建模、沟通、协调。

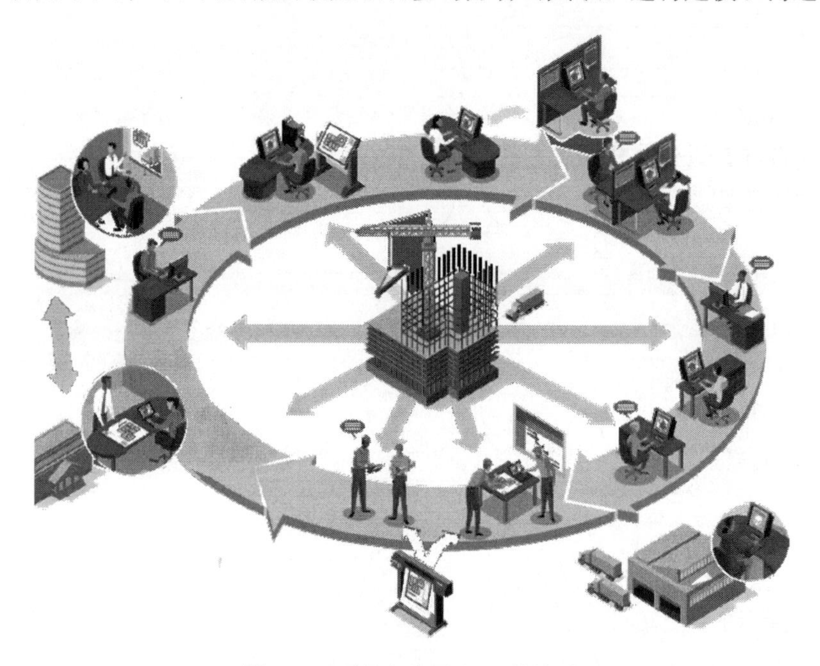

图 3-18 项目各方同 BIM 的关系

4 建设工程BIM项目管理与应用

4.1 业主方BIM项目管理与应用

业主方应首先明确BIM技术应用目的，才能更好地应用BIM技术辅助项目管理。业主往往希望通过BIM带来：

可视化的投资方案——能反映项目的功能，满足业主的需求，实现投资目标；

可视化的项目管理——支持设计、施工阶段的动态管理，及时消除差错，控制建设周期及项目投资；

可视化的物业管理——通过BIM与施工过程记录信息的关联，不仅为后续的物业管理带来便利，并且可以在未来进行的翻新、改造、扩建过程中为业主及项目团队提供有效的历史信息。

业主方应用BIM技术能实现的具体问题如下：

1. 招标管理

BIM辅助业主进行招标管理主要体现在以下几个方面：

(1) 数据共享。BIM模型的可视化能够让投标方深入了解招标方所提出的条件，避免信息孤岛的产生，保证数据的共通共享及可追溯性。

(2) 经济指标的控制。控制经济指标的精确性与准确性，避免建筑面积与限高的造假。

(3) 无纸化招标。实现无纸化招投标，从而节约大量纸张和装订费用，真正做到绿色低碳环保。

(4) 削减招标成本。可实现招投标的跨区域、低成本、高效率、更透明、现代化，大幅度削减招标投入的人力成本。

(5) 整合招标文件。整合所有招标文件，量化各项指标，对比论证各投标人的总价、综合单价及单价构成的合理性。

(6) 评标管理。记录评标过程并生成数据库，对操作员的操作进行实时的监督，评标过程可事后查询，最大限度地减少暗箱操作、虚假招标、权钱交易，有利于规范市场秩序、防止权力循私与腐败，有效推动招标投标工作的公开化、法制化。

2. 设计管理

BIM辅助业主进行设计管理主要体现在以下几个方面：

(1) 协同工作。基于BIM的协同设计平台，能够让业主与各专业工程参与者实时更新观测数据，实现最短时间达到图纸、模型合一。

（2）周边环境模拟。对工程周边环境进行模拟，对拟建造工程进行性能分析，如舒适度、空气流动性、噪声云图等指标，对于城市规划及项目规划意义重大。

（3）复杂建筑曲面的建立。在面对复杂建筑时，在项目方案设计阶段应用BIM软件也可以达到建筑曲面的离散。

（4）图纸检查。BIM团队的专业工程师能够协助业主检查项目图纸的错漏碰缺，达到更新和修改的最低化。

3. 工程量统计

工程量的计算是工程造价中最繁琐的部分。利用BIM技术辅助工程计算，能大大减轻预算的工作强度。目前，市场上主流的工程量计算软件大多是基于自主开发图形平台的工程量计算软件和基于AutoCAD平台的工程量计算软件。不论是哪一个平台，它们都存在两个明显的缺点：图形不够逼真和需要重新输入工程图纸。

自主开发的图形平台多数是简易的二维图形平台，图形可视性差。用户在使用图形法的工程量自动计算软件时，需要将施工蓝图通过数据形式重新输入计算机，相当于人工在计算机上重新绘制一遍工程图纸，导致了预算人员无法将其主要精力投入到套用定额等造价方面的工作上。这种做法不仅增加了前期工作量，且没有共享设计过程中的产品设计信息。

利用BIM技术提供的参数更改技术能够将针对建筑设计或文档任何部分所做的更改自动反映到其他位置，从而帮助工程师们提高协同效率以及工作质量。BIM技术具有强大的信息集成能力和三维可视化图形展示能力，利用BIM技术建立起的三维模型可以极尽全面地加入工程建设的所有信息。根据模型能够自动生成符合国家工程量清单计价规范标准的工程量清单及报表，快速统计和查询各专业工程量，对材料计划、使用做精细化控制，避免材料浪费，如利用BIM信息化特征可以准确提取整个项目中防火门数量的准确数字、防火门的不同样式、材料的安装日期、出厂型号、尺寸大小等，甚至可以统计到防火门的把手等细节。

4. 施工管理

作为项目管理部门，对于甲方管理可分为两个层面，一是对项目，二是对工程管理人员。项目实施的优劣直接反映管理人员项目管理水平，同时，业主方建设管理行为对工程的进度、质量、投资、廉政等方面有着直接影响。

在这一阶段业主对项目管理的核心任务是现场施工产品的保证、资金使用的计划与审核以及竣工验收。对于业主方，对现场目标的控制、承包商的管理、设计者的管理、合同管理手续办理、项目内部及周边协调等问题也是管理的重中之重，急需一个专业的平台来提供各个方面庞大的信息和实施各个方面人员的管理。而BIM技术正是解决此类工程问题的不二之选。

BIM辅助业主进行施工管理的优势主要体现在：

（1）验证总包施工计划的合理性，优化施工顺序。

（2）使用3D和4D模型明确分包商的工作范围，管理协调交叉，施工过程监控，可视化报进度。

（3）对项目中所需的土建、机电、幕墙和精装修所需要的材料进行监控，保证项目中成

本的控制。

(4) 在工程验收阶段，利用3D扫描仪扫描工程完成面的信息，与模型参照对比来检验工程质量。

5. 物业管理

在建筑物使用寿命期间，建筑物结构设施（如墙、楼板、屋顶等）和设备设施（如设备、管道等）都需要不断得到维护。一个成功的维护方案将提高建筑物性能，降低能耗和修理费用，进而降低总体维护成本。BIM模型结合运营维护管理系统可以充分发挥空间定位和数据记录的优势，合理制定维护计划，分配专人专项维护工作，以降低建筑物在使用过程中出现突发状况的概率。BIM辅助业主进行物业管理主要体现在：

(1) 设备信息的三维标注，可在设备管道上直接标注名称规格、型号，且三维标注能够跟随模型移动、旋转。

(2) 属性查询，在设备上右击鼠标，可以显示设备的具体规格、参数，生产厂家等。

(3) 外部链接，在设备上点击，可调出有关设备的其他格式文件，如维修状况，仪表数值等。

(4) 隐蔽工程，工程结束后，各种管道可视性降低，给设备维护，工程维修或二次装饰工程带来一定难度，BIM清晰记录各种隐蔽工程，避免施工错误。

(5) 模拟监控，物业对一些净空高度，结构有特殊要求，BIM提前解决各种要求，并能生成VR文件，可以与客户互动阅览。

6. 空间管理

空间管理是业主为节省空间成本、有效利用空间、为最终用户提供良好工作生活环境而对建筑空间所做的管理。BIM可以帮助管理团队记录空间的使用情况，处理最终用户要求空间变更的请求，分析现有空间的使用情况，合理分配建筑物空间，确保空间资源的最大利用率。某工程基于BIM的空间管理如图4-1所示。

7. 推广销售

利用BIM技术和虚拟现实技术还可以将BIM模型转化为具有很强交互性的虚拟现实模型。将虚拟现实模型联合场地环境和相关信息，可以组成虚拟现实场景。在虚拟现实场景中，用户可以定义第一视角的人物，并实现在虚拟场景中的三维可视化的浏览。将BIM三维模型赋予照片级的视觉效果，以第一人称视角，浏览建筑内部，能直观地将住宅的空间感觉展示给住户。

提交的整体三维模型，能极大地方便住户了解户型，更重要的是能避免装修时对建筑机电管道线路的破坏，减少装修成本，避免经济损失。利用已建立好的BIM模型，可以轻松出具建筑和房间的渲染效果图。利用BIM前期建立的模型，可以直接获得如真实照片般的渲染效果，省去了二次建模的时间和成本，同时还能达到展示户型的效果，对住房的推广销售起到极大的促进作用。

BIM辅助业主进行推广销售主要体现在：

(1) 面积监控。BIM体量模型可自动生成建筑及房间面积，并加入面积计算规则，添加所有建筑楼层房间使用性质等相关信息作为未来楼盘推广销售的数据基础。

(2) 虚拟现实。为采购者提供三维可视化模型，并提供在三维模型中的漫游，体会身临其境的感觉。

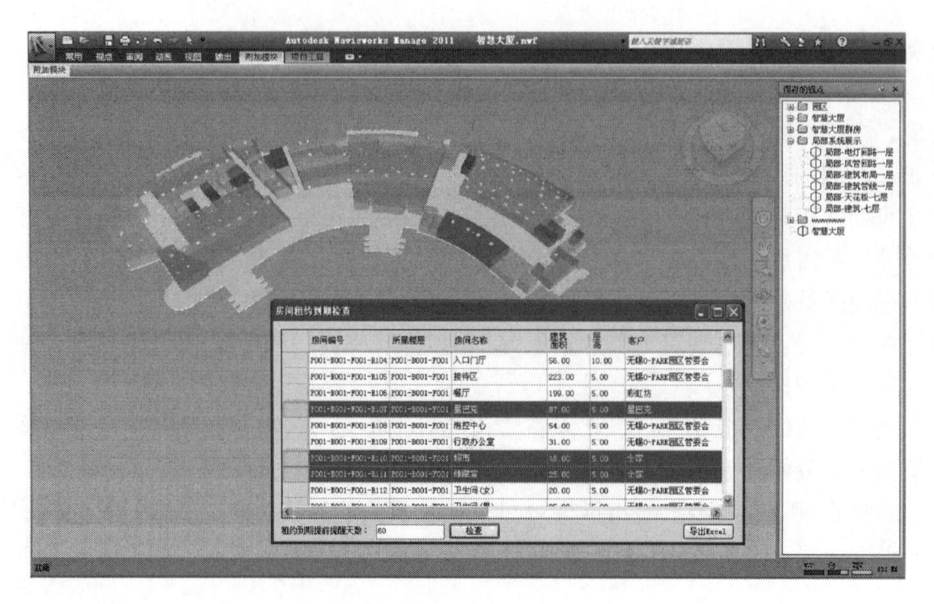

图 4-1　某工程基于 BIM 的空间管理

某工程房屋推广销售三维模型如图 4-2 所示。

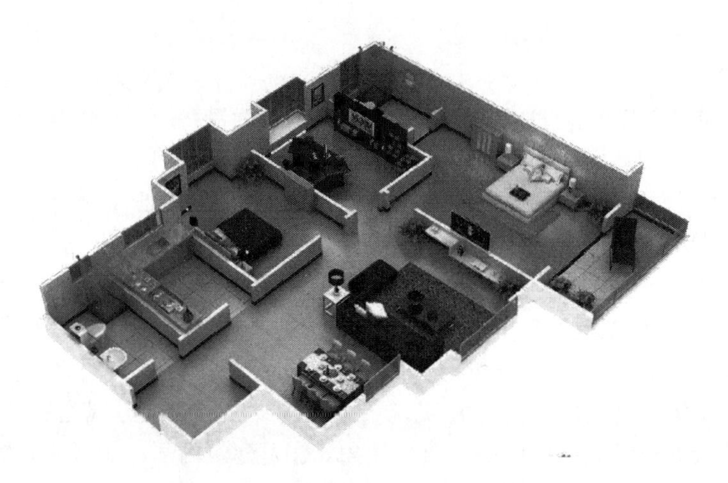

图 4-2　某工程房屋推广销售三维模型

4.2　设计方 BIM 项目管理与应用

设计方是项目的主要创造者，是最先了解业主需求的参建方，设计方往往希望通过 BIM 带来：

突出设计效果——通过创建模型，更好地表达设计意图，满足业主需求；

便捷地使用并减少设计错误——利用模型进行专业协同设计，通过碰撞检查，把类似空间障碍等问题消灭在出图之前；

可视化的设计会审和专业协同——基于三维模型的设计信息传递和交换将更加直观、有效，有利于各方沟通和理解。

设计方应用BIM技术能实现的具体问题如下：

1. 三维设计

当前，二维图纸是我国建筑设计行业最终交付的设计成果，生产流程的组织与管理也均围绕着二维图纸的形成来进行。二维设计通过投影线条、制图规则及技术符号表达设计成果，图纸需要人工阅读方能解释其含义。随着日益复杂的建筑功能要求和人类对于美感的追求，设计师们更加渴望驾驭复杂多变、更富美感的自由曲面。然而，令二维设计技术汗颜的是，它甚至连这类建筑最基本的几何形态也无法表达。

另外，二维设计最常用的是使用浮动和相对定位，目的是想尽办法让各种各样的模块挤在一个平面内，为了照顾兼容和应付各种错漏问题，往往结构和表现都处理的非常复杂，效率方面大打折扣。三维设计使用绝对定位，绝对定位容易给人造成一种布局固定的误解，其实不然，绝对定位一定程度上可以代替浮动做到相对屏幕，而且兼容性更好。

当前BIM技术的发展，更加发展和完善了三维设计领域：BIM技术引入的参数化设计理念，极大地简化了设计本身的工作量，同时其继承了初代三维设计的形体表现技术，将设计带入一个全新的领域。通过信息的集成，也使得三维设计的设计成品（即三维模型）具备更多的可供读取的信息，对于后期的生产提供更大的支持。

BIM由三维立体模型表述，从初始就是可视化的、协调的。其直观形象地表现出建筑建成后的样子，然后根据需要从模型中提取信息，将复杂的问题简单化。基于BIM的三维设计能够精确表达建筑的几何特征。相对于二维绘图，三维设计不存在几何表达障碍，对任意复杂的建筑造型均能准确表现。通过进一步将非几何信息集成到三维构件中，如材料特征、物理特征、力学参数、设计属性、价格参数、厂商信息等，使得建筑构件成为智能实体，三维模型升级为BIM模型。BIM模型可以通过图形运算并考虑专业出图规则自动获得二维图纸，并可以提取出其他的文档，如工程量统计表等，还可以将模型用于建筑能耗分析、日照分析、结构分析、照明分析、声学分析、客流物流分析等诸多方面。某工程BIM三维立体模型表述如图4-3所示。

图4-3 某工程BIM三维立体模型

2. 协同设计

协同设计是当下设计行业技术更新的一个重要方向，也是设计技术发展的必然趋势。协同设计有两个技术分支：一个主要适合于大型公建，复杂结构的三维BIM协同；另一个主要适合普通建筑及住宅的二维CAD协同。通过协同设计建立统一的设计标准，包括图层、颜色、线型、打印样式等。在此基础上，所有设计专业及人员在统一的平台上进行设计，从而减少现行各专业之间（以及专业内部）由于沟通不畅或沟通不及时导致的错、漏、碰、缺，真正实现所有图纸信息元的统一性，实现一处修改其他自动修改，提升设计效率和设计质量。同时，协同设计也对设计项目的规范化管理起到重要作用，包括进度管理、设计文件统一管理、人员负荷管理、审批流程管理、自动批量打印、分类归档等。

目前我们所说的协同设计，很大程度上是指基于网络的一种设计沟通交流手段，以及设计流程的组织管理形式。包括：通过CAD文件之间的外部参照，使得工种之间的数据得到可视化共享；通过网络消息、视频会议等手段，使设计团队成员之间可以跨越部门、地域甚至国界进行成果交流、开展方案评审或讨论设计变更；通过建立网络资源库，使设计者能够获得统一的设计标准；通过网络管理软件的辅助，使项目组成员以特定角色登录，可以保证成果的实时性及唯一性，并实现正确的设计流程管理；针对设计行业的特殊性，甚至开发出了基于CAD平台的协同工作软件等。

协同设计软件会在不增加设计人员工作负担、不影响设计人员设计思路的情况下，始终帮助设计者理顺设计中的每一张图纸，记录清楚其各个历史版本和历程，也保证设计图纸不再凌乱；同时也帮助各专业设计人员掌握设计的协作分寸和时机，使得图纸环节的流转及时顺畅，资源共享充分圆满；始终帮助设计师们监控设计过程中的每个环节，使得工程进度把握有序，工期不再拖延。协同设计就相当于配给设计师的得力助手。协同设计工作是以一种协作的方式，使成本降低，设计效率提高。协同设计由流程、协作和管理三类模块构成。设计、校审和管理等不同角色人员利用该平台中的相关功能实现各自工作。

BIM技术与协同设计技术将成为互相依赖、密不可分的整体。协同是BIM的核心概念，同一构件元素，只需输入一次，各工种共享元素数据，并于不同的专业角度操作该构件元素。从这个意义上说，基于BIM的协同设计已经不再是简单的文件参照。可以说BIM技术将为未来协同设计提供底层支撑，大幅提升协同设计的技术含量。因此，未来的协同设计，将不再是单纯意义上的设计交流、组织及管理手段，它将与BIM融合，成为设计手段本身的一部分。某工程多专业管线协同设计局部展示如图4-4所示，其真正意义为：在一个完整的组织机构共同来完成一个项目，项目的信息和文档从一开始创建时起，就放置到共享平台上，被项目组的所有成员查看和利用，从而完美实现设计流程上下游专业间的设计交流。

图4-4　多专业管线协同设计局部展示

3. 建筑节能设计

建设项目的景观可视度、日照、风环境、热环境、声环境等性能指标在开发前期就已经基本确定，但是由于缺少合适的技术手段，一般项目很难有时间和费用对上述各种性能指标进行多方案分析模拟，BIM 技术为建筑性能分析的普及应用提供了可能性。基于 BIM 的建筑性能化分析包含以下内容：

（1）室外风环境模拟。改善住区建筑周边人行区域的舒适性，通过调整规划方案建筑布局、景观绿化布置，改善住区流场分布，减小涡流和滞风现象，提高住区环境质量；分析大风情况下，哪些区域可能因狭管效应引发安全隐患等。

（2）自然采光模拟。分析相关设计方案的室内自然采光效果，通过调整建筑布局、饰面材料、围护结构的可见光透射比等，改善室内自然采光效果，并根据采光效果调整室内布局布置等。

（3）室内自然通风模拟。分析相关设计方案，通过调整通风口位置、尺寸、建筑布局等改善室内流场分布情况，并引导室内气流组织有效的通风换气，改善室内舒适情况。

（4）小区热环境模拟分析。模拟分析住宅区的热岛效应，采用合理优化建筑单体设计、群体布局和加强绿化等方式削弱热岛效应。

（5）建筑环境噪声模拟分析。计算机声环境模拟的优势在于，建立几何模型之后，能够在短时间内通过材质的变化及房间内部装修的变化，来预测建筑的声学质量，以及对建筑声学改造方案进行可行性预测。

基于 BIM 和能量分析工具，将实现建筑模型的传递，能够简化能量分析的操作过程。如美国的 EnergyPlus 软件，在 2D CAD 的建筑设计环境下，运行 EnergyPlus 进行精确模拟需要专业人士花费大量时间，手工输入一系列大量的数据集，包括几何信息、构造、场地、气候、建筑用途以及 HVAC 的描述数据等。然而在 BIM 环境中，建筑师在设计过程中创建的 BIM 模型可以方便地同第三方设备例如 BsproCom 服务器结合，从而将 BIM 中的 IFC 文件格式转化成 EnergyPlus 的数据格式。

BIM 与 EnergyPlus 相结合的一个典型实例是位于纽约“911”遗址上的自由塔（Freedom Tower）。在自由塔的能效计算中，美国能源部主管的加州大学劳伦斯·伯克利国家实验室（LBNL）充分利用了 ArchiCAD 创建的虚拟建筑模型和 EnergyPlus 这个能量分析软件。自由塔设计的一大特点是精致的褶皱状外表皮。LBNL 利用 ArchiCAD 软件将这个高而扭曲的建筑物的中间（办公区）部分建模，将外表几何形状非常复杂的模型导入了 EnergyPlus，模拟了选择不同外表皮时的建筑性能，并且运用 EnergyPlus 来确定最佳的日照设计和整个建筑物的能量性能，最后建筑师根据模拟结果来选择最优化的设计方案。

4. 效果图及动画展示

利用 BIM 技术出具建筑的效果图，通过图片传媒来表达建筑所需要的以及预期要达到的效果；通过 BIM 技术和虚拟现实技术来模拟真实环境和建筑。效果图的主要功能是将平面的图纸三维化、仿真化，通过高仿真的制作，来检查设计方案的细微瑕疵或进行项目方案修改的推敲。建筑行业效果图被大量应用于大型公建，超高层建筑，中型、大型住宅小区的建设中。

动画展示就更加形象具体。在科技发达的现代，建筑的形式也向着更加高大、更加美观、更加复杂的方向发展，对于许多复杂的建筑形式和具体工法的展示自然变得更加重要。利用BIM技术提供的三维模型，可以轻松地将其转化为动画的形式，这样就使设计者的设计意图能够更加直观、真实、详尽地展现出来，既能为建筑投资方提供直观的感受，也能为后面的施工提供很好的依据。

BIM系列软件具有强大的建模、渲染和动画功能，通过BIM可以将专业、抽象的二维建筑描述通俗化、三维直观化，使得业主等非专业人员对项目功能性的判断更为明确和高效。另外，如果设计意图或者使用功能发生改变，基于已有BIM模型，可以在短时间内修改完毕，效果图和动画也能及时更新。并且，效果图和动画的制作功能是BIM技术的一个附加功能，其成本较专门的动画设计或效果图的制作大大降低，从而使得企业在较少的投入下能获得更多的回报。如对于规划方案，基于BIM能够进行预演，方便业主和设计方进行场地分析、建筑性能预测和成本估算，对不合理或不健全的方案进行及时的更新和补充。某行政服务中心规划方案BIM展示如图4-5所示。

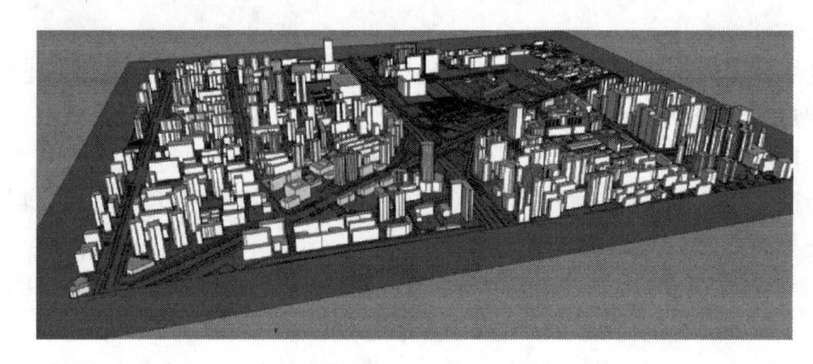

图4-5　某行政服务中心规划方案BIM展示

5. 碰撞检测

二维图纸不能用于空间表达，使得图纸中存在许多意想不到的碰撞盲区。并且，目前的设计方式多为“隔断式”设计，各专业分工作业，依赖人工协调项目内容和分段，这也导致设计往往存在专业间碰撞。同时，在机电设备和管道线路的安装方面也存在软碰撞的问题（即实际设备、管线间不存在实际的碰撞，但在安装方面会造成安装人员、机具不能到达安装位置的问题）。

传统二维图纸设计中，在结构、水暖电等各专业设计图纸汇总后，由总工程师人工发现和协调问题，这种做法难度大且效率低。碰撞检查可以及时地发现项目中图元之间的冲突，这些图元可能是模型中的一组选定图元，也可能是所有图元。在设计过程中，可以使用此工具来协调主要的建筑图元和系统。使用该工具可以防止冲突，并可降低建筑变更及成本超限的风险。常见的碰撞内容如下：①建筑与结构专业，标高、剪力墙、柱等位置不一致，或梁与门冲突；②结构与设备专业，设备管道与梁柱冲突；③设备内部各专业，各专业与管线冲突；④设备与室内装修，管线末端与室内吊顶冲突。

BIM技术在三维碰撞检查中的应用已经比较成熟，国内外都有相关软件可以实现，如Navisworks软件。这些软件都是应用BIM可视化技术，在建造之前就可以对项目的土建、管线、工艺设备等进行管线综合及碰撞检查，不但能够彻底消除硬碰撞、软碰撞，优化工程

设计，减少在建筑施工阶段可能存在的错误损失和返工的可能性，而且优化净空和管线排布方案。

6. 设计变更

设计变更是指设计单位依据建设单位要求调整，或对原设计内容进行修改、完善、优化。设计变更应以图纸或设计变更通知单的形式发出。在建设单位组织的由设计单位和施工企业参加的设计交底会上，经施工企业和建设单位提出，各方研究同意而改变施工图的做法，都属于设计变更，为此而增加新的图纸或设计变更说明都由设计单位或建设单位负责。而引入 BIM 技术后，利用 BIM 技术的参数化功能，可以直接修改原始模型，并可时实查看变更是否合理，减少变更后的再次变更，提高变更的质量。

施工企业在施工过程中，遇到一些原设计未预料到的具体情况，需要进行处理，因而发生设计变更。如工程的管道安装过程中遇到原设计未考虑到的设备和管墩、在原设计标高处无安装位置等，需改变原设计管道的走向或标高，经设计单位和建设单位同意，办理设计变更或设计变更联络单。这类设计变更应注明工程项目、位置、变更的原因、做法、规格和数量，以及变更后的施工图，经设计方签字确认后即为设计变更。采用传统的变更方法，需要对统一节点的各个视图依次进行修改，在 BIM 技术的支持下，只需对节点的在一个视图上进行变更调整，其他视图的相应节点都进行了修改，这样将大幅度地压缩图纸修改的时间，极大地提高效率。

工程开工后，由于某些方面的需要，建设单位提出要求改变某些施工方法，增减某些具体工程项目或施工企业在施工过程中，由于施工方面、资源市场的原因，如材料供应或者施工条件不成熟，认为需改用其他材料代替，或者需要改变某些工程项目的具体设计等引起的设计变更，也会因利用 BIM 技术而简洁、准确、实用、高效地完成项目的变更。

设计变更还直接影响工程造价。设计变更的时间和影响因素可能是无法掌控的，施工过程中反复变更设计会导致工期和成本的增加，而变更管理不善导致进一步的变更，使得成本和工期目标处于失控状态。BIM 的应用有望改变这一局面。美国斯坦福大学整合设施工程中心（CIFE）根据对 32 个项目的统计分析，总结了使用 BIM 技术后产生的效果，认为它可以消除 40％的预算外更改，即从源头上减少变更的发生，主要表现在：第一，三维可视化模型能够准确地再现各专业系统的空间布局、管线走向，专业冲突一览无遗，提高设计深度，实现三维校审，大大减少“错、碰、漏、缺”现象，在设计成果交付前消除设计错误可以减少设计变更；第二，BIM 能增加设计协同能力，从而减少各专业间冲突，降低协调综合过程中的不合理方案或问题方案，使设计变更大大减少；第三，BIM 技术可以做到真正意义上的协同变更，可以避免变更后的再次变更。

4.3 施工方 BIM 项目管理与应用

施工方是项目的最终实现者，是竣工模型的创建者，施工企业的关注点是现场实施，关心 BIM 如何与项目结合，如何提高效率和降低成本，因此，施工方更希望 BIM 带来的是：

理解设计意图——可视化的设计图纸会审能帮助施工人员更快更好地解读工程信息，并尽早发现设计错误，及时进行设计联络；

低施工风险——利用模型进行直观的“预施工”，预知施工难点，更大程度地消除施工中的不确定性和不可预见性，保证施工技术措施的可行、安全、合理和优化；

把握施工细节——在设计方提供的模型基础上进行施工深化设计，解决设计信息中没有体现的细节问题和施工细部做法，更直观更切合实际地对现场施工工人进行技术交底；

更多的工厂预制——为构件加工提供最详细的加工详图，减少现场作业、保证质量；

提供便捷的管理手段——利用模型进行施工过程荷载验算、进度物料控制、施工质量检查等。

施工方 BIM 技术具体应用内容详见第 5 章，本小节仅针对施工模型建立、施工质量管理、施工进度管理、施工成本管理、施工安全管理几个方面进行简要介绍。

1. 施工模型建立

施工前，施工方案制定人员需要进行详细的施工现场查勘，重点研究解决施工现场整体规划、现场进场位置、卸货区的位置、起重机械的位置及危险区域等，确保建筑构件在起重机械安全有效范围作业；施工方法通常由工程产品和施工机械的使用决定，现场的整体规划、现场空间、机械生产能力、机械安拆的方法又决定施工机械的选型；临时设施是为工程施工服务的，它的布置将影响到工程施工的安全、质量和生产效率。

鉴于以上原因，施工前根据设计方提供的 BIM 设计模型，建立包括建筑构件、施工现场、施工机械、临时设施等在内的施工模型。基于该施工模型，可以完成以下内容：基于施工构件模型，将构件的尺寸、体积、重量、材料类型、型号等记录下来，然后针对主要构件选择施工设备、机具，确定施工方法；基于施工现场模型，模拟施工过程、构件吊装路径、危险区域、车辆进出现场状况、装货卸货情况等，直观、便利地协助管理者分析现场的限制，找出潜在的问题，制定可行的施工方法；基于临时设施模型，能够实现临时设施的布置及运用，帮助施工单位事先准确地估算所需要的资源，以及评估临时设施的安全性，是否便于施工，以及发现可能存在的设计错误。整个施工模型的建立，能够提高效率，减少传统施工现场布置方法中存在漏洞，及早发现施工图设计和施工方案的问题，提高施工现场的生产率和安全性。

2. 施工质量管理

在工程质量管理中，既希望对施工总体质量概况有所了解，又要求能够关注到某个局部或分项的质量情况。BIM 模型作为一个直观有效的载体，无论是整体或是局部质量情况，都能够以特定的方式呈现在模型之上。将工程现场的质量信息记录在 BIM 模型之内，可以有效提高质量管理的效率。基于 BIM 的施工质量管理可分为材料设备质量管理与施工过程质量管理两方面。

（1）材料设备质量管理。材料质量是工程质量的源头。在基于 BIM 的质量管理中，可以由施工单位将材料管理的全过程信息进行记录，包括各项材料的合格证、质保书、原厂检测报告等信息进行录入，并与构件部位进行关联。监理单位同样可以通过 BIM 开展材料信息的审核工作，并将所抽样送检的材料部位在模型中进行标注，使材料管理信息更准确、有追溯性。

（2）施工过程质量管理。将 BIM 模型与现场实际施工情况相对比，将相关检查信息关联到构件，有助于明确记录内容，便于统计与日后复查。隐蔽工程、分部分项工程和单位工程质量报验、审核与签认过程中的相关数据均为可结构化的 BIM 数据。引入 BIM 技术，报验申请方将相关数据输入系统后可自动生成报验申请表，应用平台上可设置相应责任者审核、签认实时短信提醒，审核后及时签认。该模式下，标准化、流程化信息录入与流转，提高报验审核信息流转效率。

3. 施工进度管理

通常将基于BIM的管理称为4D管理，增加的一维信息就是进度信息。从目前看，BIM技术在工程进度管理上有三方面应用：

（1）可视化的工程进度安排。建设工程进度控制的核心技术，是网络计划技术。目前，该技术在我国利用效果并不理想。究其原因，可能与平面网络计划不够直观有关。在这一方面BIM有优势，通过与网络计划技术的集成，BIM可以按月、周、天直观地显示工程进度计划。一方面便于工程管理人员进行不同施工方案的比较，选择符合进度要求的施工方案；另一方面也便于工程管理人员发现工程计划进度和实际进度的偏差，及时进行调整。

（2）对工程建设过程的模拟。工程建设是一个多工序搭接、多单位参与的过程。工程进度计划，是由各个子计划搭接而成的。传统的进度控制技术中，各子计划间的逻辑顺序需要技术人员来确定，难免出现逻辑错误，造成进度拖延；而通过BIM技术，用计算机模拟工程建设过程，项目管理人员更容易发现在二维网络计划技术中难以发现的工序间逻辑错误，优化进度计划。

（3）对工程材料和设备供应过程的优化。当前，项目建设过程越来越复杂，参与单位越来越多，其中大部分参建单位都是同工程建设利益关系不十分紧密的设备、材料供应商。如何安排设备、材料供应计划，在保证工程建设进度需要的前提下，节约运输和仓储成本，正是“精益建设”的重要问题。BIM为精益建设思想提供了技术手段。通过计算机的资源计算、资源优化和信息共享功能，可以达到节约采购成本，提高供应效率和保证工程进度的目的。

4. 施工成本管理

BIM比较成熟的应用领域是投资（成本）管理，也被称为5D技术。其实，在CAD平台上，我国的一些建设管理软件公司已对这一技术进行了深入的研发，而在BIM平台上，这一技术可以得到更大的发展，主要表现在：

（1）BIM使工程量计算变得更加容易。基于CAD技术绘制的设计图纸，在用计算机自动统计和计算工程量时必须履行这样一个程序：由预算人员与计算机人机互动，来确定计算机存储的线条的属性，如为梁、板或柱，这种“三维算量技术”是半自动化的。而在BIM平台上，设计图纸的元素不再是单纯的几何线条，而是带有属性的构件。这就节省了预算人员与计算机人机互动的时间，实现了“三维算量技术”的全自动化。

（2）BIM使投资（成本）控制更易于落实。对业主而言，投资控制的重点在设计阶段。传统的工程设计在设计阶段技术经济指标的计算通常不够准确，业主投资控制工作的好坏更多取决于运气。运用BIM技术，业主可以便捷准确地得到不同建设方案的投资估算或概算，比较不同方案的技术经济指标。而且，项目投资估算、概算也比较准确，能够降低业主不可预见费比率，提高资金使用效率。同样，BIM的出现可以让相关管理部门快速准确地获得工程基础数据，为企业制定精确的“人材机”计划提供有效支撑，大大减少了资源、物流和仓储环节的浪费，为实现限额领料、消耗控制提供了技术支撑。

（3）BIM有利于加快工程结算进程。传统的工程建设，工程实施期间进度款支付拖延，工程完工数年后没有经费结算的例子屡见不鲜。如果排除业主的资金及人为因素，造成这些问题的一个重要原因在于工程变更多、结算数据存在争议等。BIM技术有助于解决这些问题。一方面，BIM有助于提高设计图纸质量，减少施工阶段的工程变更；另一方面，如果业主和承包商达成协议，基于同一BIM进行工程结算，结算数据的争议会大幅度减少。

（4）多算对比，有效管控。管理的支撑是数据，项目管理的基础就是工程基础数据的管理，及时、准确地获取相关工程数据就是项目管理的核心竞争力。BIM数据库可以实现任一时点上工程基础信息的快速获取，通过对消耗量、分项单价、分项合价等数据的三量（合同量、计划量、实际施工量）对比，可以有效了解项目运营盈亏情况、消耗量有无超标、进货分包单价有无失控等问题，实现对项目成本风险的有效管控。

5. 施工安全管理

BIM具有信息完备性和可视化的特点，BIM在施工安全管理方面的应用主要体现在：

（1）BIM作为数字化安全培训的数据库，可以达到更好的效果。对施工现场不熟悉的新工人在了解现场工作环境前都有较高受伤害的风险，BIM能帮助他们更快和更好地了解现场的工作环境。不同于传统的安全培训，利用BIM的可视化和与实际现场相似度很高的特点，可以让工人更直观和准确地了解到现场的状况：他们将从事哪些工作、哪些地方容易出现危险等，从而制定相应的安全工作策略。这对于一些复杂的现场施工效果尤为显著。此外，如果机械设备操作不当很容易发生事故，特别是对于一些本身危险系数较高的建设项目（例如地下工程），通过在虚拟环境中查看即将被建造的要素及相应的设备操作，工人能够更好地识别危险并且采取控制措施，这使得任务能够被更快和更安全地完成。

（2）BIM还可以提供可视化的施工空间。BIM的可视化是动态的，施工空间随着工程的进展会不断变化，它将影响到工人的工作效率和施工安全。通过可视化模拟工作人员的施工状况，可以形象地看到施工工作面、施工机械位置的情形，并评估施工进展中这些工作空间的可用性、安全性。

（3）仿真分析及健康监测。对于复杂工程，其施工中将不利因素对施工的影响进行实时识别和调整，准确地模拟施工中各个阶段结构系统的时变过程，合理安排施工进度，控制施工中结构的应力应变状态处于允许范围内，都是目前建筑领域所迫切需要研究的内容与技术。仿真分析技术能够模拟建筑构件在施工不同时段的力学性能和变形状态，通常采用大型有限元软件来实现结构的仿真分析，但对于复杂建筑物的分析需要进行二次开发。对施工过程进行实时监测，特别是重要构件和关键工序，可以及时了解施工过程中构件的受力和运行状态。施工监测技术的先进合理与否，对施工控制起着至关重要的作用，这也是施工过程信息化的一个重要内容。利用BIM进行仿真分析及健康监测的方法如下：首先，基于建立的BIM结构模型，提取其中的信息，与Ansys和Midas等有限元计算软件进行交流和传递，将结构施工过程中构件装拆过程、材料力学性能、载荷及和位移约束的变化进行计算机模拟，跟踪分析施工过程中结构内力和变形的变化规律。其次，研究结构施工安全性能分析和评价方法，依照规范和相关资料，给出安全控制指标和限值，建立安全性能分析模型，计算获得该时结构在某点的安全性能指标。开发数据接口，将安全性能指标植入三维模型中，并将实际监测数据实时显示在三维模型上的对应点。然后将结构实际状态与理想状态的监测数据进行对比，分析两者存在差异的因素，对施工方法、计算参数和计算模型进行修正。

4.4 基于BIM技术的项目信息管理平台

虽然当前有少量基于BIM技术开发的建筑设计软件，如美国欧特克（Autodesk）公司

开发的 AutoCAD Revit 系列，匈牙利 Graphisoft 公司开发的 ArchiCAD 系列等，其支持 IFC 文件的输入与输出，但是在文件进行输入输出的过程中，却存在着建筑信息的错误、缺失等现象。美国斯坦福大学的 Kam Calvin 等人在基于 BIM 技术开发的 HUT－600 平台进行测试中指出，IFC 文件在输入 ArchiCAD-11 软件时，由于其内部数据库与自身 IFC 文件所含的信息格式不符而造成了建筑构件所含信息的缺失和错误。卢布尔雅那大学的 Pazlar, T. 等人也对 Architectural Desktop2005，AllPlan Architecture2005 以及 Archicad9 三个软件间进行 IFC 文件互相传输测试，指出：各大软件商都使用自己的数据库与其显示平台进行对接，由于数据库并未按照 IFC 标准的格式而构建，不可避免地出现 IFC 文件输入，输出时造成信息缺失与错误等结果。

对于现今软件商使用的文件存储模式，如 Autodesk 系列的 dwg 文件存储模式，一个文件只能存储一张或几张图纸。当面对多个工程、多个文件、大量数据进行储存的时候，这种存储模式是无法实现的。虽然目前如 Revit 系列软件，已经可以将其一个工程作为一个文件进行存储，但仍存在两个问题：一是仍然无法实现存储多个工程的功能；二是其以工程为单位信息量的文件大小往往非常庞大，对其进行操作如输入、输出、编辑的时候，会严重的影响运行的效率。

建筑是一门涉及多个专业的综合学科，如对建筑的设计需要进行结构计算，对建筑的造价需要进行概预算等。而当前市场上却鲜有在这些功能上支持 IFC 文件格式的软件。因此，对于这类问题，从长远来看，需要在 IFC 文件的基础上开发各种相应的功能软件；而在短期时间内，需要开发相应的文件格式转换软件，将 IFC 格式的文件转化为目前市面上存在的功能软件所支持的文件格式。

BIM 技术的核心是建筑信息的共享与转换，而当前，较为成熟的 BIM 软件只能满足相应几个专业之间的信息传递。为了方便多部门多专业的人员都可以利用信息的共享和转换来完成自己的专业工作，需要构建基于 BIM 技术的建筑信息平台，使每个专业人员在共同数据标准的基础上通过信息共享与转换，从而实现真正的协同工作。

BIM 技术的研究应用并不单单体现在设计软件中。针对 BIM 技术的核心及建筑信息的共享与转换，国外的一些学者对基于 BIM 技术的建筑信息平台进行了研究，其中英国索尔福德大学的 Faraj, I. 等人完成开发了基于 BIM 技术的 Webbased IFC Share Project Environment 平台，该平台具备 IFC 文件在数据库中存储、工程的造价预算、显示等功能；加拿大基础设施研究中心（Centre forSustainable Infrastructure Research）的 Halfawy, Mahmoud M. R. 等人完成了基于 BIM 技术的建筑集成开发平台的开发，平台具备图形编辑、构建数量统计、预算、工程管理等功能。在我国，一些学者也提出了关于基于 BIM 技术的建筑信息平台的构建。其中，清华大学的张建平等人，对基于 IFC 的 BIM 及其数据集成平台进行了研究，实现了设计和施工阶段不同应用软件间的数据集成、共享和转换；清华大学的赵毅立等人提出了下一代建筑节能设计系统建模及 BIM 数据管理平台研究，对下一代建筑节能设计软件系统研究的初期工作进行了研究。

4.4.1 项目信息管理平台概述

项目信息管理平台，其内容主要涉及施工过程中的 5 个方面：施工人员管理、施工机具管理、施工材料管理、施工工法管理、施工环境管理，即人、机、料、法、环，如图 4-6 所示。

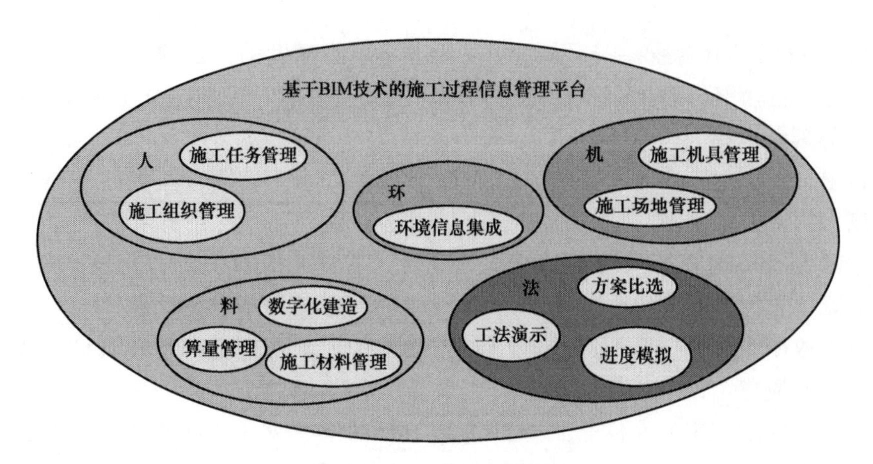

图 4-6 施工过程信息管理平台

1. 施工人员管理

在一个项目的实施阶段，需要大量的人员进行合理的配合，包括业主方、设计方、勘察测绘、总包方、各分包方、监理方、供货方人员，甚至还有对设计、施工的协调管理人员。这些人将形成一个庞大的群体，共同为项目服务。并且工程规模越大，此群体的数量就越是庞大。要想使在建工程顺利完成，就需要将各个方面的人员进行合理安排，保证整个工程的井然有序。引入项目管理平台后，通过对施工阶段各组成人员的信息、职责进行预先录入，在施工前就做好职责划分，能保证施工时施工现场的秩序和施工的效率。

施工人员管理包括施工组织管理（OBS）和工作任务管理（WBS），方法为将施工过程中的人员管理信息集成到 BIM 模型中，并通过模型的信息化集成来分配任务。基于 BIM 的施工人员管理内容及相互关系如图 4-7 所示。随着 BIM 技术的引入，企业内部的团队分工必然发生根本改变，所以对配备 BIM 技术的企业人员职责结构的研究需要日益明显。

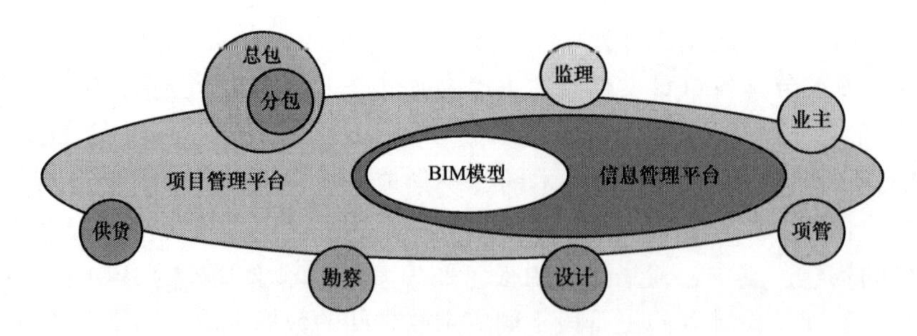

图 4-7 基于 BIM 的施工人员管理内容及相互关系

2. 施工机具管理

施工机具是指在施工中为了满足施工需要而使用的各类机械、设备、工具，如塔吊、内爬塔、爬模、爬架、施工电梯、吊篮等。仅仅依靠劳务作业人员发现问题并上报，很容易发生错漏，而好的机具管理能为项目节省很多资金。

施工机具在施工阶段需要进行进场验收、安装调试、使用维护等的管理，这也是施工企业质量管理的重要组成部分。对于施工企业来说，需对性能差异、磨损程度等技术状态导致的设备风险进行预先规划，并且还要策划对施工现场的设备进行管理，制定机具管理制度。

利用项目信息管理平台可以明确主管领导在施工机具管理中的具体责任，规定各管理层及项目经理部在施工机具管理中的管理职责及方法。如企业主管部门、项目经理部、项目经理、施工机具管理员和分包等在施工机具管理中的职责，包括计划、采购、安装、使用、维护和验收的职责，确定相应的责任、权利和义务，保证施工机具管理工作符合施工现场的需要。

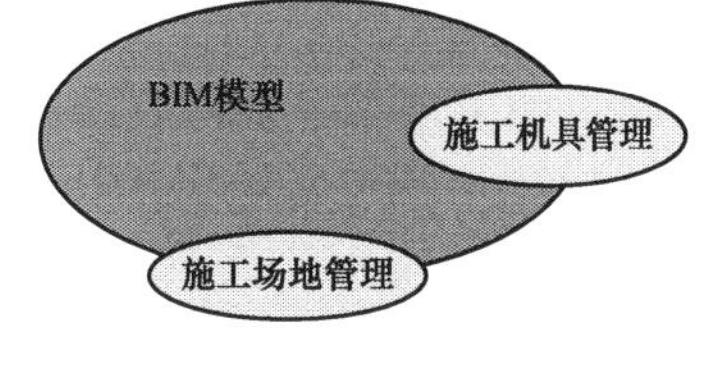

图 4-8 基于 BIM 的施工机具管理内容

基于 BIM 的施工机具管理包括机具管理和场地管理，如图 4-8 所示。其中施工场地管理包括群塔防碰撞模拟、施工场地功能规划、脚手架设计等技术内容，如图 4-9 所示。

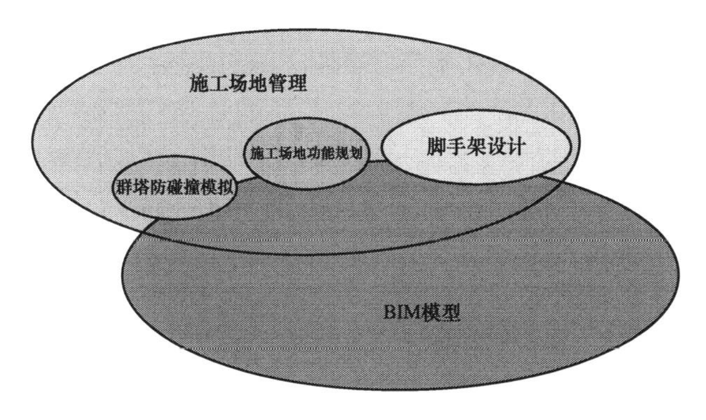

图 4-9 基于 BIM 的施工场地管理内容

群塔防碰撞模拟：因施工需要塔机布置密集，相邻塔吊之间会出现交叉作业区，当相近的两台塔吊在同一区域施工时，有可能发生塔吊间的碰撞事故。利用 BIM 技术，通过 Timeliner 将塔吊模型赋予时间轴信息，对四维模型进行碰撞检测，逼真地模拟塔吊操作，导出的碰撞检测报告可用于指导修改塔吊方案。群塔防碰撞模拟技术方案如图 4-10 所示。

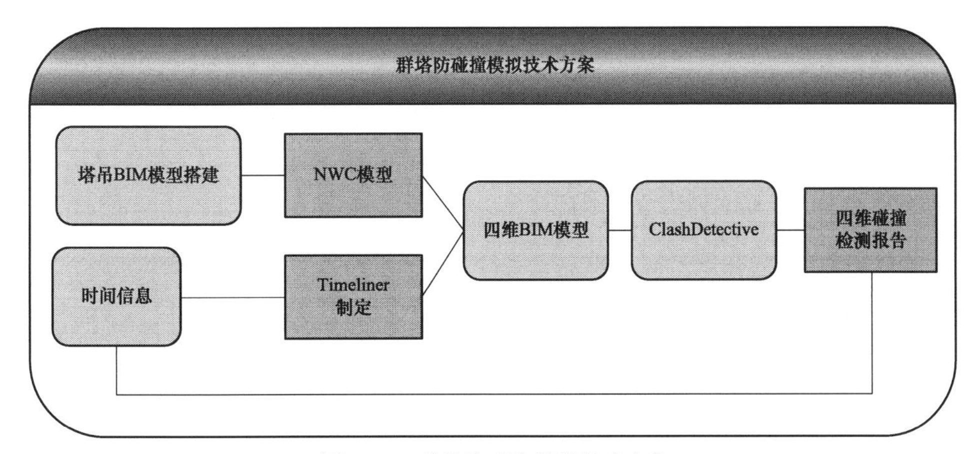

图 4-10 群塔防碰撞模拟技术方案

3. 施工材料管理

在施工管理中还涉及对施工现场材料的管理。施工材料管理应根据国家和行业颁布的有关政策、规定、办法，制定物资管理制度与实施细则。在材料管理时还要根据施工组织设计，做好材料的供应计划，保证施工需要与生产正常运行；减少周转层次，简化供需手续，随时调整库存，提高流动资金的周转次数；填报材料、设备统计报表，贯彻执行材料消耗定额和储备定额。

根据施工预算，材料部门要编制单位工程材料计划，报材料主管负责人审批后，作为物料器材加工、采购、供应的依据。在施工材料管理的物资入库方面，保管员要同交货人办理交接手续，核对清点物资名称、数量。物资入库时，应先入待验区，未经检验合格不准进入货位，更不准投入使用。对验收中发现的问题，如证件不齐全，数量、规格不符，质量不合格，包装不符合要求等，应及时报有关部门，按有关法律、法规及时处理。物资验收合格后，应及时办理入库手续，完成记账、建档工作，以便及时准确地反映库存物资的动态。在保管账上要列出金额，保管员要随时掌握储存金额状况。

基于BIM的施工材料管理包括物料跟踪、算量统计、数字化加工等，利用BIM模型自带的工程量统计功能实现算量统计，以及对RFID技术的探索来实现物料跟踪。施工资料管理，需要提前搜集整理所有有关项目施工过程中所产生的图纸、报表、文件等资料，对其进行研究，并结合BIM技术，经过总结，得出一套面向多维建筑结构施工信息模型的资料管理技术，应用于管理平台中。基于BIM的施工材料管理内容如图4-11所示。

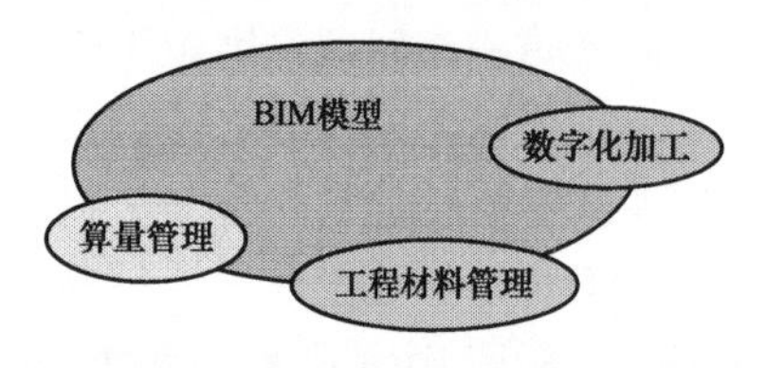

图4-11　基于BIM的施工材料管理内容

物料跟踪：BIM模型可附带构件和设备更全面、详细的生产信息和技术信息，将其与物流管理系统结合可提升物料跟踪的管理水平和建筑结构行业的标准化、工厂化、数字化水平。

算量统计：建设项目的设计阶段对工程造价起到了决定性的作用，其中设计图纸的工程量计算对工程造价的影响占有很大比例。对建设项目而言，预算超支现象十分普遍，而缺乏可靠的成本数据是造成成本超支的重要原因。BIM作为一种变革性的生产工具将对建设工程项目的成本核算过程产生深远影响。

数字化加工：BIM与数字化建造系统相结合，直接应用于建筑结构所需构件和设备的制造环节，采用精密机械技术制造标准化构件，运送到施工现场进行装配，实现建筑结构施工流程（装配）和制造方法（预制）的工业化和自动化。数字化加工技术路线如图4-12所示。

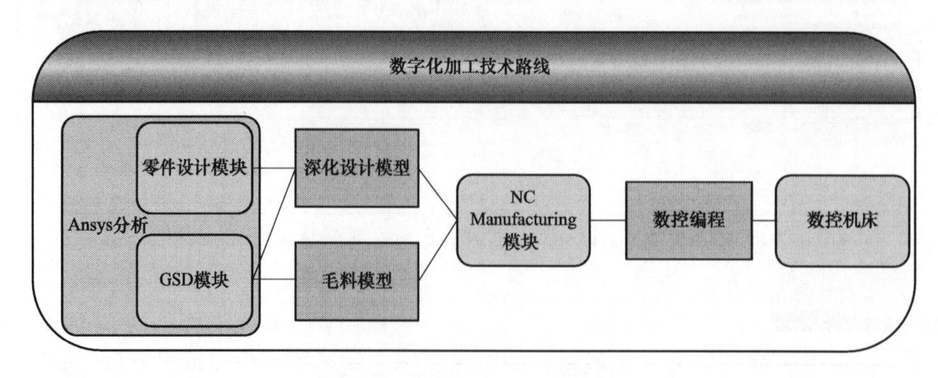

图4-12　数字化加工技术路线

4. 施工环境管理

绿色施工是建筑施工环境管理的核心，是可持续发展战略在工程施工中应用的主要体现，是可持续发展的建筑工业的重要组成。施工中应贯彻节水、节电、节材、节能，保护环境的理念。利用项目信息管理平台可以有计划、有组织地协调、控制、监督施工现场的环境问题，控制施工现场的水、电、能、材，从而使正在施工的项目达到预期环境目标。

在施工环境管理中可以利用技术手段来提高环境管理的效率，并使施工环境管理能收到良好的效果。在施工生产中，可以先进的污染治理技术来提高生产率，并把对环境的污染和生态的破坏控制到最小限度，以达到保护环境的目的。应用项目信息平台可以实现环境管理的科学化，并能通过平台进行环境监测、环境统计方法。

施工环境包括自然环境和社会环境。自然环境指施工当地的自然环境条件、施工现场的环境；社会环境包括当地经济状况、当地劳动力市场环境、当地建筑市场环境以及国家施工政策大环境。这些信息可以通过集成的方式保存在模型中，对于特殊需求的项目，可以将这些情况以约束条件的形式在模型中定义，进行对模型的规则制定，从而辅助模型的搭建。基于BIM的施工环境管理内容及相互关系如图4-13所示。

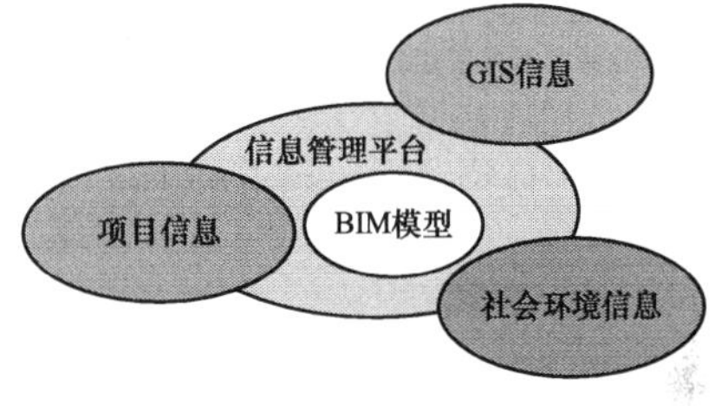

图4-13 基于BIM的施工环境管理

5. 施工工法管理

施工工法管理包括施工进度模拟、工法演示、方案比选，通过基于BIM技术的数值模拟技术和施工模拟技术，实现施工工法的标准化应用。施工工法管理，需要提前收集整理有关项目施工过程中所涉及的单位和人员，对其间关系进行系统的研究；提前收集整理有关施工过程中所需要展示的工艺、工法，并结合BIM技术，经过总结，得出一套面向多维建筑结构施工信息模型的工法管理技术，应用于管理平台中。基于BIM的施工工法管理内容及相互关系如图4-14所示。

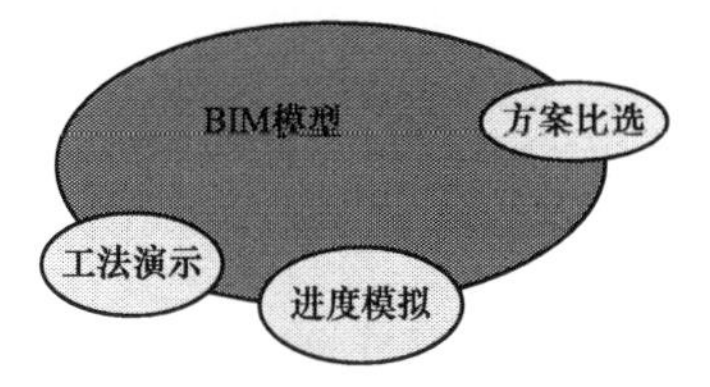

图4-14 基于BIM的施工工法管理

施工进度模拟：将BIM模型与施工进度计划关联，实现动态的三维模式模拟整个施工过程与施工现场，将空间信息与时间信息整合在一个可视的4D模型中，直观、精确反映整个项目施工过程，对施工进度、资源和质量进行统一管理和控制。基于BIM的施工进度模拟技术路线如图4-15所示。

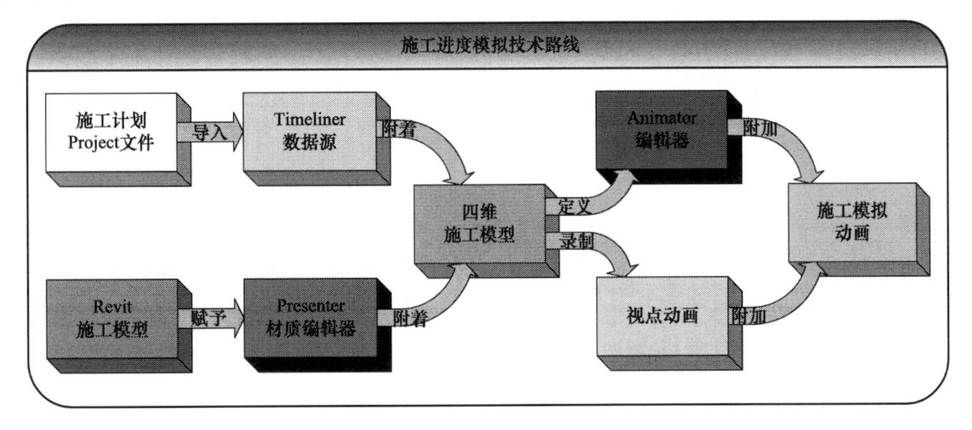

图4-15 基于BIM的施工进度模拟技术路线

施工方案比选：基于BIM平台，应用数值模拟技术，对不同的施工过程方案进行仿真，通过对结果数值的比对，选出最优方案。基于BIM的施工方案比选技术路线如图4-16所示，基于BIM的数值模拟技术流程如图4-17所示。

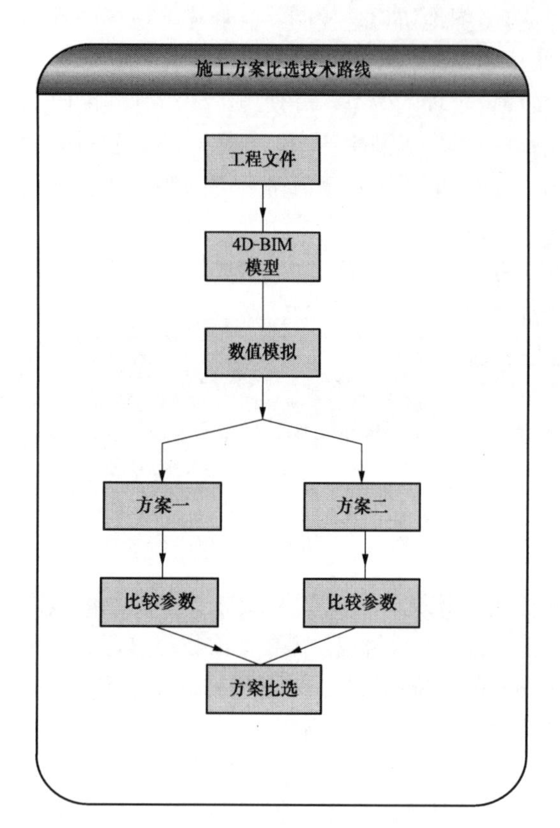

图4-16　基于BIM的施工方案比选技术路线

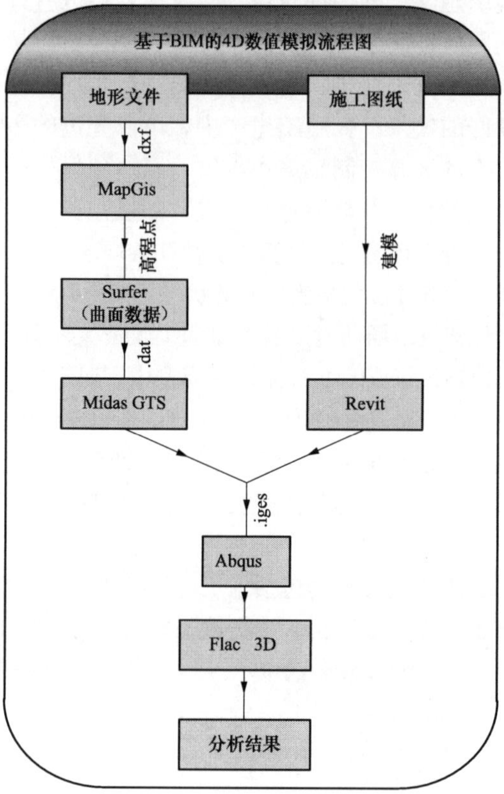

图4-17　基于BIM的数值模拟技术流程

4.4.2　项目信息管理平台框架

项目信息管理平台应具备前台功能和后台功能。前台提供给大众浏览操作，如图形显示编辑平台、各专业深化设计、施工模拟平台等，其核心目的是把后台存储的全部建筑信息、管理信息进行提取、分析与展示；后台则应具备建筑工程数据库管理功能、信息存储和信息分析功能，如BIM数据库、相关规则等。一是保证建筑信息的关键部分表达的准确性、合理性，将建筑的关键信息进行有效提取；二是结合科研成果，将总结的信息准确地用于工程分析，并向用户对象提出合理建议；三是具有自学习功能，即通过用户输入的信息学习新的案例并进行信息提取。

一般来讲，基于BIM的项目信息管理平台框架由数据层、图形层及专业层构成，从而真正实现建筑信息的共享与转换，使得各专业人员可以得到自己所需的建筑信息，并利用其图形编辑平台等工具进行规划、设计、施工、运营维护等专业工作。工作完成后，将信息存储在数据库中，当一方信息出现改动时，与其有关的相应专业的会发生改变。基于BIM的项目信息管理平台架构如图4-18所示。

下面将分别介绍数据层、图形平台层及专业层。

1. 数据层

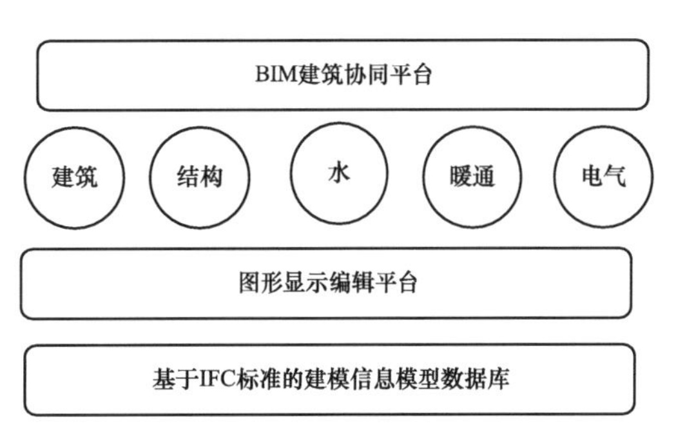

图 4-18 基于 BIM 的项目信息管理平台架构

BIM 数据库为平台的最底层，用以存储建筑信息，从而可以被建筑行业的各个专业共享使用。该数据库的开发应注意以下三点：

(1) 此数据库用以存储整个建筑在全生命周期中所产生的所有信息。每个专业都可以利用此数据库中的数据信息来完成自己的工作，从而做到真正的建筑信息共享。

(2) 此数据库应能够储存多个项目的建筑信息模型。目前主流的信息储存是以文件为单位的储存方式，存在着数据量大、文件存读取困难、难以共享等缺点；而利用数据库对多个项目的建筑信息模型存储，可以解决此问题，从而真正做到快速、准确地共享建筑信息。

(3) 数据库的储存形式，应遵循一定的标准。如果标准不同，数据的形式不同，就可能在文件的传输过程中出现缺失或错误等现象。目前常用的标准为 IFC 标准，即工业基础类，是 BIM 技术中应用比较成熟的一个标准。它是一个开放、中立、标准的用来描述建筑信息模型的规范，是实现建筑中各专业之间数据交换和共享的基础。它是由 IAI（现为 buildingSMART International）在 1995 年制定的，使用 EXPRESS 数据定义语言编写，标准的制定遵循了国际化标准组织（ISO）开发的产品模型数据交换标准，其正式代号为 ISO 10303—21。

2. 图形层

第 2 层为图形显示编辑平台，各个专业可利用此显示编辑平台，完成建筑的规划、设计、施工、运营维护等工作。在 BIM 理念出现初期，其核心在于建模，在于完成建筑设计从 2D 到 3D 的理念转换。而现在，BIM 的核心已不是类似建模这种单纯的图形转换，而是建筑信息的共享与转换。同时，3D 平台的显示与 2D 相比，也存在着一些短处：如在显示中，会存在一定的盲区等。

3. 专业层

第 3 层为各个专业的使用层，各个专业可利用其自身的软件，对建筑完成如规划、设计、施工、运营维护等。首先，在此平台中，各个专业无需再像传统的工作模式那样，从其他专业人员手中获取信息，经过信息的处理后，才可以为己所用，而是能够直接从数据库中提取最新的信息。此信息在从数据库中提取出来时，会根据其工作人员的所在专业，自动进行信息的筛选，能够供各专业人员直接使用。当原始数据发生改变时，其相关数据会自动的随其发生改变，从而避免了因信息的更新而造成错误。

4.4.3 平台的开发

在确定了平台架构后，下一步即完成平台的开发。平台的开发涉及多学科的交叉应用，融合了 BIM 技术、计算机编程技术、数据库开发技术及射频识别（RFID）技术。平台开发过程如下：首先，根据工程项目数据实际，结合 BIM 建模标准开发 BIM 族库与相应工程数据库；第二，整合相关工程标准，并根据特定规则与数据库相关联；第三，基于数据库和建筑信息管理平台架构，开发二次数据接口，进行信息管理平台开发；第四，配合工程实例验

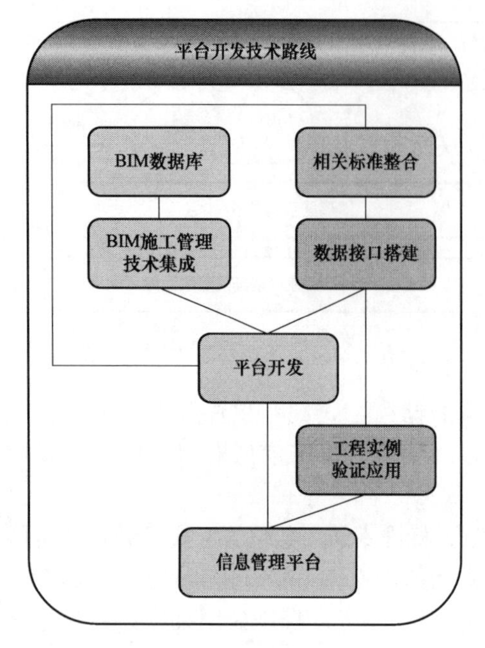

图 4-19　平台开发技术路线

证应用效果；最后，完成平台开发。其技术路线图如图 4-19 所示。

下面将从平台接口、文件类型转换及常用功能等角度简要介绍平台开发关键技术，最后给出项目信息管理平台示例图。

1. 平台接口

软件的开发利用 SQLServer 数据库，利用 Visual Studio 为此数据库开发功能接口，实现 IFC 文件的输入、输出和查询等功能，并支持多个项目、多个文件的储存。

2. 多种专业软件文件类型的转换

在前期已完成的 IFC 标准与 XML 格式、SAP 模型、ETABS 模型等其他软件模型转换的基础上进行更深入地基于 BIM 数据库的开发研究，在基于 IFC 标准的 BIM 数据库下完成对多种专业软件文件类型转换功能的开发。传统的转换工作是以文件为单位，利用内存来对文件格式进行转换，而平台上的转换工作是在基于 IFC 标准的 BIM 数据库上进行文件格式的转换，从而使文件格式的转换的信息量更大，速度更快捷。

3. 概预算等功能的开发

在数据库基础上对各专业软件的功能进行开发。首先，对工程概预算的功能进行初步的研究。在 IFC 标准中，包含有 IFCMATERIALRESOURCE，IFCGEOMETRYRESOURCE 等实体，用以描述建筑模型中的材料、形状等建筑信息，结合材料的价格，可以实现其建筑材料统计、价格概预算。其次，对概预算功能进行初步的开发，实现其概预算功能。

4. 项目信息管理平台示例图

本平台是应用于施工管理的项目级平台。其建立内容与使用功能是根据施工方的管理的特点和所提要求进行开发，其使用范围只针对本项目工程，但其包含的各个模块却是适用于所有的工程。

由于平台为项目级的管理平台，使得平台的建立成本降到最低，但又能最大限度地提供施工管理中存在问题的解决方案，能够真正的针对施工项目中的特定方面的管理进行服务，并且简单而专项的施工管理界面有极大地减少了使用者的上手时间。其平台主界面如图 4-20 所示。

本平台针对工程项目在施工进度方面也做了具体的功能设定，对于施工阶段重点关注的施工进度问题，可以以甘特图、Project 图标、Excel 表格、实体模型等多种形式直观地展示施工中的进度问题。某工程建筑结构施工进度控制界面如图 4-21 所示。

对于大型公共建筑，管线综合是常见的问题，平台对项目中的管线和设备的碰撞点也能进行相应的显示。某工程 BIM 建筑结构中的碰撞点界面如图 4-22～图 4-24 所示。

图 4-20 项目信息管理平台主界面

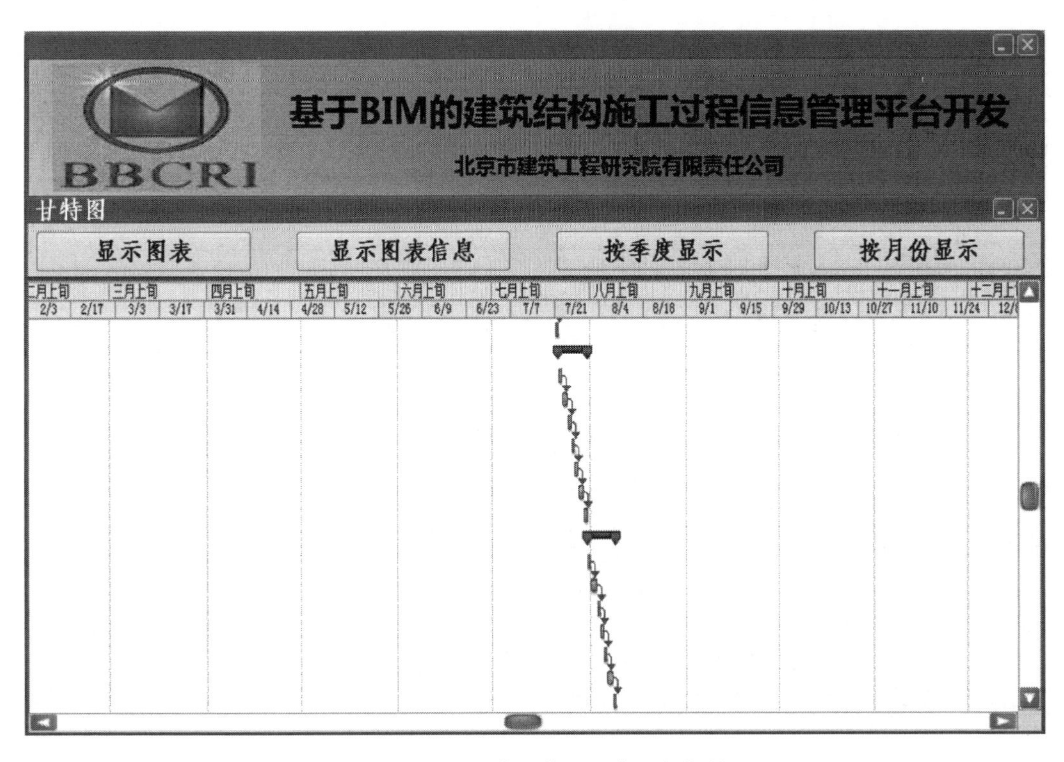

图 4-21 项目信息管理平台进度控制

图 4-22　项目信息管理平台碰撞信息

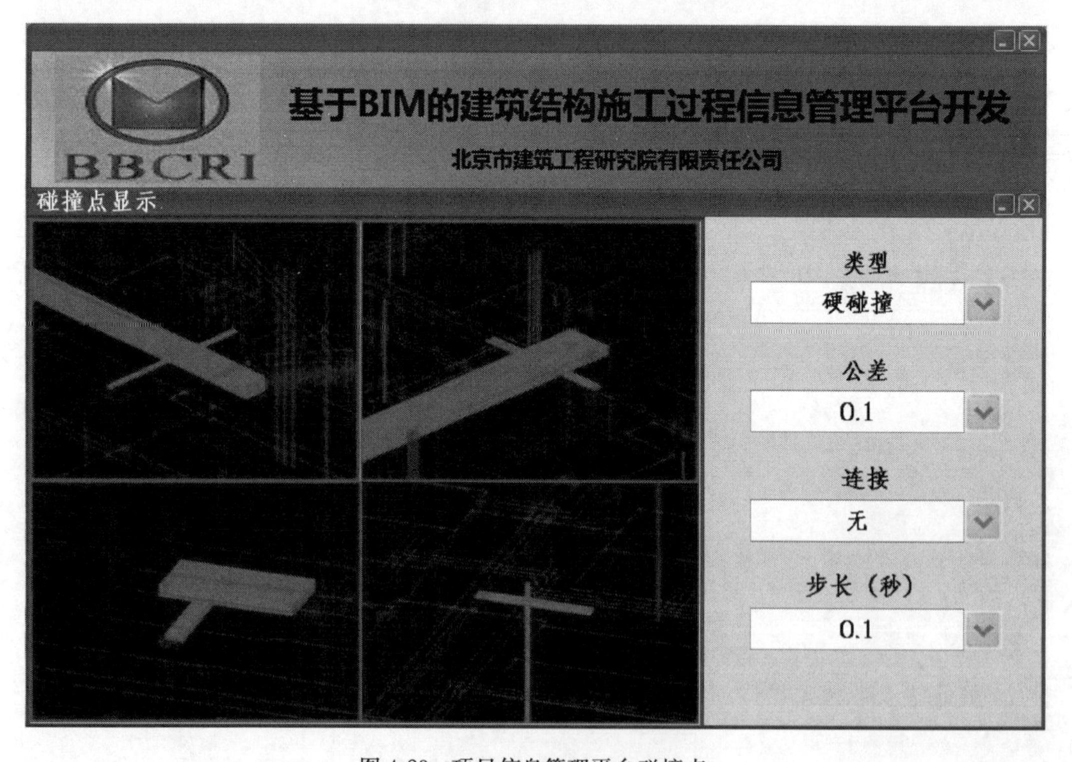

图 4-23　项目信息管理平台碰撞点

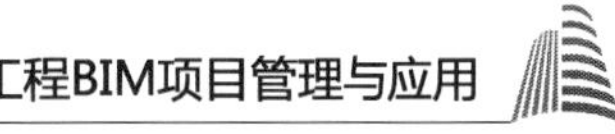

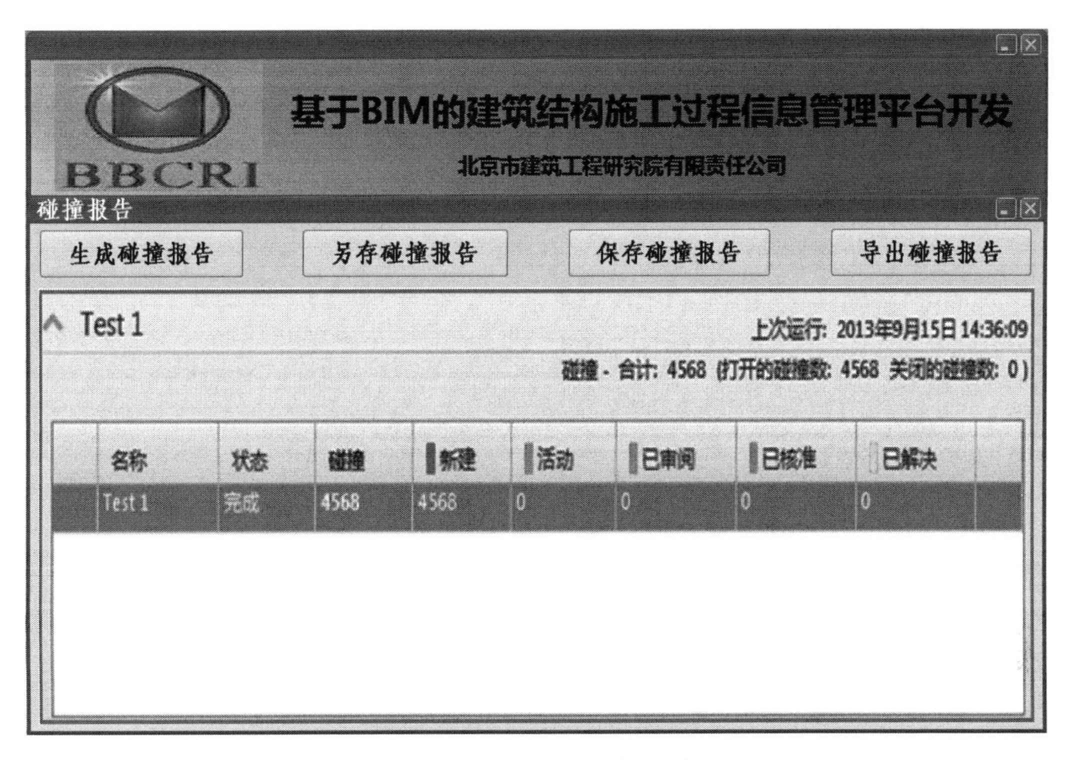

图 4-24 项目信息管理平台碰撞报告

在施工人员管理方面，本项目信息平台能够兼容相应的施工任务管理和施工组织管理，施工人员管理界面如图 4-25 和图 4-26 所示。

图 4-25 项目信息管理平台施工人员管理

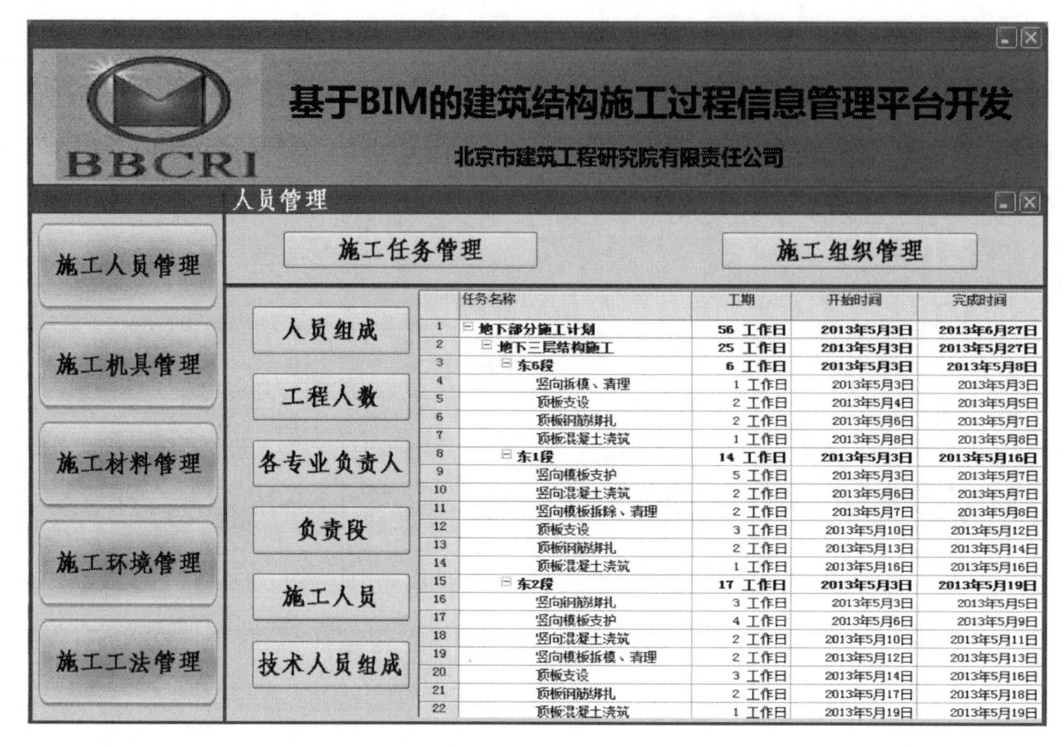

图 4-26　项目信息管理平台人员组织划分

在施工管理中的机具管理界面，施工机具管理与施工场地管理如图 4-27 所示。

图 4-27　项目信息管理平台施工机具管理和施工场地管理

在施工管理中的材料管理界面，施工的数字化建造、算量管理、工程材料管理如图 4-28 所示。

图 4-28　项目信息管理平台材料管理

在施工管理中的施工环境管理界面，建筑的社会环境信息、项目信息与自然环境信息如图 4-29 所示。

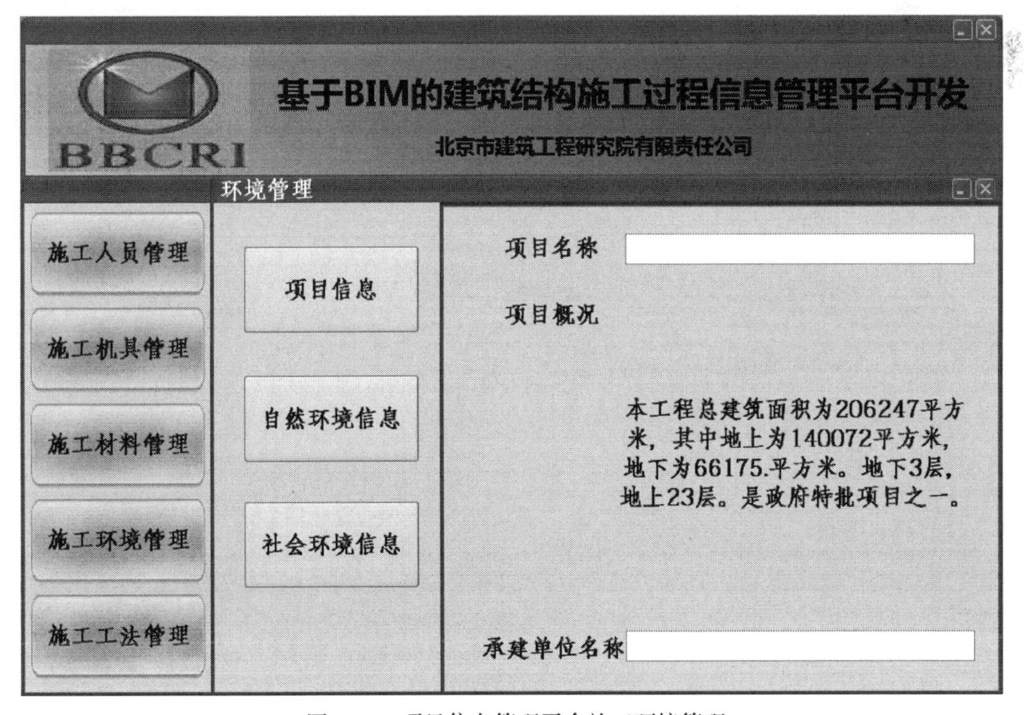

图 4-29　项目信息管理平台施工环境管理

在施工管理中的工法管理界面，建筑的工法管理如图 4-30 所示。

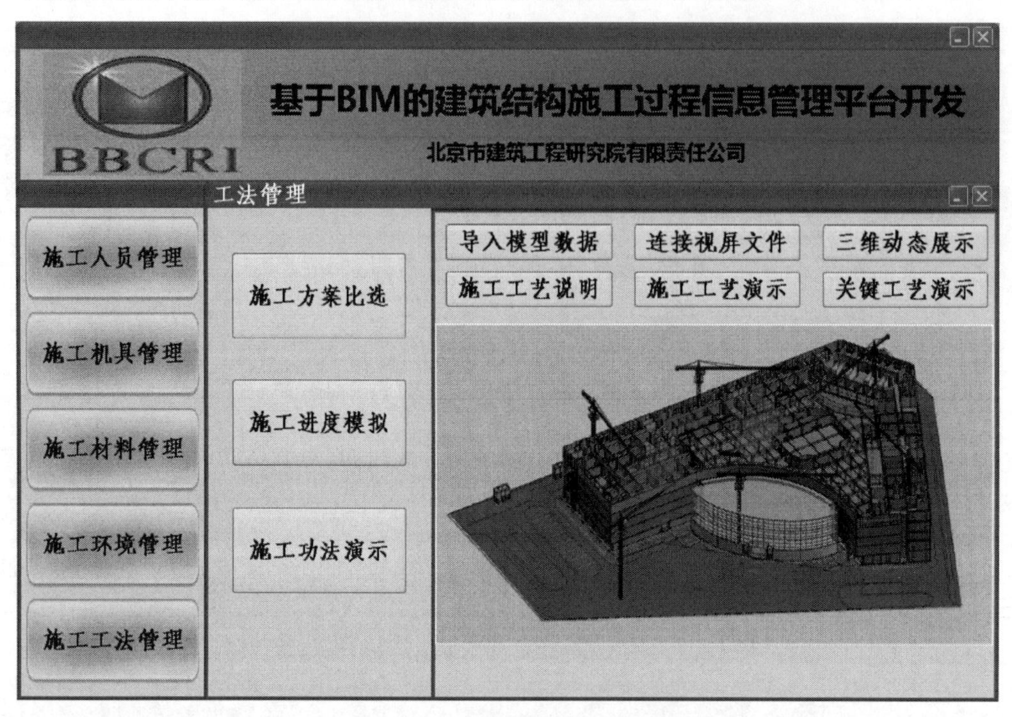

图 4-30 项目信息管理平台工法管理

在施工管理中的安全管理界面，建筑的安全管理与数据显示如图 4-31 所示。

图 4-31 项目信息管理平台安全管理

5　施工项目管理BIM技术

据统计，全球建筑行业普遍存在生产效率低下的问题，其中30％的施工过程需要返工，60％的劳动力被浪费，10％的损失来自材料的浪费。庞大的建筑行业被大量建筑信息的分离、设计的错误和变更、施工过程的反复进行而分解得支离破碎。

BIM模型是一个包含了建筑所有信息的数据库，因此可以将3D建筑模型同时间、成本结合起来，从而对建设项目进行直观的施工管理。BIM技术具有模拟性的特征，不仅能够模拟设计出的建筑物模型，还可以模拟不能够在真实世界中进行操作的事物，例如节能模拟、紧急疏散模拟、日照模拟、热能传导模拟等。在招投标和施工阶段，利用BIM的模拟性可以进行4D模拟（三维模型加项目的发展时间），也就是根据施工的组织设计模拟实际施工，从而确定合理的施工方案来指导施工。同时还可以进行5D模拟（基于3D模型的造价控制），来实现成本控制。在后期运营阶段，利用BIM的模拟性可以模拟日常紧急情况的处理方式，例如地震时人员逃生模拟及上面提到的火灾时人员疏散模拟等。

总的来说，施工方应用BIM技术可以带来以下好处：

（1）在施工阶段开展BIM技术的研究与应用，推进BIM技术从设计阶段向施工阶段的应用延伸，降低信息传递过程中的衰减。

（2）继续推广应用工程施工组织设计、施工过程变形监测、施工深化设计、大体积混凝土计算机测温等计算机应用系统。

（3）推广应用虚拟现实和仿真模拟技术，辅助大型复杂工程施工过程管理和控制，实现事前控制和动态管理。

（4）在工程项目现场管理中应用移动通信和射频技术，通过与工程项目管理信息系统结合，实现工程现场远程监控和管理。

（5）研究基于BIM技术的4D项目管理信息系统在大型复杂工程施工过程中的应用，实现对建筑工程有效的可视化管理。

（6）研究工程测量与定位信息技术在大型复杂超高建筑工程以及隧道、深基坑施工中的应用，实现对工程施工进度、质量、安全的有效控制。

（7）研究工程结构健康监测技术在建筑及构筑物建造和使用过程中的应用。

BIM在建筑结构施工中的应用主要包含三维碰撞检查、算量技术、虚拟建造和4D施工模拟等技术，本章将对BIM技术在施工项目管理中的应用进行具体阐述。

5.1 BIM应用清单

BIM在施工项目管理中的应用可以分为11大模块，分别为投标应用、深化设计、图纸和变更管理、施工工艺模拟优化、可视化交流、预制加工、施工和总承包管理、工程量应用、集成交付、信息化管理及其他应用。每个模块的具体应用点见表5-1。

表5-1　BIM应用清单

模　块	序号	应　用　点
模块一　BIM支持投标应用	1	技术标书精细化
	2	提高技术标书表现形式
	3	工程量计算及报价
	4	投标答辩和技术汇报
	5	投标演示视频制作
模块二　基于BIM的深化设计	1	碰撞分析、管线综合
	2	巨型及异形构件钢筋复杂节点深化设计
	3	钢结构连接处钢筋节点深化设计研究
	4	机电穿结构预留洞口深化设计
	5	砌体工程深化设计
	6	样板展示楼层装饰装修深化设计
	7	综合空间优化
	8	幕墙优化
模块三　BIM支持图纸和变更管理	1	图纸检查
	2	空间协调和专业冲突检查
	3	设计变更评审与管理
	4	BIM模型出施工图
	5	BIM模型出工艺参考图
模块四　基于BIM的施工工艺模拟优化	1	大体积混凝土浇筑施工模拟
	2	基坑内支撑拆除施工模拟及验算
	3	钢结构及机电工程大型构件吊装施工模拟
	4	大型垂直运输设备的安拆及爬升模拟与辅助计算
	5	施工现场安全防护设施施工模拟
	6	样板楼层工序优化及施工模拟
	7	设备安装模拟仿真演示
	8	4D施工模拟
	9	基于BIM的测量技术
	10	模板、脚手架、高支模BIM应用
	11	装修阶段BIM技术应用
模块五　基于BIM的可视化交流	1	作为相关方技术交流平台
	2	作为相关方管理工作平台
	3	基于BIM的会议（例会）组织
	4	漫游仿真展示
	5	基于三维可视化的技术交底

续表

模　　块	序号	应　用　点
模块六　BIM 支持预制加工	1	数字化加工 BIM 应用
	2	混凝土构件预制加工
	3	机电管道支架预制加工
	4	机电管线预制加工
	5	为构件预制加工提供模拟参数
	6	预制构件的运输和安排
模块七　基于 BIM 的施工和总承包管理	1	施工进度三维可视化演示
	2	施工进度监控和优化
	3	施工资源管理
	4	施工工作面管理
	5	平面布置协调管理
	6	工程档案管理
模块八　基于 BIM 技术的工程量应用	1	基于 BIM 技术的工程量测算
	2	BIM 量与定额的对接应用
	3	通过 BIM 进行项目策划管理
	4	5D 分析
模块九　竣工管理和数字化集成交付	1	竣工验收管理 BIM 应用
	2	物业管理信息化
	3	设备设施运营和维护管理
	4	数字化交付
模块十　基于 BIM 的管理信息化	1	采购管理 BIM 应用
	2	造价管理 BIM 应用
	3	BIM 数据库在生产和商务上的应用
	4	质量管理 BIM 应用
	5	安全管理 BIM 应用
	6	绿色施工
	7	BIM 协同平台的应用
	8	基于 BIM 的管理流程再造
模块十一　其他应用	1	三维激光扫描与 BIM 技术结合应用
	2	GIS+BIM 技术结合应用
	3	物联网技术与 BIM 技术结合应用

5.2　BIM 模型建立及维护

在建设项目中，需要记录和处理大量的图形和文字信息。传统的数据集成是以二维图纸和书面文字进行记录的，但当引入 BIM 技术后，将原本的二维图形和书面信息进行了集中收录与管理。在 BIM 中“I”为 BIM 的核心理念，也就是“information”，它将工程中庞杂的数据进行了行之有效的分类与归总，使工程建设变得顺利，减少和消除了工程中出现的问题。但需要强调的是，在 BIM 的应用中，模型是信息的载体，没有模型的信息是不能反映工程项目的内容的。所以在 BIM 中“M”（Modeling）也具有相当的价值，应受到相应的重视。BIM的模型建立的优劣，将会对将要实施的项目在进度、质量上产生很大的影响。BIM是贯穿整个建筑全生命周期的，在初始阶段的问题，将会被一直延续到工程的结束。同时，失去模型这个信息的载体，数据本身的实用性与可信度将会大打折扣。所以，在建立BIM模型之前一定得建立完备的流程，并在项目进行的过程中，对模型进行相应的维护，以确保建设项目能安全、准确、高效地进行。

在工程开始阶段，由设计单位向总承包单位提供设计图纸、设备信息和BIM创建所需数据，总承包单位对图纸进行仔细核对和完善，并建立BIM模型。在完成根据图纸建立的初步BIM模型后，总承包单位组织设计和业主代表召开BIM模型及相关资料法人交接会，对设计提供的数据进行核对，并根据设计和业主的补充信息，完善BIM模型。在整个BIM模型创建及项目运行期间，总承包单位将严格遵循经建设单位批准的BIM文件命名规则。

在施工阶段，总承包单位负责对BIM模型进行维护、实时更新，确保BIM模型中的信息正确无误，保证施工顺利进行。模型的维护主要包括以下几个方面：根据施工过程中的设计变更及深化设计，及时修改、完善BIM模型；根据施工现场的实际进度，及时修改、更新BIM模型；根据业主对工期节点的要求，上报业主与施工进度和设计变更相一致的BIM模型。在施工阶段，可以根据表5-2对BIM模型完善和维护相关资料。

表5-2　　BIM模型管理协议和流程

序号	模型管理协议和流程	适用于本项目（是或否）	详细描述
1	模型起源点坐标系统、精密、文件格式和单位	是/否	是/否
2	模型文件存储位置（年代）	是/否	是/否
3	流程传递和访问模型文件	是/否	是/否
4	命名约定	是/否	是/否
5	流程聚合模型文件从不同软件平台	是/否	是/否
6	模型访问权限	是/否	是/否
7	设计协调和冲突检测程序	是/否	是/否
8	模型安全需求	是/否	是/否

在BIM模型创建及维护的过程中，应保证BIM数据的安全性。建议采用以下数据安全管理措施：BIM小组采用独立的内部局域网，阻断与因特网的连接；局域网内部采用真实身份验证，非BIM工作组成员无法登录该局域网，进而无法访问网站数据；BIM小组进行严格分工，数据存储按照分工和不同用户等级设定访问和修改权限；全部BIM数据进行加密，设置内部交流平台，对平台数据进行加密，防止信息外漏；BIM工作组的电脑全部安装密码锁进行保护，BIM工作组单独安排办公室，无关人员不能入内。

5.3 深化设计

深化设计是指在业主或设计顾问提供的条件图或原理图的基础上，结合施工现场实际情况，对图纸进行细化、补充和完善。深化设计是为了将设计师的设计理念、设计意图在施工过程中得到充分体现；是为了在满足甲方需求的前提下，使施工图更加符合现场实际情况，是施工单位的施工理念在设计阶段的延伸；是为了更好地为甲方服务，满足现场不断变化的需求；是为了在满足功能的前提下降低成本，为企业创造更多利润。

深化设计管理是总承包管理的核心职责之一，也是难点之一。例如机电安装专业的管线综合排布一直是困扰施工企业深化设计部门的一个难题。传统的二维 CAD 工具，仍然停留在平面重复翻图的层面，深化设计人员的工作负担大、精度低，且效率低下。利用 BIM 技术可以大幅提升深化设计的准确性，并且可以三维直观反映深化设计的美观程度，实现 3D 漫游与可视化设计。

基于 BIM 的深化设计可以笼统地分为以下两类：

(1) 专业性深化设计。专业深化设计的内容一般包括土建结构、钢结构、幕墙、电梯、机电各专业（暖通空调、给排水、消防、强电、弱电等）、冰蓄冷系统、机械停车库、精装修、景观绿化深化设计等。这种类型的深化设计应该在建设单位提供的专业 BIM 模型上进行。

(2) 综合性深化设计。对各专业深化设计初步成果进行集成、协调、修订与校核，并形成综合平面图、综合管线图。这种类型的深化设计着重与各专业图纸协调一致，应该在建设单位提供的总体 BIM 模型上进行。

尽管不同类型的深化设计所需的 BIM 模型有所不同，但是从实际应用来讲，建设单位结合深化设计的类型，采用 BIM 技术进行深化设计应实现以下基本功能：

(1) 能够反映深化设计特殊需求，包括进行深化设计复核、末端定位与预留，加强设计对施工的控制和指导。

(2) 能够对施工工艺、进度、现场、施工重点、难点进行模拟。

(3) 能够实现对施工过程的控制。

(4) 能够由 BIM 模型自动计算工程量。

(5) 实现深化设计各个层次的全程可视化交流。

(6) 形成竣工模型，集成建筑设施、设备信息，为后期运营提供服务。

5.3.1 深化设计主体职责

深化设计的最终成果是经过设计、施工与制作加工三者充分协调后形成的，需要得到建设方、设计方和总承包方的共同认可。因此，对深化设计的管理要根据我国建设项目管理体系的设置，具体界定参与主体的责任，使深化设计的管理有序进行。另外，在采用 BIM 技术进行深化设计时应着重指出，BIM 的使用不能免除总承包单位及其他承包单位的管理和技术协调责任。

深化设计各方职责如下：

1. 建设单位职责

负责 BIM 模型版本的管理与控制；督促总承包单位认真履行深化设计组织与管理职责；督促各深化设计单位如期保质地完成深化设计；组织并督促设计单位及工程顾问单位认真履行深化设计成果审核与确认职责；汇总设计单位及 BIM 顾问单位的审核意见，组织设计单位、BIM 顾问单位与总承包单位沟通，协调解决相关问题；负责深化设计的审批与确认。

2. 设计单位职责

负责提供项目 BIM 模型；配合 BIM 顾问单位对 BIM 模型进行细化；负责向深化设计单位和人员设计交底；配合深化设计单位完成深化设计工作；负责深化设计成果的确认或审核。

3. BIM顾问单位职责

在建模前准备阶段，BIM顾问单位应先确保要建立BIM模型的各个专业应用统一且规范的建模流程，要确保BIM的使用方有一定的能力，这样才能确保建模过程的准确和高效。

在基础模型中建立精装、幕墙、钢结构等专业BIM模型，以及重点设备机房和关键区域机电专业深化设计模型，对这些设计内容在BIM中并进行复核，并向建设单位提交相应的碰撞检查报告和优化建议报告；BIM顾问单位根据业主确认的深化设计成果，及时在BIM模型中做同步更新，以保证BIM模型正式反应深化设计方案调整的结果，并向建设单位报告咨询意见。

4. 总承包单位职责

总承包单位应设置专职深化设计管理团队，负责全部深化设计的整体管理和统筹协调；负责制定深化设计实施方案，报建设单位审批后执行；根据深化设计实施方案的要求，在BIM模型中统一发布条件图；经建设单位签批的图纸，由总承包单位在BIM模型中进行统一发布；监督各深化设计单位如期保质的完成深化设计；在BIM模型的基础上负责项目综合性图纸的深化设计；负责本单位直营范围内的专业深化设计；在BIM模型的基础上实现对负责总承包单位管理范围内各专业深化设计成果的集成与审核；负责定期组织召开深化设计协调会，协调解决深化设计过程存在的问题；总承包单位需指定一名专职BIM负责人、相关专业（建筑、结构、水、暖、电、预算、进度计划、现场施工等）工程师组成BIM联络小组，作为BIM服务过程中的具体执行者，负责将BIM成果应用到具体的施工工作中。

5. 机电主承包单位职责

负责机电主承包范围内各专业深化设计的协调管理；在BIM模型基础上进行机电综合性图纸（综合管线图和综合预留预埋图）的深化设计；负责本单位直营范围内的专业深化设计；负责机电主承包范围内各专业深化设计成果的审核与集成；配合与本专业相关的其他单位完成深化设计。

6. 分包单位职责

就深化设计而言，施工的分包单位对工程项目深化部分要承担相应的管理责任，总包单位应当编制工程总进度计划，分包单位依据总进度计划进行各单位工程的施工进度计划，总包单位应编制施工组织总设计、工程质量通病防治措施、各种安全专项施工方案，组织各分包单位定期参加工程例会，讨论深化设计的完成情况，负责各分包单位所承揽工程施工资料的收集与整理。分包单位负责承包范围内的深化设计服从总承包单位或机电主承包单位的管理，配合与本专业相关的其他单位完成深化设计。

5.3.2 深化设计组织协调

深化设计涉及建设、设计、顾问及承包单位等诸多项目参与方，应结合BIM技术对深化设计的组织与协调进行研究。

深化设计的分工按“谁施工、谁深化”的原则进行。总承包单位就本项目全部深化设计工作对建设单位负责；总承包单位、机电主承包单位和各分包单位各自负责其所承包（直营施工）范围内的所有专业深化设计工作，并承担其全部技术责任，其专业技术责任不因审批与否而免除；总承包单位负责根据建筑、结构、装修等专业深化设计编制建筑综合平面图、

模板图等综合性图纸；机电主承包单位根据机电类专业深化设计编制综合管线图和综合预留预埋图等机电类综合性图纸；合同有特殊约定的按合同执行。

总承包单位负责对深化设计的组织、计划、技术、组织界面等方面进行总体管理和统筹协调，其中应当加强对分包单位BIM访问权限的控制与管理，对下属施工单位和分包商的项目实行集中管理，确保深化设计在整个项目层次上的协调与一致。各专业承包单位均有义务无偿为其他相关单位提交最新版的BIM模型，特别是涉及不同专业的连接界面的深化设计时，其公共或交叉重叠部分的深化设计分工应服从总承包单位的协调安排，并且以总承包单位提供的BIM模型进行深化设计。

机电主承包单位负责对机电类专业的深化设计进行技术统筹，应当注重采用BIM技术分析机电工程与其他专业工程是否存在碰撞和冲突。各机电专业分包单位应服从机电主承包单位的技术统筹管理。

5.3.3 深化设计流程

基于BIM的深化设计流程不能够完全脱离现有的管理流程，但是必须符合BIM技术的特征，特别是对于流程中的每一个环节涉及BIM的数据都要尽可能地详尽规定。深化设计管理流程如图5-1所示，BIM深化设计工作流程如图5-2所示。

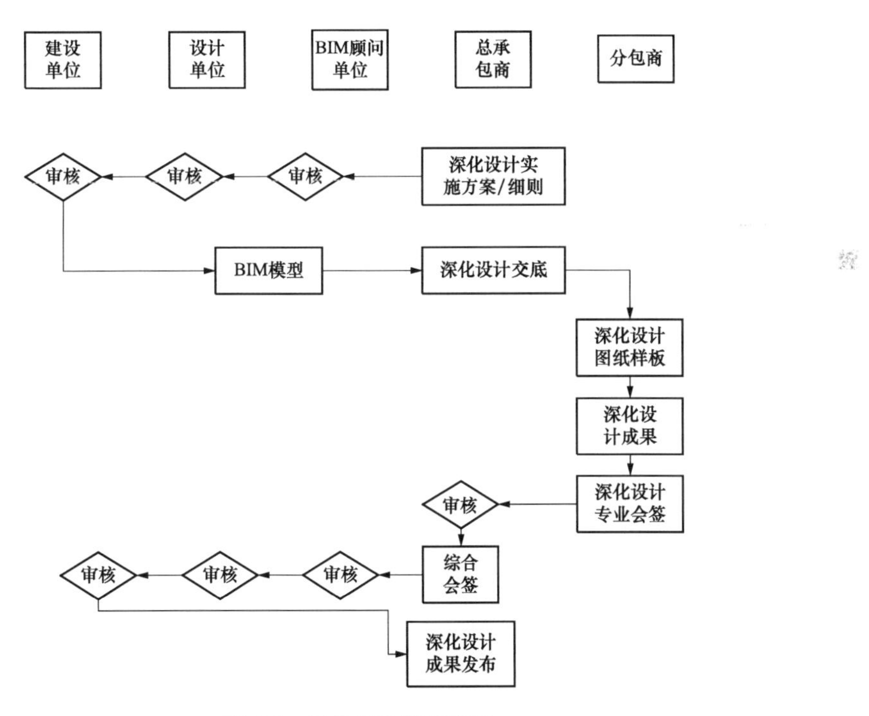

图5-1 深化设计管理流程

管线综合深化设计及钢结构深化设计是工程施工中的重点及难点，下面将重点介绍管线综合深化设计及钢结构深化设计流程。

1. 管线深化设计流程

管线综合专业BIM设计空间关系复杂，内外装要求高，机电的管线综合布置系统多、

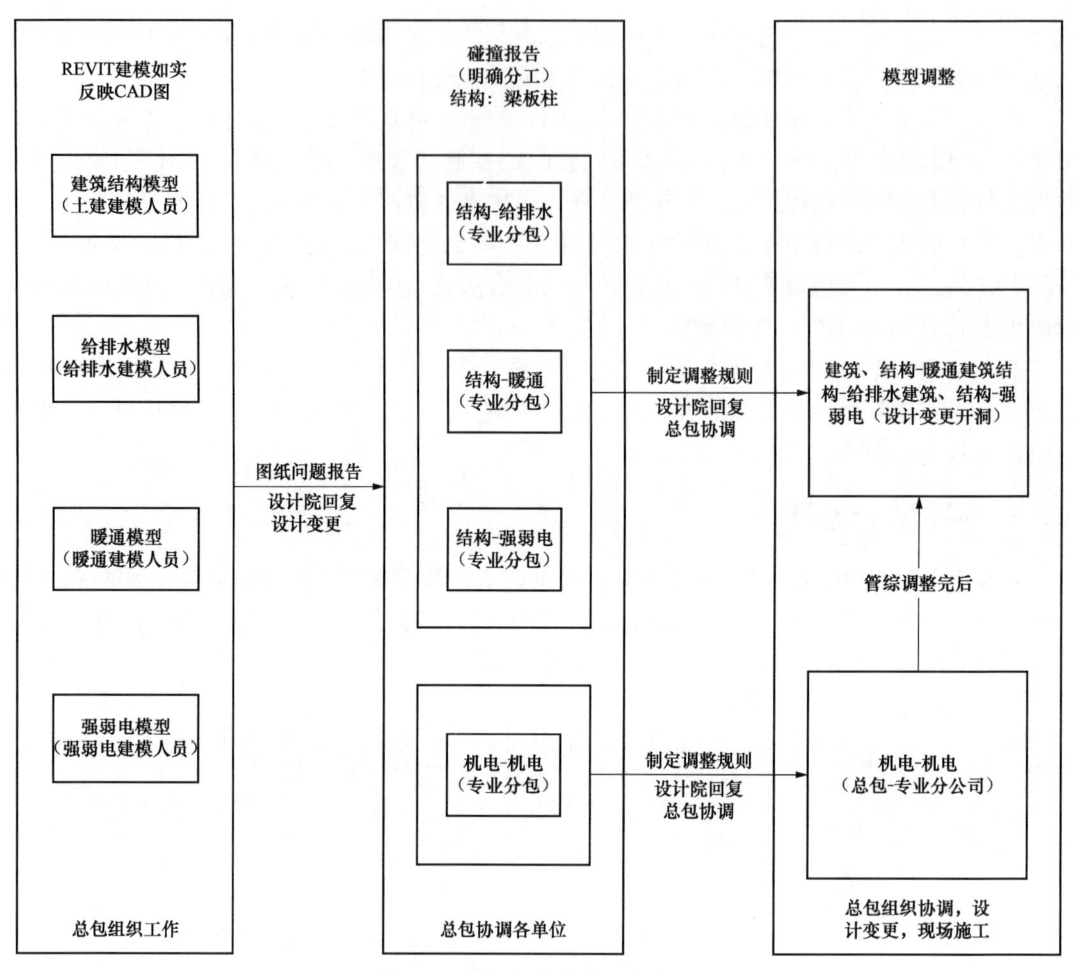

图 5-2　BIM 深化设计工作流程

智能化程度高、各工种专业性强、功能齐全。为使各系统的使用功能效果达到最佳、整体排布更美观，工程管线综合深化设计是重要一环。基于 BIM 的深化设计能够通过各专业工程师与设计公司的分工合作优化设计存在问题，迅速对接、核对、相互补位、提醒、反馈信息和整合到位。其深化设计流程为：制作专业精准模型—综合链接模型—碰撞检测—分析和修改碰撞点—数据集成—最终完成内装的 BIM 模型。利用该 BIM 模型虚拟结合现完成的真实空间，动态观察，综合业态要求，推敲空间结构和装饰效果，并依据管线综合施工工艺、质量验收标准编写的《管线综合避让原则》调整模型，将设备管道空间问题解决在施工前期，避免在施工阶段发生冲突而造成不必要的浪费，有效提高施工质量，加快施工进度，节约成本。项目的综合管线深化设计流程如图 5-3 所示。

图 5-3　综合管线深化设计流程

2. 钢结构深化设计流程

将三维钢筋节点布置软件与施工现场应用要求相结合，形成了一种基于 BIM 技术的梁柱节点深化设计方法，具体流程如图 5-4 所示。

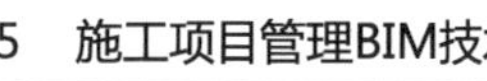

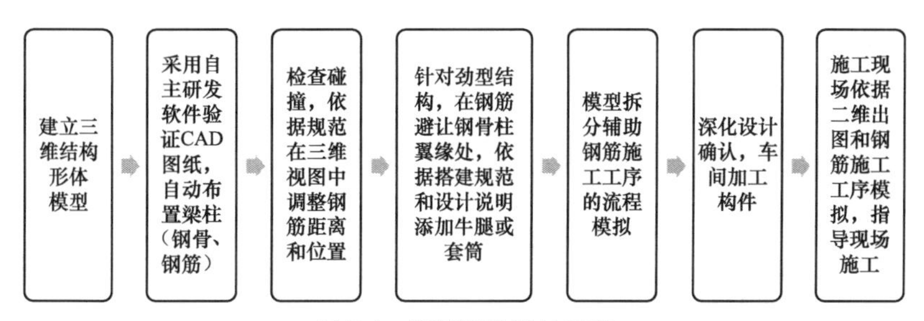

图 5-4 钢筋深化设计流程

5.3.4 深化设计示例

1. 管线综合深化设计

BIM模型可以协助完成机电安装部分的深化设计，包括综合布管图和综合布线图的深化。使用BIM模型技术改变传统的CAD叠图方式进行机电专业深化设计，应用软件功能解决水、暖、电、通风与空调系统等各专业间管线、设备的碰撞，优化设计方案，为设备及管线预留合理的安装及操作空间，减少占用使用空间。在对深化效果进行确认后，出具相应的模型图片和二维图纸，指导现场的材料采购、加工和安装，能够大大提高工作效率。另外，一些结合工程应用需求自主开发的支吊架布置计算等软件，也能够大大提高深化设计工作的效率和质量。

基于BIM的管线综合深化设计示例如图5-5～图5-7所示。

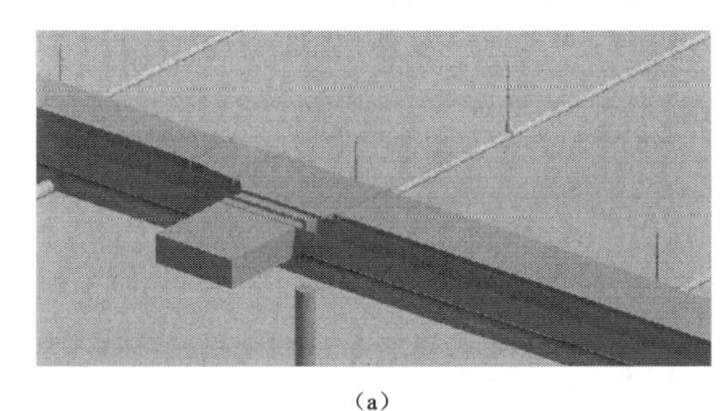

(a)

(b)

图 5-5 某工程机电安装深化设计前后对比

(a) 某工程机电安装深化设计前；(b) 某工程机电安装深化设计后

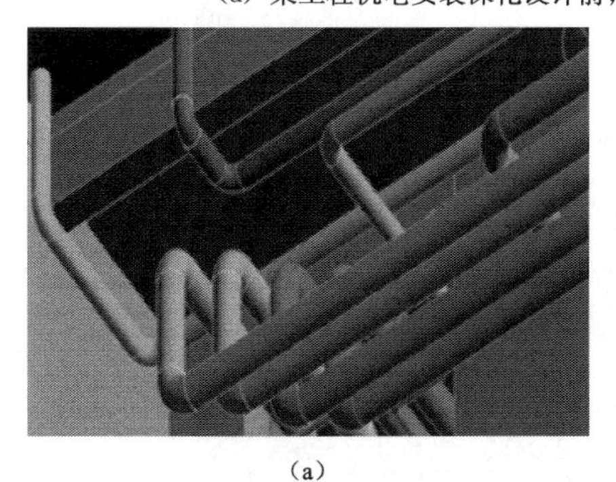

(a)

(b)

图 5-6 某工程管线排布深化设计模型与现场照片对比

(a) 某工程管线排布深化设计模型；(b) 某工程管线排布现场照片

2. 土建结构深化设计

基于BIM模型对土建结构部分，包括土建结构与门窗等构件、预留洞口、预埋件位置及各复杂部位等施工图纸进行深化，对关键复杂的墙板进行拆分，解决钢筋绑扎及顺序问题，能够指导现场钢筋绑扎施工，减少在工程施工阶段可能存在的错误损失和返工。

某工程复杂墙板拆分如图 5-8 所示，某工程复杂节点深化设计如图 5-9 所示。

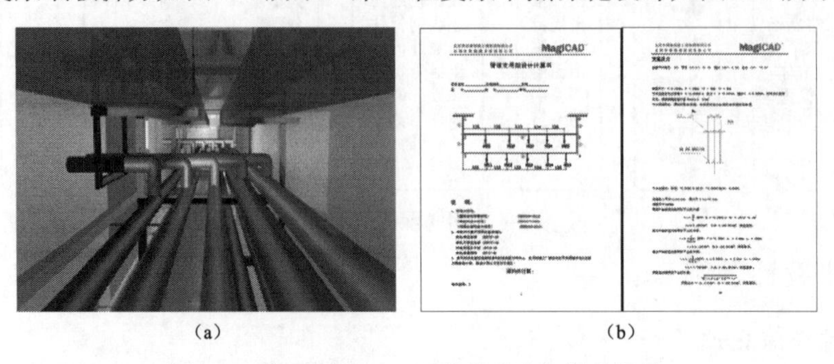

（a） （b）

图 5-7 某工程基于 BIM 的管线支架深化设计

（a）加入支吊架的管线综合排布模型；（b）管道支吊架设计计算书

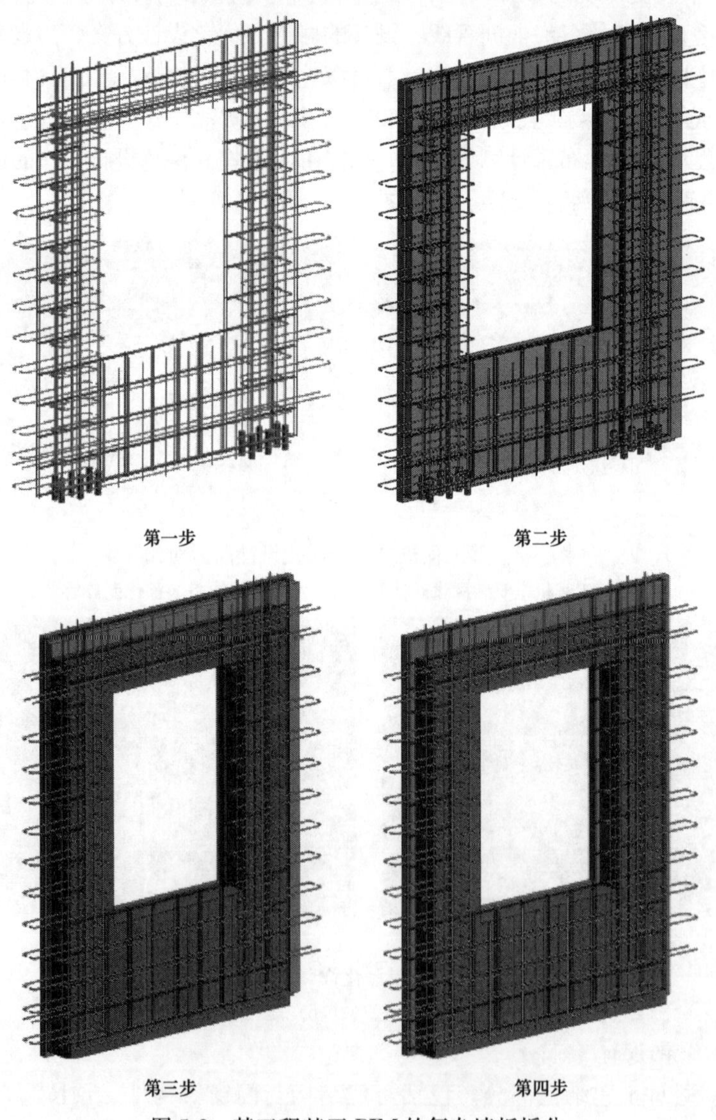

图 5-8 某工程基于 BIM 的复杂墙板拆分

3. 钢结构深化设计

采用BIM技术对钢网架复杂节点进行深化设计，提前对重要部位的安装进行动态展示、施工方案预演和比选，实现三维指导施工，从而更加直观化地传递施工意图，避免二次返工。

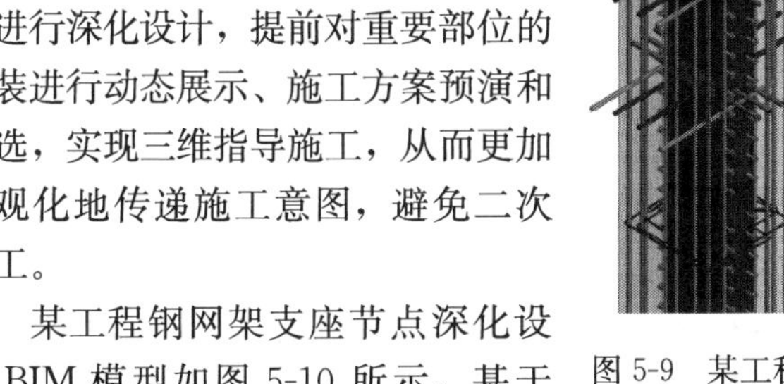
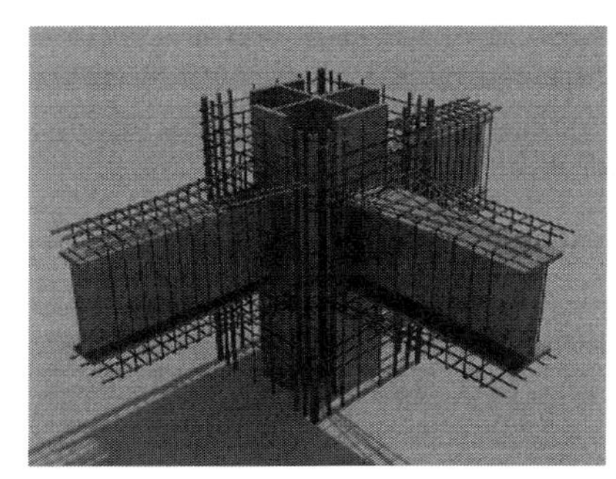

图 5-9 某工程角柱十字型钢及钢梁节点钢筋绑扎 BIM 模型

某工程钢网架支座节点深化设计 BIM 模型如图 5-10 所示，基于 BIM 模型自动生成的施工图纸如图 5-11 所示。

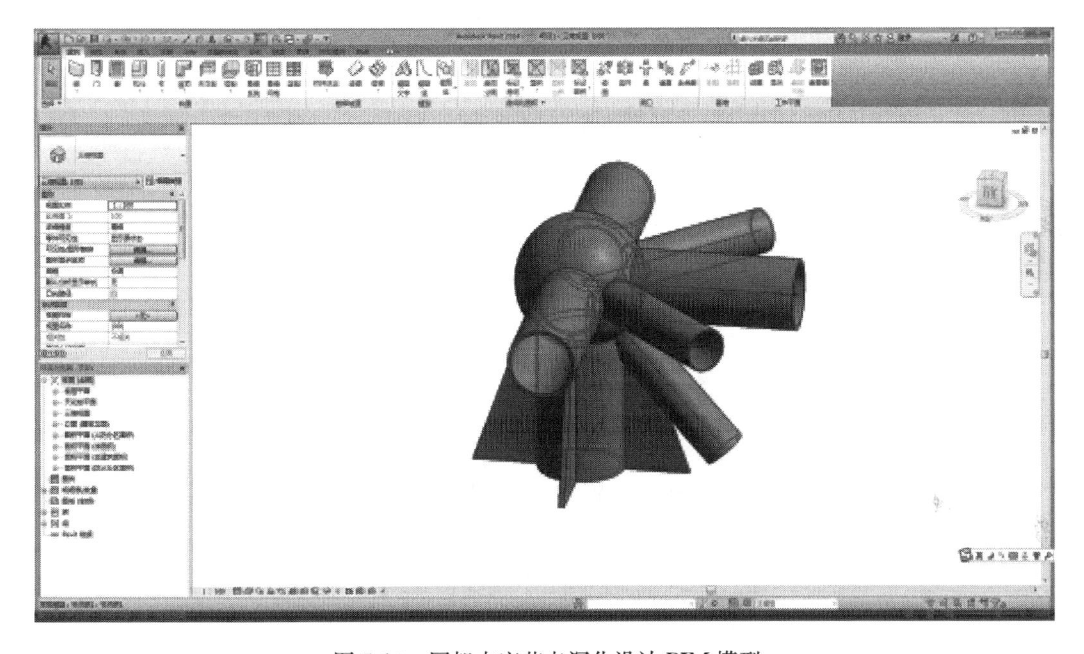

图 5-10 网架支座节点深化设计 BIM 模型

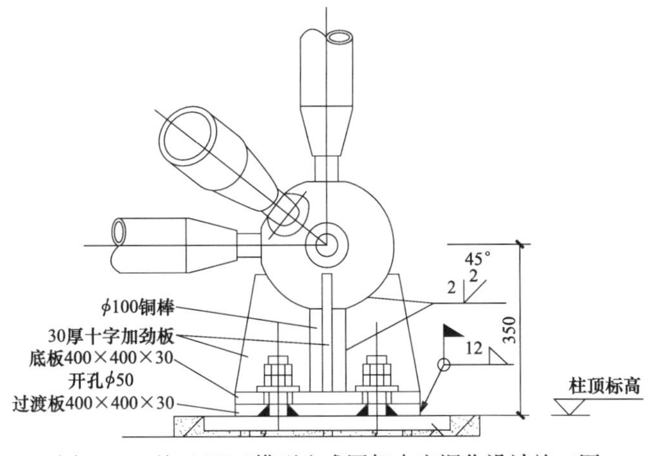

图 5-11 基于 BIM 模型生成网架支座深化设计施工图

4. 玻璃幕墙深化设计

Revit 建立幕墙深化设计模型，明确幕墙与结构连接节点、幕墙分块大小、缝隙处理，外观效果，安装方式，用模型指导施工及幕墙加工制作。某工程幕墙深化设计模型如图 5-12 所示，某工程幕墙分格方案模型如图 5-13 所示。

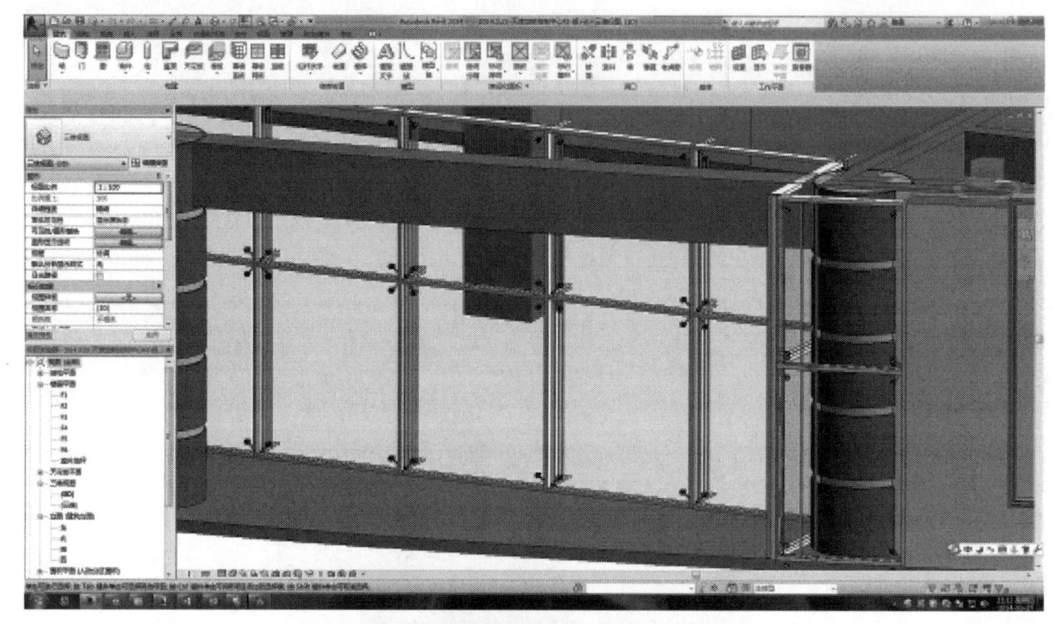

图 5-12　幕墙深化设计 BIM 模型

图 5-13　幕墙分格方案模型

5.4　预制加工管理

BIM 技术在预制加工管理方面的应用主要体现在钢筋准确下料、构建信息查询及出具构件加工详图上，具体内容如下：

1. 钢筋准确下料

在以往工程中，由于工作面大、现场工人多，工程交底困难而导致的质量问题非常常见，而通过 BIM 技术能够优化断料组合加工表，将损耗减至最低。某工程通过建立钢筋 BIM 模型，出具钢筋排列图来进行钢筋准确下料，如图 5-14 和图 5-15 所示。

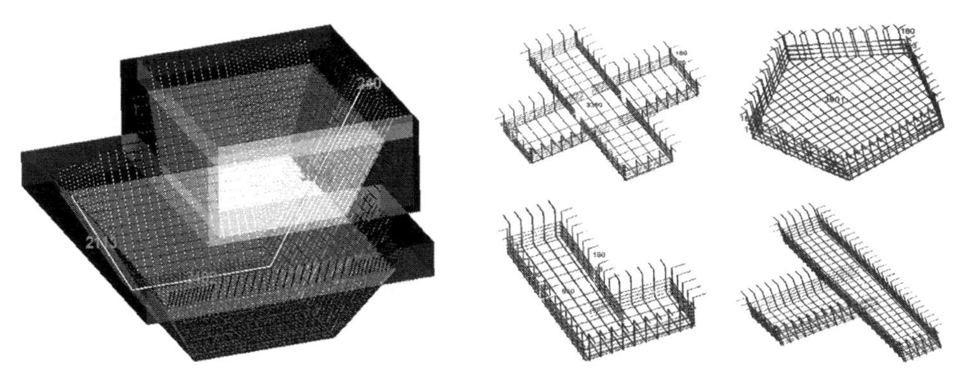

图 5-14 钢筋 BIM 模型

序号	构件名称	只数	规格	每只根数	简图	简图说明	搭接说明	单长(mm)	总根数	总长(m)	总重(kg)	备注	构件小计(kg)
1	KZ 32	1	⌀32	2	2720 100			2756	2	5.512	34.7	基础插筋弯锚1.15	194.8
2			⌀28	4	1600 100			1644	4	6.576	31.7	基础插筋弯锚2,14,16,18	
3			⌀25	3	2720 100			2770	3	8.310	32.0	基础插筋弯锚3,13,17	
4			⌀32	2	1600 100			1636	2	3.272	20.6	基础插筋弯锚6,10	
5			⌀25	3	1600 100			1650	3	4.949	19.0	基础插筋弯锚4,8,12	
6			⌀28	4	2720 100			2764	4	11.056	53.4	基础插筋弯锚5,7,9,11	
7			⌀10	2	560 760			2818	2	5.636	3.4	插筋内定位箍	

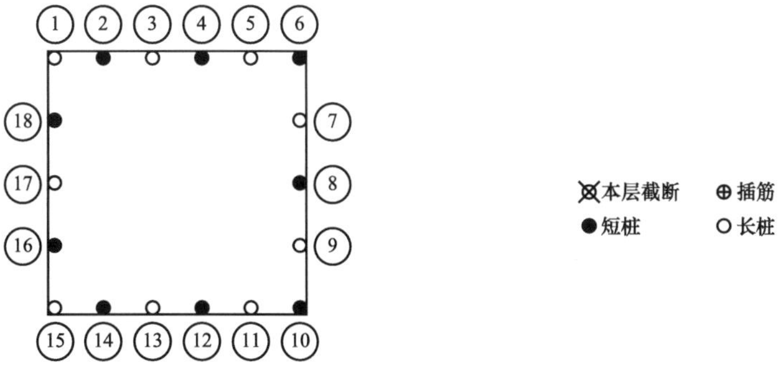

① ② ③ ④ ⑤ ⑥ ⑦ ⑧ ⑨ ⑩ ⑪ ⑫ ⑬ ⑭ ⑮ ⑯ ⑰ ⑱

☒本层截断 ⊕插筋 ●短桩 ○长桩

主筋定位分析

图 5-15 钢筋排列图指导施工

2. 构件详细信息查询

作为施工过程中的重要信息，检查和验收信息将被完整地保存在 BIM 模型中，相关单位可快捷地对任意构件进行信息查询和统计分析，在保证施工质量的同时，能使质量信息在运维期有据可循。某工程利用 BIM 模型查询构件详细信息如图 5-16 所示。

图 5-16　利用 BIM 模型查询构件详细信息

3. 构件加工详图

BIM 模型可以完成构件加工、制作图纸的深化设计。利用如 Tekla Structures 等深化设计软件真实模拟进行结构深化设计，通过软件自带功能将所有加工详图（包括布置图、构件图、零件图等）利用三视图原理进行投影、剖面生成深化图纸。图纸上的所有尺寸，包括杆件长度、断面尺寸、杆件相交角度均是在杆件模型上直接投影产生的。通过深化设计产生的加工数据清单，直接导入精密数控加工设备进行加工，保证了构件加工的精密性及安装精度。某工程 BIM 模型及出具的构件加工如图 5-17 和图 5-18 所示。

图 5-17　Tekla 钢结构模型

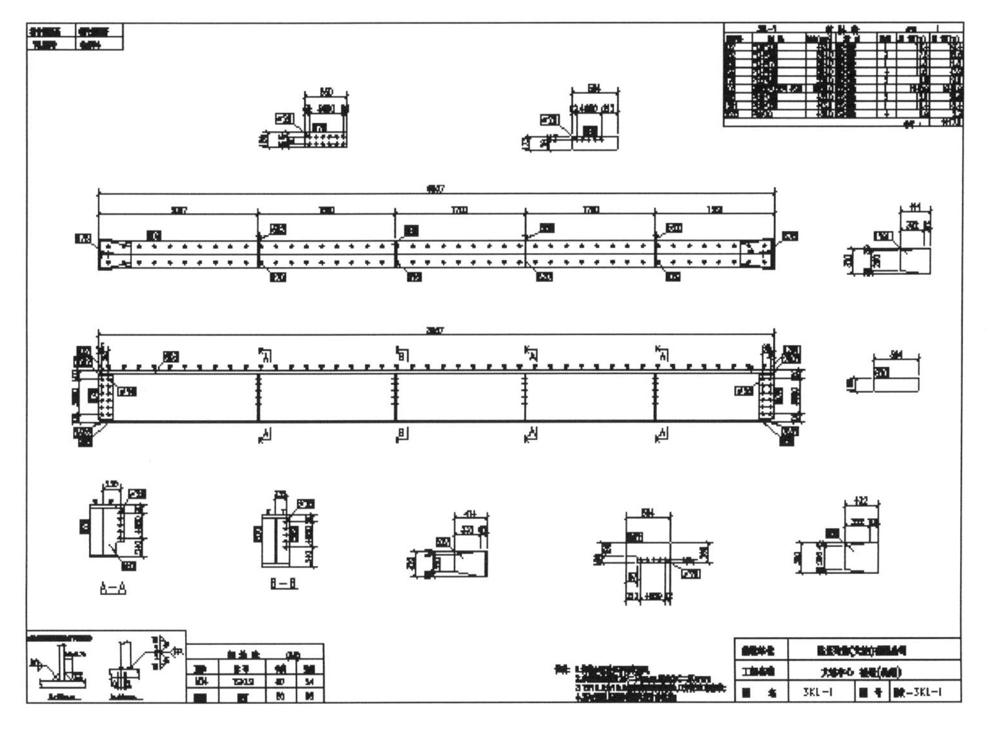

图 5-18　构件加工清单

5.5 虚拟施工管理

通过 BIM 技术结合施工方案、施工模拟和现场视频监测进行基于 BIM 技术的虚拟施工，其施工本身不消耗施工资源，却可以根据可视化效果看到并了解施工的过程和结果，可以较大程度地降低返工成本和管理成本，降低风险，增强管理者对施工过程的控制能力。建模的过程就是虚拟施工的过程，是先试后建的过程。施工过程的顺利实施是在有效的施工方案指导下进行的，施工方案的制订主要是根据项目经理、项目总工程师及项目部的经验，施工方案的可行性一直受到业界的关注，由于建筑产品的单一性和不可重复性，施工方案具有不可重复性。一般情况，当某个工程即将结束时，一套完整的施工方案才展现于面前。虚拟施工技术不仅可以检测和比较施工方案，还可以优化施工方案。

基于 BIM 的虚拟施工管理能够达到以下目标：创建、分析和优化施工进度；针对具体项目分析将要使用的施工方法的可行性；通过模拟可视化的施工过程，提早发现施工问题，消除施工隐患；形象化的交流工具，使项目参与者能更好地理解项目范围，提供形象的工作操作说明或技术交底；可以更加有效地管理设计变更；全新的试错、纠错概念和方法。不仅如此，虚拟施工过程中建立好的 BIM 模型可以作为二次渲染开发的模型基础，大大提高了三维渲染效果的精度与效率，可以给业主更为直观的宣传介绍，也可以进一步为房地产公司开发出虚拟样板间等延伸应用。

虚拟施工给项目管理带来的好处可以总结为以下三点。

1. 施工方法可视化

虚拟施工使施工变得可视化，随时随地直观快速地将施工计划与实际进展进行对比，同时进行有效的协同，施工方、监理方、甚至非工程行业出身的业主领导都对工程项目的各种问题和情况了如指掌。施工过程的可视化，使 BIM 成为一个便于施工方参与各方交流的沟通平台。通过这种可视化的模拟缩短了现场工作人员熟悉项目施工内容、方法的时间，减少了现场人员在工程施工初期因为错误施工而导致的时间和成本的浪费，还可以加快、加深对工程参与人员培训的速度及深度，真正做到质量、安全、进度、成本管理和控制的人人参与。

5D 全真模型平台虚拟原型工程施工，对施工过程进行可视化的模拟，包括工程设计、现场环境和资源使用状况，具有更大的可预见性，将改变传统的施工计划、组织模式。施工方法的可视化是使所有项目参与者在施工前就能清楚的知道所有施工内容以及自己的工作职责，能促进施工过程中的有效交流。它是目前用于评估施工方法、发现施工问题、评估施工风险的最简单、经济、安全的方法。

2. 施工方法可验证

BIM 技术能全真模拟运行整个施工过程，项目管理人员、工程技术人员和施工人员可以了解每一步施工活动。如果发现问题，工程技术人员和施工人员可以提出新的施工方法，并对新的施工方法进行模拟来验证，即判断施工过程，它能在工程施工前识别绝大多数的施工风险和问题，并有效地解决。

3. 施工组织可控制

施工组织是对施工活动实行科学管理的重要手段，它决定了各阶段的施工准备工作内容，协调施工过程中各施工单位、各施工工种以及各项资源之间的相互关系。BIM 可以对施工的重点或难点部分进行可见性模拟，按网络时标进行施工方案的分析和优化。对一些重要的施工环节或采用施工工艺的关键部位、施工现场平面布置等施工指导措施进行模拟和分析，以提高计划的可执行性。利用 BIM 技术结合施工组织设计进行电脑预演，以提高复杂建筑体系的可施工性。借助 BIM 对施工组织的模拟，项目管理者能非常直观地理解间隔施工过程的时间节点和关键工序情况，并清晰地把握在施工过程中的难点和要点，也可以进一步对施工方案进行优化完善，以提高施工效率和施工方案的安全性。可视化模型输出的施工图片，可作为可视化的工作操作说明或技术交底分发给施工人员，用于指导现场的施工，方便现场的施工管理人员对照图纸进行施工指导和现场管理。

采用 BIM 进行虚拟施工，需事先确定以下信息：设计和现场施工环境的五维模型；根据构件选择施工机械及机械的运行方式；确定施工的方式和顺序；确定所需临时设施及安装位置。BIM 在虚拟施工管理中的应用主要有场地布置方案、专项施工方案、关键工艺展示、施工模拟（土建主体及钢结构部分）、装修效果模拟等。

5.5.1 场地布置方案

为使现场使用合理，施工平面布置应有条理，尽量减少占用施工用地，使平面布置紧凑合理，同时做到场容整齐清洁，道路畅通，符合防火安全及文明施工的要求，施工过程中应避免多个工种在同一场地、同一区域而相互牵制、相互干扰。施工现场应设专人负责管理，使各项材料、机具等按已审定的现场施工平面布置图的位置摆放。

基于建立的 BIM 三维模型及搭建的各种临时设施，可以对施工场地进行布置，合理安排塔吊、库房、加工厂地和生活区等的位置，解决现场施工场地划分问题；通过与业主的可视化沟通协调，对施工场地进行优化，选择最优施工路线。

基于 BIM 的施工场地布置方案规划示例如图 5-19 所示。

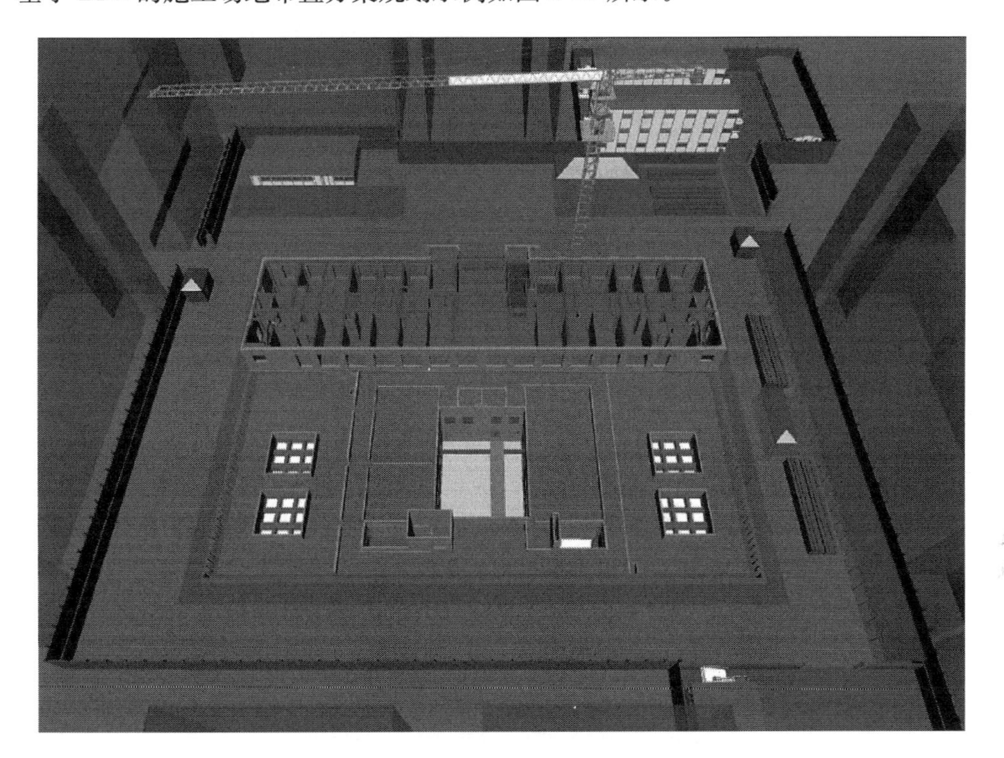

图 5-19 基于 BIM 的场地布置示例图

5.5.2 专项施工方案

通过 BIM 技术指导编制专项施工方案，可以直观地对复杂工序进行分析，将复杂部位简单化、透明化，提前模拟方案编制后的现场施工状态，对现场可能存在的危险源、安全隐患、消防隐患等提前排查，对专项方案的施工工序进行合理排布，有利于方案的专项性、合理性。

基于 BIM 的专项施工方案规划示例如图 5-20 所示。

5.5.3 关键工艺展示

对于工程施工的关键部位，如预应力钢结构的关键构件及部位，其安装相对复杂，因此合理的安装方案非常重要。正确的安装方法能够省时省费，传统方法只有工程实施时才能得到验证，这就可能造成二次返工等问题。同时，传统方法是施工人员在完全领会设计意图之后，再传达给建筑工人，相对专业性的术语及步骤对于工人来说难以完全领会。基于 BIM 技术，能够提前对重要部位的安装进行动态展示，提供施工方案讨论和技术交流的虚拟现实信息。

某工程基于 BIM 的关键施工工艺展示与关键节点安装方案演示分别如图 5-21 和图 5-22 所示。

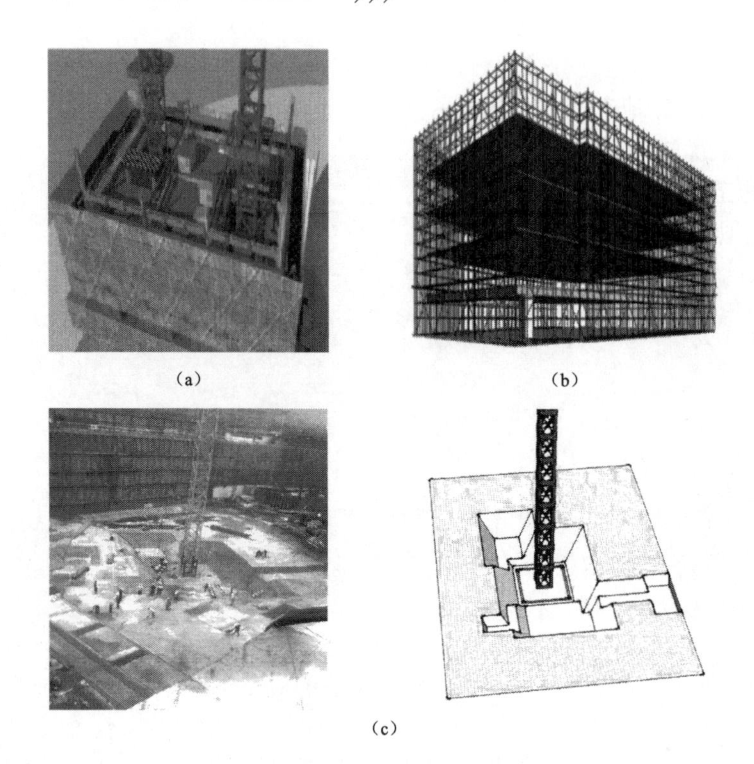

图 5-20　专项施工方案规划示例

(a) 某工程测量方案演示模拟；(b) 某工程施工脚手架方案验证模拟；
(c) 某广场塔吊基础开挖方案模拟

图 5-21　关键部位施工工艺展示

图 5-22　关键节点安装方案演示

5.5.4　土建主体结构施工模拟

根据拟定的最优施工现场布置和最优施工方案，将由项目管理软件如 project 编制的施工进度计划与施工现场 3D 模型集成一体，引入时间维度，能够完成对工程主体结构施工过程的 4D 施工模拟。通过 4D 施工模拟，可以使设备材料进场、劳动力配置、机械排班等各项工作安排得更加经济合理，从而加强了对施工进度、施工质量的控制。针对主体结构施工过程，利用已完成的 BIM 模型进行动态施工方案模拟，展示重要施工环节动画，对比分析不同施工方案的可行性，能够对施工方案进行分析，并听从甲方指令对施工方案进行动态调整。

某工程土建主体施工模拟如图 5-23 所示。

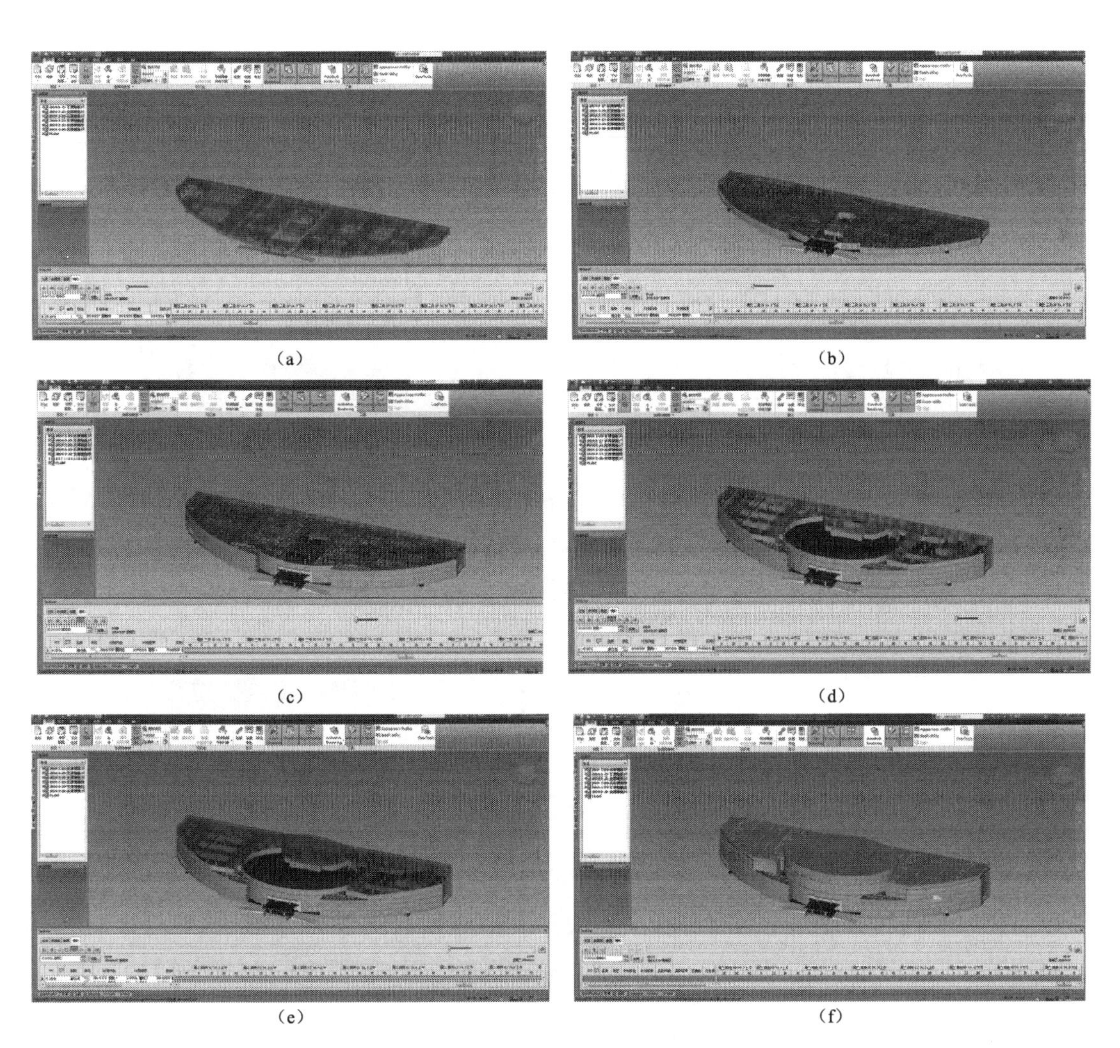

(a)　(b)　(c)　(d)　(e)　(f)

图 5-23　某工程土建部分施工模拟过程

(a) 一层施工前；(b) 一层施工后；(c) 二层施工前；(d) 二层施工后；
(e) 顶层施工前；(f) 顶层施工完成

5.5.5 钢结构部分施工模拟

针对钢结构部分，因其关键构件及部位安装相对复杂，采用BIM技术对其安装过程进行模拟能够有效帮助指导施工。钢结构部分施工模拟过程与土建主体结构施工模拟过程一致，不再重复介绍。

某工程采用BIM技术对网架安装过程进行模拟，过程如图5-24所示，图中左侧为二维CAD图纸示意施工过程，右侧为BIM三维动画模拟施工过程。显然基于BIM的施工模拟更加形象、易于理解。

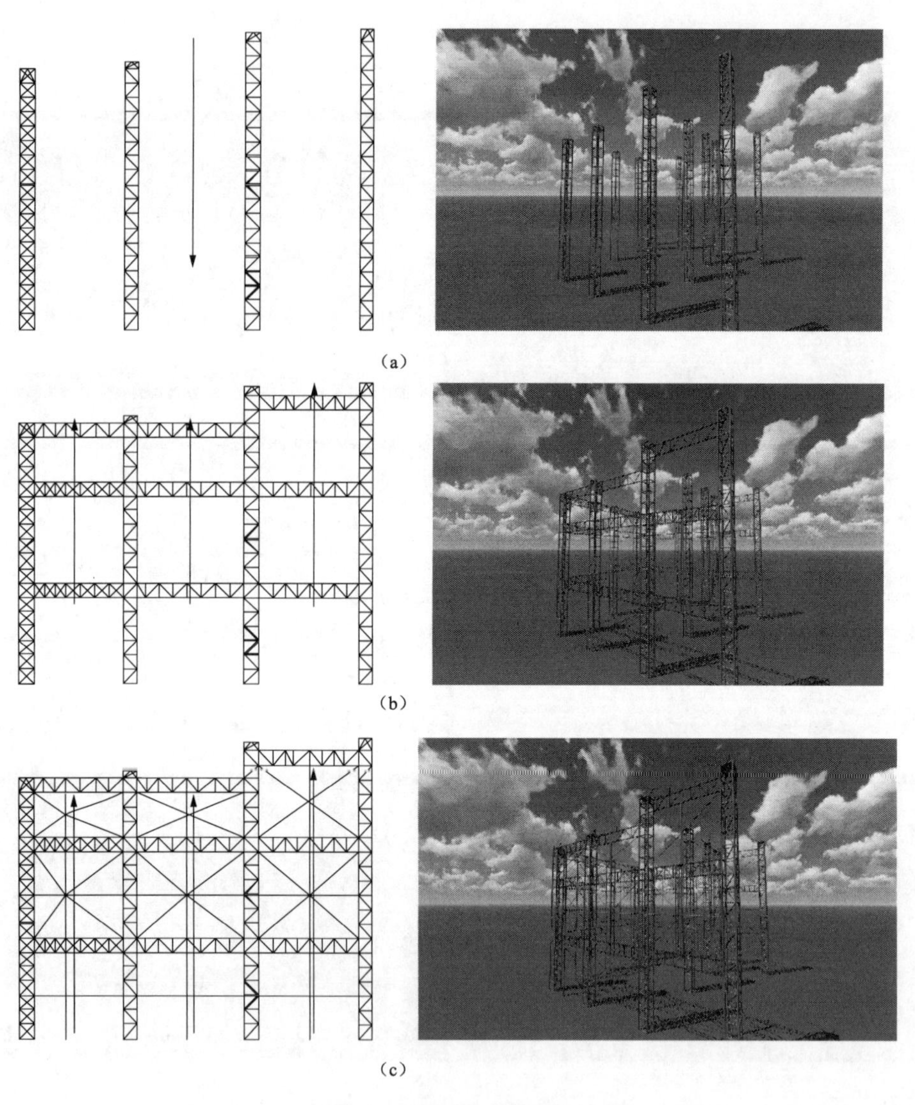

图5-24 整体BIM模型（一）

（a）格构柱安装；（b）格构柱附属构件安装；（c）格构柱附属构件安装

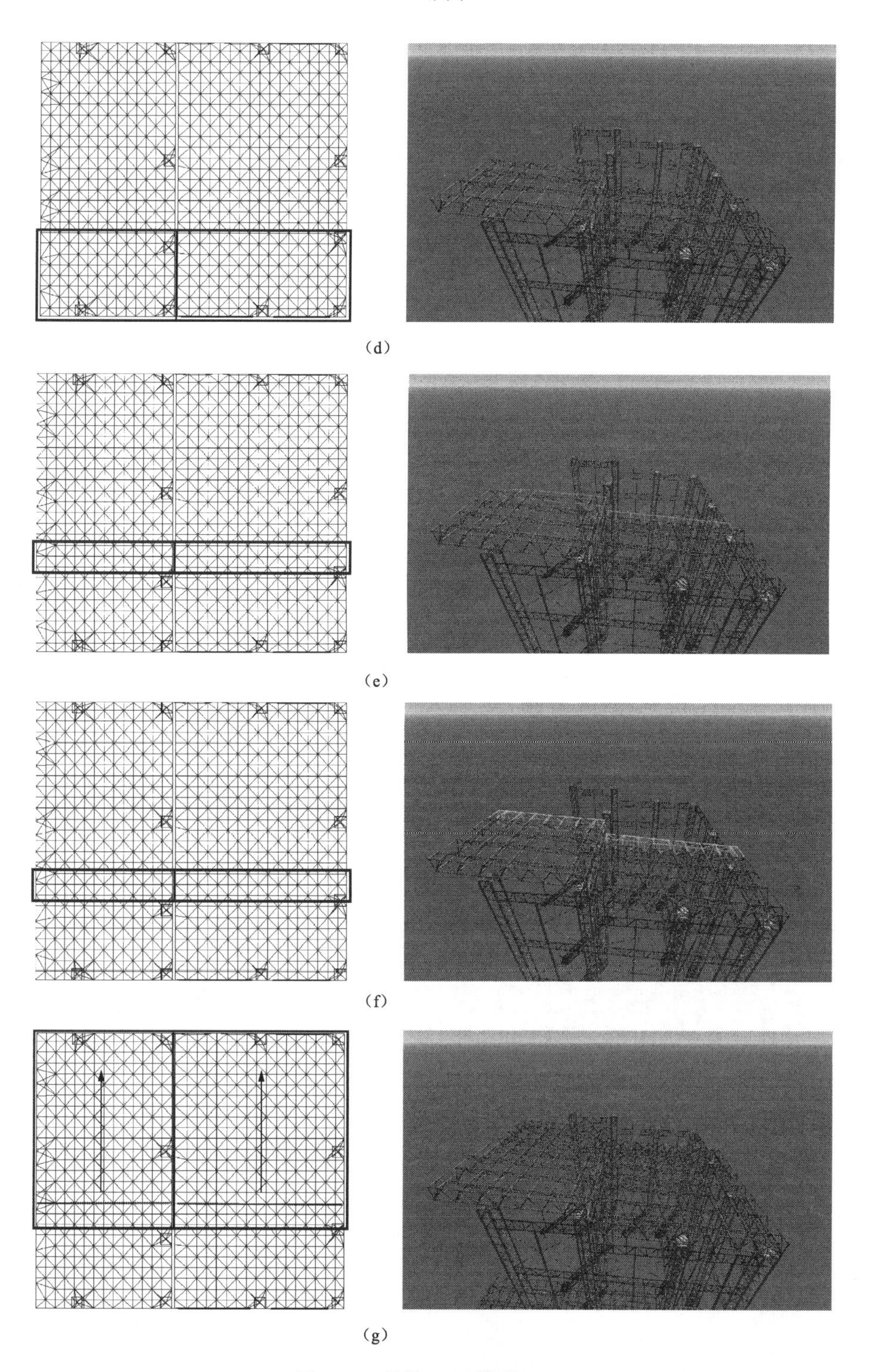

(d)

(e)

(f)

(g)

图 5-24 整体 BIM 模型(二)

(d)屋顶网架局部吊装;(e)屋顶网架高空拼装 1;(f)屋顶网架高空拼装 2;
(g)屋顶网架高空拼装 3

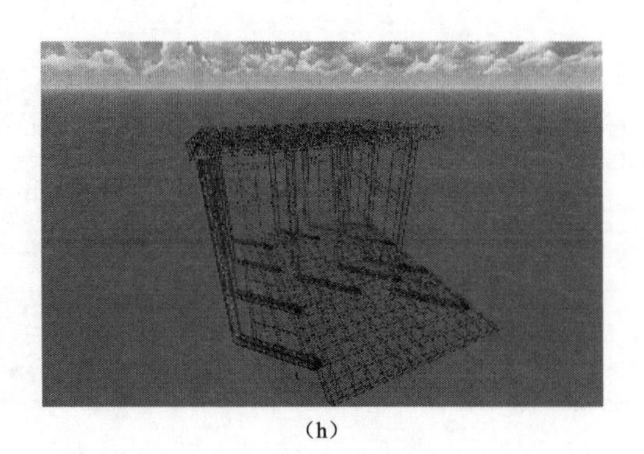

(h)

图 5-24 整体 BIM 模型(三)
(h) 整体安装完成

5.5.6 装修效果模拟

针对工程技术重点难点、样板间、精装修等，完成对窗帘盒、吊顶、木门、地面砖等基础模型的搭建，并基于 BIM 模型，对施工工序的搭接，新型、复杂施工工艺进行模拟，对灯光环境等进行分析，综合考虑相关影响因素，利用三维效果预演的方式有效解决各方协同管理的难题。

某工程室内装修模拟如图 5-25 所示。

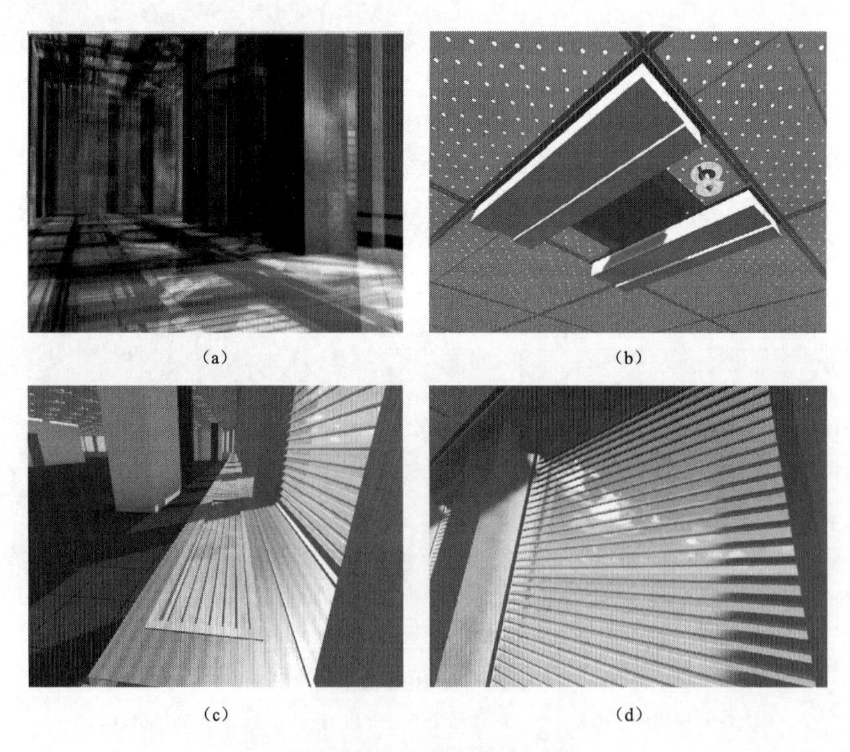

(a) (b) (c) (d)

图 5-25 某工程室内装修效果模拟
(a) 首层样板间模拟；(b) 灯具效果展示；(c) 风口钢板效果展示；(d) 百叶窗效果展示

5.6　进度管理

5.6.1　进度管理的定义

工程建设项目的进度管理是指对工程项目各建设阶段的工作内容、工作程序、持续时间和逻辑关系制定计划，将该计划付诸实施。在实施过程中要经常检查实际进度是否按计划要求进行，对出现的偏差分析原因，采取补救措施或调整、修改原计划，直至工程竣工后交付使用。进度管理的最终目的是确保进度目标的实现。工程建设监理所进行的进度管理是指为使项目按计划要求的时间动用而开展的有关监督管理活动。

5.6.2　进度管理的重要性

施工进度管理在项目整体控制中起着至关重要的作用，主要体现在：

(1) 进度决定着总财务成本。什么时间可销售，多长时间可开盘销售，对整个项目的财务总成本影响最大。一个投资 100 亿的项目，一天的财务成本大约是 300 万，延迟一天交付、延迟一天销售，开发商即将面对巨额的损耗。更快的资金周转和资金效率是当前各地产公司最为在意的地方。

(2) 交付合同约束。交房协议有交付日期，不交付将影响信誉和延迟交付罚款。

(3) 运营效率与竞争力问题。多少人管理运营一个项目，多长时间完成一个项目，资金周转速度，是开发商的重要竞争力之一，也是承包商的关键竞争力。提升项目管理效率不仅是成本问题，更是企业重要竞争力之一。

5.6.3　影响进度管理的因素

在实际工程项目进度管理过程中，虽然有详细的进度计划以及网络图、横道图等技术做支撑，但是“破网”事故仍时有发生，对整个项目的经济效益产生直接的影响。通过对事故进行调查，影响进度管理的主要原因有以下几方面：

(1) 建筑设计缺陷。首先，设计阶段的主要工作是完成施工所需图纸的设计，通常一个工程项目的整套图纸少则几十张，多则成百上千张，有时甚至数以万计，图纸所包含的数据庞大，而设计者和审图者的精力有限，存在错误是必然的；其次，项目各个专业的设计工作是独立完成的，导致各专业的二维图纸所表现的内容在空间上很容易出现碰撞和矛盾。如果上述问题没有提前发现，直到施工阶段才显露出来，势必对工程项目的进度产生影响。

(2) 施工进度计划编制不合理。工程项目进度计划的编制很大程度上依赖于项目管理者的经验，虽然有施工合同、进度目标、施工方案等客观条件的支撑，但是项目的唯一性和个人经验的主观性难免会使进度计划存在不合理之处，并且现行的编制方法和工具相对比较抽象，不易对进度计划进行检查，一旦计划出现问题，按照计划所进行的施工过程必然会受到影响。

(3) 现场人员的素质。随着施工技术的发展和新型施工机械的应用，工程项目施工过程越来越趋于机械化和自动化。但是，保证工程项目顺利完成的主要因素还是人，施工人员的素质是影响项目进度的一个主要方面。施工人员对施工图纸的理解，对施工工艺的熟悉程度和操作技能水平等因素都可能对项目能否按计划顺利完成产生影响。

(4) 参与方沟通和衔接不畅。建设项目往往会消耗大量的财力和物力，如果没有一个详细的资金、材料使用计划是很难完成的。在项目施工过程中，由于专业不同，施工方与业主和供货商的信息沟通不充分、不彻底，业主的资金计划、供货商的材料供应计划与施工进度不匹配，同样也会造成工期的延误。

(5) 施工环境影响。工程项目既受当地地质条件、气候特征等自然环境的影响，又受到交通设施、区域位置、供水供电等社会环境的影响。项目实施过程中任何不利的环境因素都有可能对项目进度产生严重影响。因此，必须在项目开始阶段就充分考虑环境因素的影响，并提出相应的应对措施。

5.6.4 传统进度管理的缺陷

传统的项目进度管理过程中事故频发，究其根本在于管理模式存在一定的缺陷，主要体现在以下几个方面：

(1) 二维CAD设计图形象性差。二维三视图作为一种基本表现手法，将现实中的三维建筑用二维的平、立、侧三视图表达。特别是CAD技术的应用，用电脑屏幕、鼠标、键盘代替了画图板、铅笔、直尺、圆规等手工工具，大大提高了出图效率。尽管如此，由于二维图纸的表达形式与人们现实中的习惯维度不同，所以要看懂二维图纸存在一定困难，需要通过专业的学习和长时间的训练才能读懂图纸。同时，随着人们对建筑外观美观度的要求越来越高，以及建筑设计行业自身的发展，异形曲面的应用更加频繁，如悉尼歌剧院、国家大剧院、鸟巢等外形奇特、结构复杂的建筑物越来越多。即使设计师能够完成图纸，对图纸的认识和理解也仍有难度。另外，二维CAD设计可视性不强，使设计师无法有效检查自己的设计成果，很难保证设计质量，并且对设计师与建造师之间的沟通形成障碍。

(2) 网络计划抽象，往往难以理解和执行。网络计划图是工程项目进度管理的主要工具，但也有其缺陷和局限性。首先，网络计划图计算复杂，理解困难，只适合于行业内部使用，不利于与外界沟通和交流；其次，网络计划图表达抽象，不能直观地展示项目的计划进度过程，也不方便进行项目实际进度的跟踪；再次，网络计划图要求项目工作分解细致，逻辑关系准确，这些都依赖于个人的主观经验，实际操作中往往会出现各种问题，很难做到完全一致。

(3) 二维图纸不方便各专业之间的协调沟通。二维图纸由于受可视化程度的限制，使得各专业之间的工作相对分离。无论是在设计阶段还是在施工阶段，都很难对工程项目进行整体性表达。各专业单独工作或许十分顺利，但是在各专业协同时作业往往就会产生碰撞和矛盾，给整个项目的顺利完成带来困难。

(4) 传统方法不利于规范化和精细化管理。随着项目管理技术的不断发展，规范化和精细化管理是形势所趋。但是传统的进度管理方法很大程度上依赖于项目管理者的经验，很难形成一种标准化和规范化的管理模式。这种经验化的管理方法受主观因素的影响很大，直接影响施工的规范化和精细化管理。

5.6.5 BIM技术进度管理优势

BIM技术的引入，可以突破二维的限制，给项目进度管理带来不同的体验，主要体现在以下几个方面：

(1) 提升全过程协同效率。基于3D的BIM沟通语言，简单易懂、可视化好，大大加快了沟通效率，减少了理解不一致的情况；基于互联网的BIM技术能够建立起强大高效的协同平台：所有参建单位在授权的情况下，可随时、随地获得项目最新、最准确、最完整的工程数据，从过去点对点传递信息转变为一对多传递信息，效率提升，图纸信息版本完全一致，从而减少传递时间的损失和版本不一致导致的施工失误；通过BIM软件系统的计算，减少了沟通协调的问题。传统靠人脑计算3D关系的工程问题探讨，容易产生人为的错误，BIM技术可减少大量问题，同时也减少协同的时间投入；另外，现场结合BIM、移动智能终端拍照，也大大提升了现场问题沟通效率。

(2) 加快设计进度。从表面上来看，BIM设计减慢了设计进度。产生这样的结论的原因，一是现阶段设计用的BIM软件确实生产率不够高，二是当前设计院交付质量较低。但实际情况表明，使用BIM设计虽然增加了时间，但交付成果质量却有明显提升，在施工以前解决了更多问题，推送给施工阶段的问题大大减少，这对总体进度而言是大大有利的。

(3) 碰撞检测，减少变更和返工进度损失。BIM技术强大的碰撞检查功能，十分有利于减少进度浪费。大量的专业冲突拖延了工程进度，大量废弃工程、返工的同时，也造成了巨大的材料、人工浪费。当前的产业机制造成设计和施工的分家，设计院为了效益，尽量降低设计工作的深度，交付成果很多是方案阶段成果，而不是最终施工图，里面充满了很多深入下去才能发现的问题，需要施工单位的深化设计，由于施工单位技术水平有限和理解问题，特别是当前三边工程较多的情况下，专业冲突十分普遍，返工现象常见。在中国当前的产业机制下，利用BIM系统实时跟进设计，第一时间发现问题，解决问题，带来的进度效益和其他效益都是十分惊人的。

(4) 加快招投标组织工作。设计基本完成，要组织一次高质量的招投标工作，编制高质量的工程量清单要耗时数月。一个质量低下的工程量清单将导致业主方巨额的损失，利用不平衡报价很容易造成更高的结算价。利用基于BIM技术的算量软件系统，大大加快了计算速度和计算准确性，加快招标阶段的准备工作，同时提升了招标工程量清单的质量。

(5) 加快支付审核。当前很多工程中，由于过程付款争议挫伤承包商积极性，影响到工程进度并非少见。业主方缓慢的支付审核往往引起承包商合作关系的恶化，甚至影响到承包商的积极性。业主方利用BIM技术的数据能力，快速校核反馈承包商的付款申请单，则可以大大加快期中付款反馈机制，提升双方战略合作成果。

(6) 加快生产计划、采购计划编制。工程中经常因生产计划、采购计划编制缓慢损失了进度。急需的材料、设备不能按时进场，造成窝工影响了工期。BIM改变了这一切，随时随地获取准确数据变得非常容易，制订生产计划、采购计划大大缩小了用时，加快了进度，同时提高了计划的准确性。

(7) 加快竣工交付资料准备。基于BIM的工程实施方法，过程中所有资料可随时挂接到工程BIM数字模型中，竣工资料在竣工时即已形成。竣工BIM模型在运维阶段还将为业主方发挥巨大的作用。

(8) 提升项目决策效率。传统的工程实施中，由于大量决策依据、数据不能及时完整的提交出来，决策被迫延迟，或决策失误造成工期损失的现象非常多见。实际情况中，只要工程信息数据充分，决策并不困难，难的往往是决策依据不足、数据不充分，有时导致领导难以决策，有时导致多方谈判长时间僵持，延误工程进展。BIM形成工程项目的多维度结构化数据库，整理分析数据几乎可以实时实现，完全没有了这方面的难题。

基于 BIM 的项目进度管理流程如图 5-26 所示。

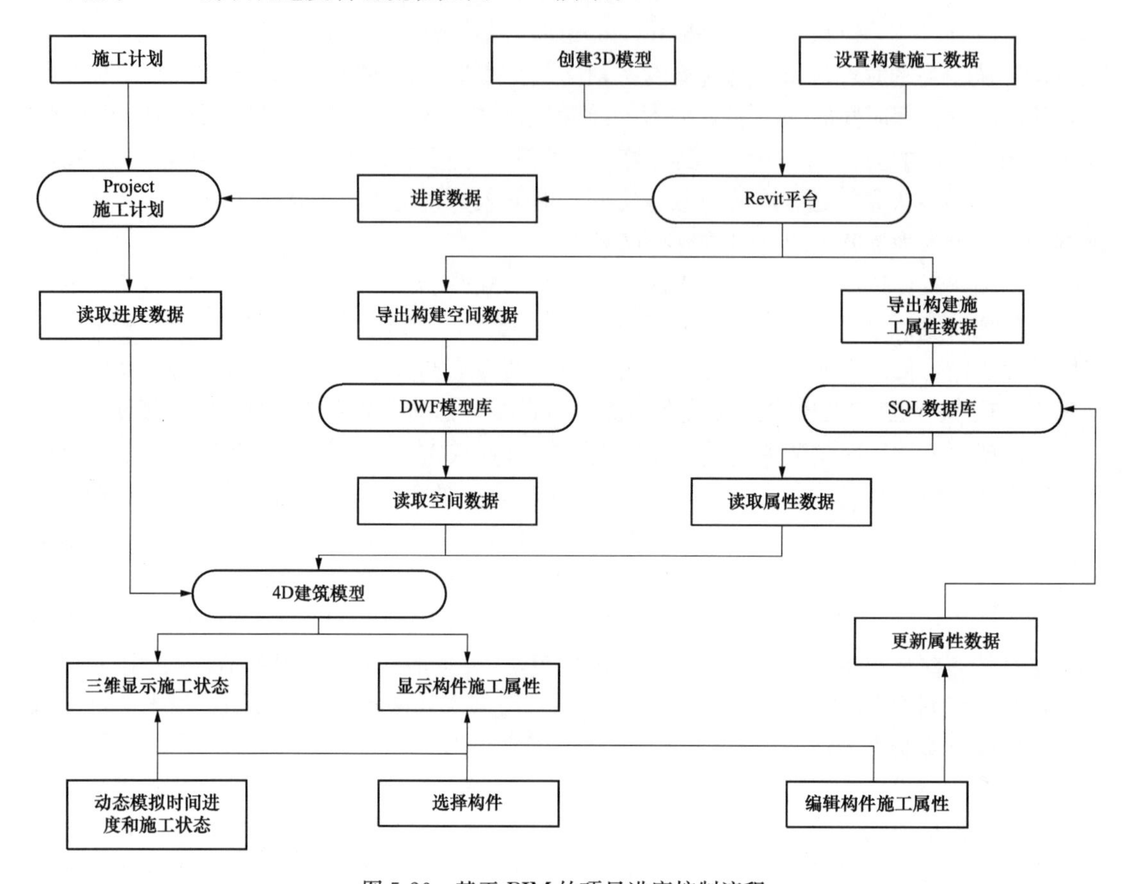

图 5-26　基于 BIM 的项目进度控制流程

5.6.6　BIM 技术在进度管理中的具体应用

BIM 在工程项目进度管理中的应用体现在项目进行过程中的方方面面，下面仅对其关键应用点进行具体介绍。

1. BIM 施工进度模拟

当前建筑工程项目管理中经常用于表示进度计划的甘特图，由于专业性强，可视化程度低，无法清晰描述施工进度以及各种复杂关系，难以准确表达工程施工的动态变化过程。通过将 BIM 与施工进度计划相链接，将空间信息与时间信息整合在一个可视的 4D（3D+Time）模型中，不仅可以直观、精确地反映整个建筑的施工过程，还能够实时追踪当前的进度状态，分析影响进度的因素，协调各专业，制定应对措施，以缩短工期、降低成本、提高质量。

目前常用的 4D-BIM 施工管理系统或施工进度模拟软件很多，利用此类管理系统或软件进行施工进度模拟大致分为以下步骤：①将 BIM 模型进行材质赋予；②制订 Project 计划；③将 Project 文件与 BIM 模型链接；④制定构件运动路径，并与时间链接；⑤设置动画视点并输出施工模拟动画。其中运用 Navisworks 进行施工模拟技术路线如图 5-27 所示。

通过 4D 施工进度模拟，能够完成以下内容：基于 BIM 施工组织，对工程重点和难点的

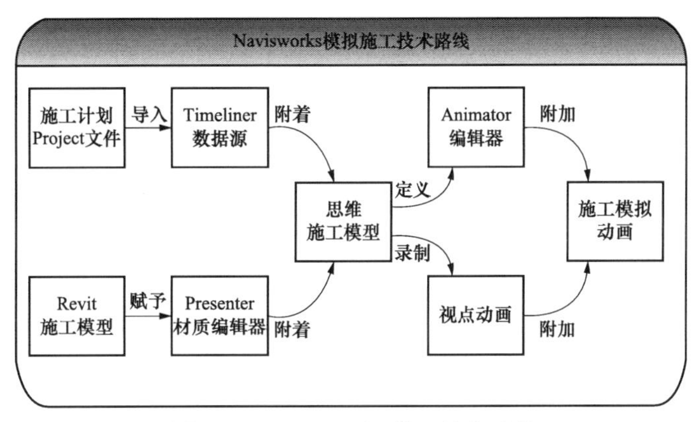

图 5-27 Navisworks 施工技术路线

部位进行分析，制定切实可行的对策；依据模型，确定方案、排定计划、划分流水段；BIM 施工进度利用季度卡来编制计划；将周和月结合在一起，假设后期需要任何时间段的计划，只需在这个计划中过滤一下即可自动生成；做到对现场的施工进度进行每日管理。

某工程链接施工进度计划的 4D 施工进度模拟如图 5-28 所示。在该 4D 施工进度模型中可以看出指定某时刻的施工进度情况，并与施工现场进行对比，对施工进度进行调控。

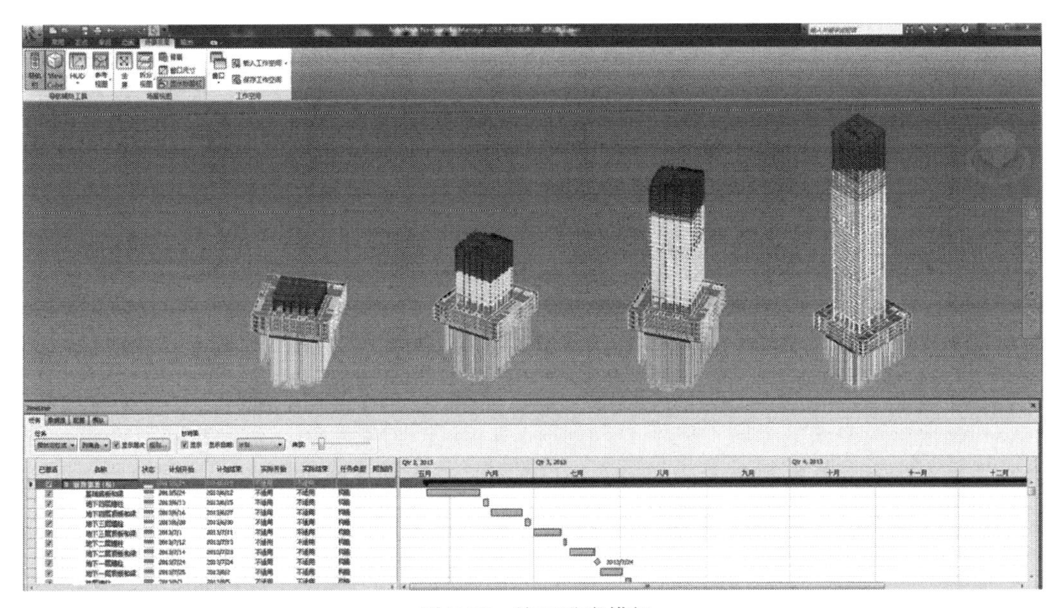

图 5-28 施工进度模拟

出具施工进度模拟动画可以指导现场工人当天的施工任务，如图 5-29 所示。

2. BIM 施工安全与冲突分析系统

(1) 时变结构和支撑体系的安全分析通过模型数据转换机制，自动由 4D 施工信息模型生成结构分析模型，进行施工期时变结构与支撑体系任意时间点的力学分析计算和安全性能评估。

(2) 施工过程进度/资源/成本的冲突分析通过动态展现各施工段的实际进度与计划的对比关系，实现进度偏差和冲突分析及预警；指定任意日期，自动计算所需人力、材料、机械、成本，进行资源对比分析和预警；根据清单计价和实际进度计算实际费用，动态分析任意时间点的成本及其影响关系。

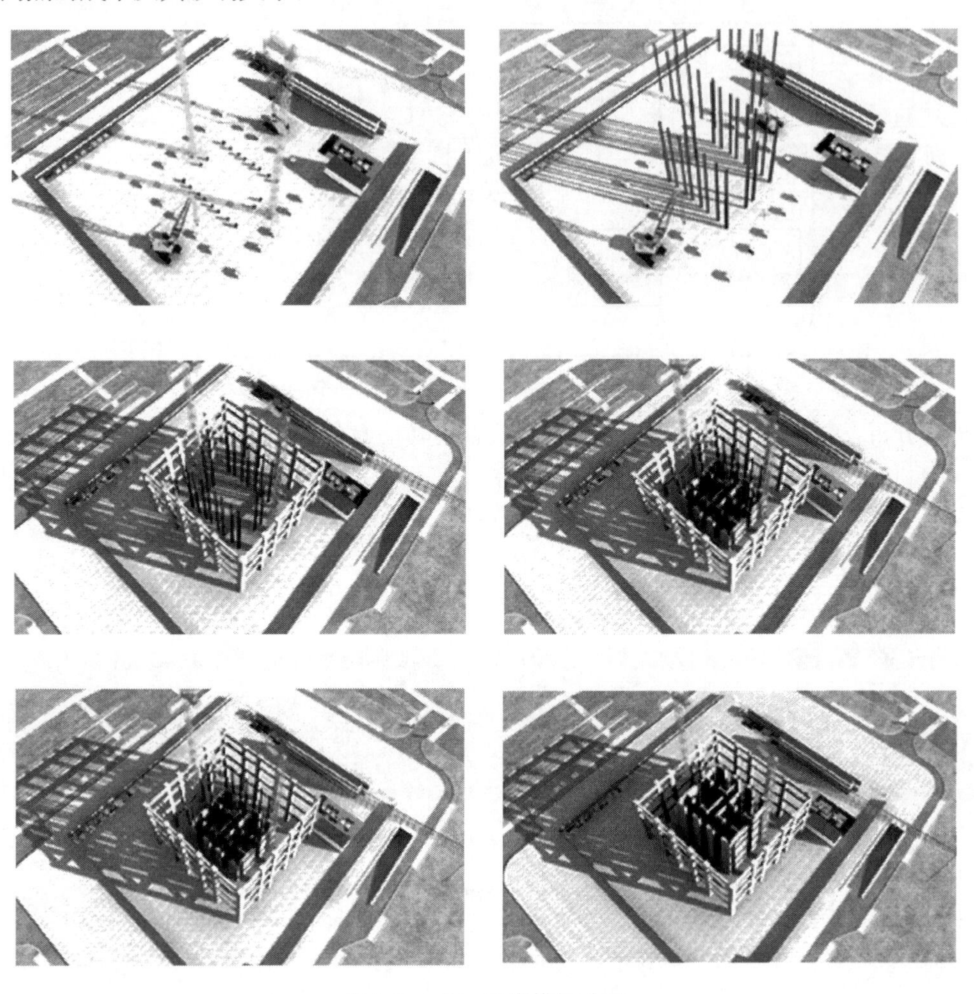

图 5-29　施工进度模拟动画

（3）场地碰撞检测基于施工现场 4D 时间模型和碰撞检测算法，可对构件与管线、设施与结构进行动态碰撞检测和分析。

某工程三维碰撞检测与优化处理前后对比如图 5-30 所示。

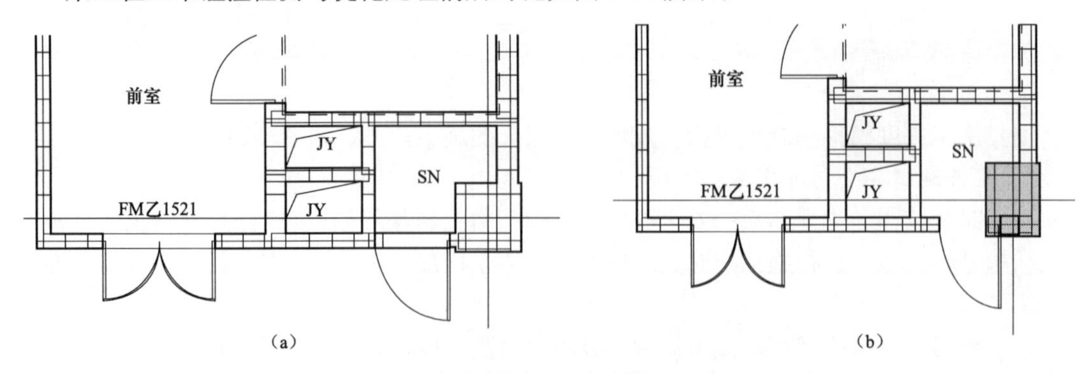

图 5-30　某工程三维碰撞检测与优化处理前后对比

（a）碰撞检查前；（b）碰撞检查后

3. BIM建筑施工优化系统

建立进度管理软件P3/P6数据模型与离散事件优化模型的数据交换，基于施工优化信息模型，实现基于BIM和离散事件模拟的施工进度、资源以及场地优化和过程的模拟。

(1) 基于BIM和离散事件模拟的施工优化通过对各项工序的模拟计算，得出工序工期、人力、机械、场地等资源的占用情况，对施工工期、资源配置以及场地布置进行优化，实现多个施工方案的比选。

(2) 基于过程优化的4D施工过程模拟将4D施工管理与施工优化进行数据集成，实现了基于过程优化的4D施工可视化模拟。

某工程基于BIM的建筑施工优化模拟如图5-31所示。

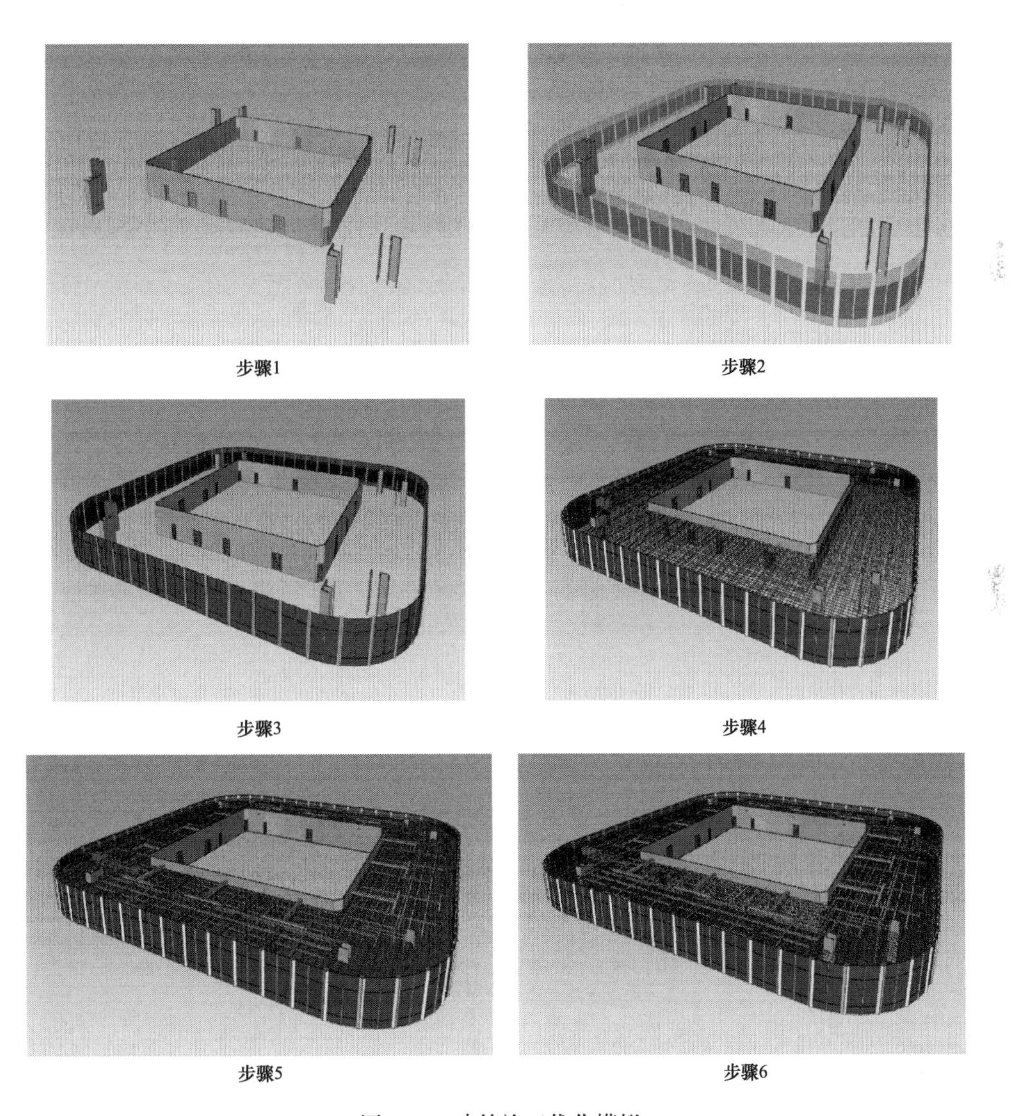

图5-31 建筑施工优化模拟

4. 三维技术交底及安装指导

我国工人文化水平不高，在大型复杂工程施工技术交底时，工人往往难以理解技术要求。针对技术方案无法细化、不直观、交底不清晰的问题，解决方案是：应改变传统的思路与做法（通过纸介质表达），转由借助三维技术呈现技术方案，使施工重点、难点部位可视化、提前预见问题，确保工程质量，加快工程进度。三维技术交底即通过三维模型让工人直观地了解自己的工作范围及技术要求，主要方法有两种：一种是虚拟施工和实际工程照片对比；另一种是将整个三维模型进行打印输出，用于指导现场的施工，方便现场的施工管理人员拿图纸进行施工指导和现场管理。

某工程特殊工艺三维技术交底如图 5-32 所示。

图 5-32 特殊工艺三维技术交底

对钢结构而言，关键节点的安装质量至关重要。安装质量不合格，轻者将影响结构受力形式，重者将导致整个结构的破坏。三维 BIM 模型可以提供关键构件的空间关系及安装形式，方便技术交底与施工人员深入了解设计意图，某工程的钢结构关键部位安装示意图如图 5-33 所示。

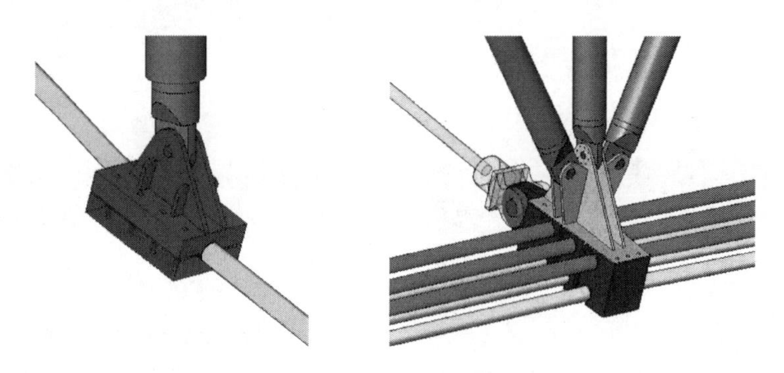

图 5-33 径索索夹安装后示意图环索安装后示意图

5. *移动终端现场管理*

采用无线移动终端、Web 及 RFID 等技术，全过程与 BIM 模型集成，实现数据库化、可视化管理，避免任何一个环节出现问题给施工和进度质量带来影响，如图 5-34 所示。

BIM 是从美国发展起来的，之后逐渐扩展到日本、欧美、新加坡等发达国家，2002 年之后国内开始逐渐接触 BIM 技术和理念。从应用领域上看，国外已将 BIM 技术应用在建筑工程的设计、施工以及建成后的运营维护阶段；国内应用 BIM 技术的项目较少，大多集中在设计阶段，缺乏施工阶段的应用。BIM 技术发展缓慢直接影响其在进度管理中的应用，国内 BIM 技术在工程项目进度管理中的应用主要需要解决软件系统、应用标准和应用模式等方面的问题。目前，国内 BIM 应用软件多依靠国外引进，但类似软件不能满足国内的规范和标准

图 5-34 移动终端随时查看 BIM 模型

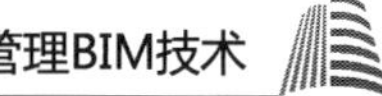

要求，必须研发具有自主知识产权的相关软件或系统，如基于BIM的4D进度管理系统，才能更好地推动BIM技术在国内工程项目进度管理中的应用，提升进度管理效率和项目管理水平。BIM标准的缺乏是阻碍BIM技术功能发挥的主要原因之一，国内应该加大BIM技术在行业协会、大专院校和科研院所的研究力度，相关政府部门应给予更多的支持。另外，目前常用的项目管理模式阻碍BIM技术效益的充分发挥，应该推动与BIM相适应的管理模式应用，如综合项目交付模式，把业主、设计方、总承包商和分包商集合在一起，充分发挥BIM技术在建筑工程全寿命周期内的效益。

5.7 质量管理

5.7.1 质量管理的定义

我国国家标准GB/T 19000—2000对质量的定义为：一组固有特征满足要求的程度。质量的主体不但包括产品，而且包括过程、活动的工作质量，还包括质量管理体系运行的效果。工程项目质量管理是指在力求实现工程项目总目标的过程中，为满足项目的质量要求所开展的有关管理监督活动。

5.7.2 影响质量管理的因素

在工程建设中，无论是勘察、设计、施工还是机电设备的安装，影响工程质量的因素主要有“人、机、料、法、环”5大方面，即人工、机械、材料、工法、环境。所以工程项目的质量管理主要是对这5个方面进行控制。

1. 人工的控制

人工是指直接参与工程建设的决策者、组织者、指挥者和操作者。人工的因素是影响工程质量的5大因素中的首要因素。在某种程度上，它决定了其他因素。很多质量管理过程中出现的问题归根结底都是人工的问题。项目参与者的素质、技术水平、管理水平、操作水平最终都影响了工程建设项目的最终质量。

2. 机械的控制

施工机械设备是工程建设不可或缺的设施，对施工项目的施工质量有着直接影响。有些大型、新型的施工机械可以使工程项目的施工效率大大提高，而有些工程内容或者施工工作必须依靠施工机械才能保证工程项目的施工质量，如混凝土，特别是大型混凝土的振捣机械、道路地基的碾压机械等。如果靠人工来完成这些工作，往往很难保证工程质量。但是施工机械体积庞大、结构复杂，而且往往需要有效的组合和配合才能收到事半功倍的效果。

3. 材料的控制

材料是建设工程实体组成的基本单元，是工程施工的物质条件，工程项目所用材料的质量直接影响着工程项目的实体质量。因此每一个单元的材料质量都应该符合设计和规范的要求，工程项目实体的质量才能得到保证。在项目建设中使用不合格的材料和构配件，就会造成工程项目的质量不合格。所以在质量管理过程中一定要把好材料、构配件关，打牢质量根基。

4. 工法的控制

工程项目的施工方法的选择也对工程项目的质量有着重要影响。对一个工程项目而言，施工方法和组织方案的选择正确与否直接影响整个项目的建设能否顺利进行，关系到工程项目的质量目标能否顺利实现，甚至关系到整个项目的成败。但是施工方法的选择往往是根据项目管理者的经验进行的，有些方法在实际操作中并不一定可行。如预应力混凝土的先拉法和后拉法，需要根据实际的施工情况和施工条件来确定的。工法的选择对于预应力混凝土的质量也有一定影响。

5. 环境的控制

工程项目在建设过程中面临很多环境因素的影响，主要有社会环境、经济环境和自然环境等。通常对工程项目的质量产生影响较大的是自然环境，其中又有气候、地质、水文等细部的影响因素。例如冬季施工对混凝土质量的影响，风化地质或者地下溶洞对建筑基础的影响等。因此，在质量管理过程中，管理人员应该尽可能地考虑环境因素对工程质量产生的影响，并且努力去优化施工环境，对于不利因素严加管控，避免其对工程项目的质量产生影响。

5.7.3 传统质量管理的缺陷

建筑业经过长期的发展已经积累了丰富的管理经验，在此过程中，通过大量的理论研究和专业积累，工程项目的质量管理也逐渐形成了一系列的管理方法。但是工程实践表明：大部分管理方法在理论上的作用很难在工程实际中得到发挥。由于受实际条件和操作工具的限制，这些方法的理论作用只能得到部分发挥，甚至得不到发挥，影响了工程项目质量管理的工作效率，造成工程项目的质量目标最终不能完全实现。工程施工过程中，施工人员专业技能不足、材料的使用不规范、不按设计或规范进行施工、不能准确预知完工后的质量效果、各个专业工种相互影响等问题都会对工程质量管理造成一定的影响，具体表现为：

1. 施工人员专业技能不足

工程项目一线操作人员的素质直接影响工程质量，是工程质量高低、优劣的决定性因素。工人们的工作技能，职业操守和责任心都对工程项目的最终质量有重要影响。但是现在的建筑市场上，施工人员的专业技能普遍不高，绝大部分没有参加过技能岗位培训或未取得有关岗位证书和技术等级证书。很多工程质量问题都是因为施工人员的专业技能不足造成的。

2. 材料的使用不规范

国家对建筑材料的质量有着严格的规定和划分，个别企业也有自己的材料使用质量标准。但是在实际施工过程中往往对建筑材料质量的管理不够重视，个别施工单位为了追求额外的效益，会有意无意地在工程项目的建设过程中使用一些不规范的工程材料，造成工程项目的最终质量存在问题。

3. 不按设计或规范进行施工

为了保证工程建设项目的质量，国家制定了一系列有关工程项目各个专业的质量标准和规范。同时每个项目都有自己的设计资料，规定了项目在实施过程中应该遵守的规范。但是在项目实施的过程中，这些规范和标准经常被突破，一来因为人们对设计和规范的理解存在差异，二来由于管理的漏洞，造成工程项目无法实现预定的质量目标。

4. 不能准确预知完工后的质量效果

一个项目完工之后，如果感官上不美观，就不能称之为质量很好的项目。但是在施工之前，没有人能准确无误的预知完工之后的实际情况。往往在工程完工之后，或多或少都有不符合设计意图的地方，存有遗憾。较为严重的还会出现使用中的质量问题，比如设备的安装没有足够的维修空间，管线的布置杂乱无序，因未考虑到局部问题被迫牺牲外观效果等，这些问题都影响着项目完工后的质量效果。

5. 各个专业工种相互影响

工程项目的建设是一个系统、复杂的过程，需要不同专业、工种之间相互协调，相互配合才能很好地完成。但是在工程实际中往往由于专业的不同，或者所属单位的不同，各个工种之间很难在事前做好协调沟通。这就造成在实际施工中各专业工种配合不好，使得工程项目的进展不连续，或者需要经常返工，以及各个工种之间存在碰撞，甚至相互破坏、相互干扰，严重影响了工程项目的质量。如水、电等其他专业队伍与主体施工队伍的工作顺序安排不合理，造成水电专业施工时在承重墙、板、柱、梁上随意凿沟开洞，因此破坏了主体结构，影响了结构安全。

5.7.4 BIM 技术质量管理优势

BIM 技术的引入不仅提供一种“可视化”的管理模式，也能够充分发掘传统技术的潜在能量，使其更充分、有效地为工程项目质量管理工作服务。传统的二维管控质量的方法是将各专业平面图叠加，结合局部剖面图，设计审核校对人员凭经验发现错误，难以全面，而三维参数化的质量控制，是利用三维模型，通过计算机自动实时检测管线碰撞，精确性高。二维质量控制与三维质量控制的优缺点对比见表 5-3。

表 5-3　传统二维质量控制与三维质量控制优缺点对比

传统二维质量控制缺陷	三维质量控制优点
手工整合图纸，凭借经验判断，难以全面分析	电脑自动在各专业间进行全面检验，精确度高
均为局部调整，存在顾此失彼情况	在任意位置剖切大样及轴测图大样，观察并调整该处管线标高关系
标高多为原则性确定相对位置，大量管线没有精确确定标高	轻松发现影响净高的瓶颈位置
通过“平面+局部剖面”的方式，对于多管交叉的复制部位表达不够充分	在综合模型中进行直观的表达碰撞检测结果

5.7.5 BIM 技术在质量管理中的具体应用

基于 BIM 的工程项目质量管理包括产品质量管理及技术质量管理。

产品质量管理：BIM 模型储存了大量的建筑构件和设备信息。通过软件平台，可快速查找所需的材料及构配件信息，如规格、材质、尺寸要求等，并可根据 BIM 设计模型，对现场施工作业产品进行追踪、记录、分析，掌握现场施工的不确定因素，避免不良后果出现，监控施工质量。

技术质量管理：通过 BIM 的软件平台动态模拟施工技术流程，再由施工人员按照仿真施工流程施工，确保施工技术信息的传递不会出现偏差，避免实际做法和计划做法出现偏差，减少不可预见情况的发生，监控施工质量。

下面仅对 BIM 在工程项目质量管理中的关键应用点进行具体介绍。

1. 建模前期协同设计

在建模前期，需要建筑专业和结构专业的设计人员大致确定吊顶高度及结构梁高度；对于净高要求严格的区域，提前告知机电专业；各专业针对空间狭小、管线复杂的区域，协调出二维局部剖面图。建模前期协同设计的目的是在建模前期就解决部分潜在的管线碰撞问题，对潜在质量问题预知。

2. 碰撞检测

传统二维图纸设计中，在结构、水暖电等各专业设计图纸汇总后，由总工程师人工发现和协调问题。人为的失误在所难免，使施工中出现很多冲突，造成建设投资巨大浪费，并且还会影响施工进度。另外，由于各专业承包单位实际施工过程中对其他专业或者工种、工序间的不了解，甚至是漠视，产生的冲突与碰撞也比比皆是。但施工过程中，这些碰撞的解决方案，往往受限于现场已完成部分的局限，大多只能牺牲某部分利益、效能，而被动地变更。调查表明，施工过程中相关各方有时需要付出几十万、几百万，甚至上千万的代价来弥补由设备管线碰撞引起的拆装、返工和浪费。

目前，BIM 技术在三维碰撞检查中的应用已经比较成熟，依靠其特有的直观性及精确性，于设计建模阶段就可一目了然地发现各种冲突与碰撞。在水、暖、电建模阶段，利用 BIM 随时自动检测及解决管线设计初级碰撞，其效果相当于将校审部分工作提前进行，这样可大大提高成图质量。碰撞检测的实现主要依托于虚拟碰撞软件，其实质为 BIM 可视化技术，施工设计人员在建造之前就可以对项目进行碰撞检查，不但能够彻底消除碰撞，优化工程设计，减少在建筑施工阶段可能存在的错误损失和返工的可能性，而且能够优化净空和管线排布方案。最后施工人员可以利用碰撞优化后的三维方案，进行施工交底、施工模拟，提高了施工质量，同时也提高了与业主沟通的主动权。

碰撞检测可以分为专业间碰撞检测及管线综合的碰撞检测。专业间碰撞检测主要包括土建专业之间（如检查标高、剪力墙、柱等位置是否一致，梁与门是否冲突）、土建专业与机电专业之间（如检查设备管道与梁柱是否发生冲突）、机电各专业间（如检查管线末端与室内吊顶是够冲突）的软、硬碰撞点检查；管线综合的碰撞检测主要包括管道专业、暖通专业、电气专业系统内部检查以及管道、暖通、电气、结构专业之间的碰撞检查等。另外，解决管线空间布局问题，如机房过道狭小等问题也是常见碰撞内容之一。

在对项目进行碰撞检测时，要遵循如下检测优先级顺序：第一，进行土建碰撞检测；第二，进行设备内部各专业碰撞检测；第三，进行结构与给排水、暖、电专业碰撞检测等；第四，解决各管线之间交叉问题。其中，全专业碰撞检测的方法如下：将完成各专业的精确三维模型建立后，选定一个主文件，以该文件轴网坐标为基准，将其他专业模型链接到该主模型中，最终得到一个包括土建、管线、工艺设备等全专业的综合模型。该综合模型真正成为设计提供了模拟现场施工碰撞检查平台，在这平台上完成仿真模式现场碰撞检查，并根据检测报告及修改意见对设计方案合理评估并作出设计优化决策，然后再次进行碰撞检测……如此循环，直至解决所有的硬碰撞，软碰撞。

显而易见，常见碰撞内容复杂、种类较多，且碰撞点很多，甚至高达上万个，如何对碰撞点进行有效标识与识别？这就需要采用轻量化模型技术，把各专业三维模型数据以直观的

模式，存储于展示模型中。模型碰撞信息采用“碰撞点”和“标识签”进行有序标识，通过结构树形式的“标识签”可直接定位到碰撞位置。碰撞报告标签命名规则如图 5-35 所示。

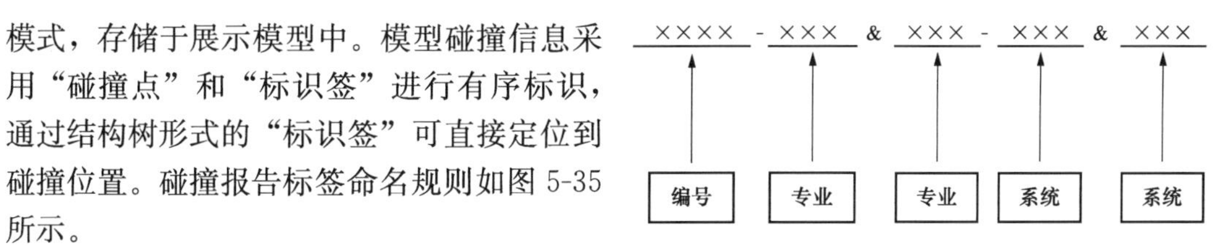

图 5-35 碰撞报告标签命名规则

碰撞检测完毕后，在计算机上以该命名规则出具碰撞检查报告，方便快速读出碰撞点的具体位置与碰撞信息。例如 0014-PIP&HVAC-ZP&PF，表示该碰撞点是管道专业与暖通专业碰撞的第 14 个点，为管道专业的自动喷，碰撞检查后处理如图 5-36 所示。

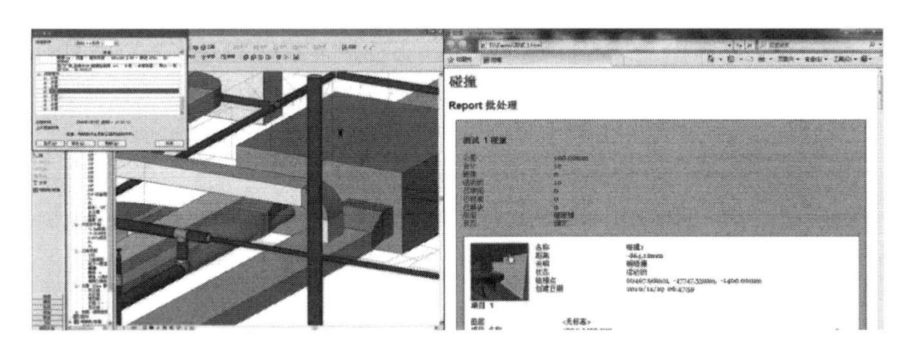

图 5-36 BIM 三维碰撞检查与处理

管道专业三维碰撞检查报告见表 5-4。

表 5-4　管道专业三维碰撞检查报告

0001-PIP&PIP-J&XH	1-SOHO-BAS-PIP-B04-J-DN50-2 ｜ SOHO-BAS-PIP-B04-XH-DN100-2 ｜ ｜ 0001-PIP&PIP-J&XH
0002-PIP&PIP-J&XH	2-SOHO-BAS-PIP-B04-J-DN50-2 ｜ SOHO-BAS-PIP-B04-XH-（LG）DN65-2 ｜ ｜ 0002-PIP&PIP-J&XH
0003-PIP&PIP-J&W	3-SOHO-BAS-PIP-B04-J-DN80-4 ｜ SOHO-BAS-PIP-B04-W-DN100-1 ｜ ｜ 0003-PIP&PIP-J&W
0004-PIP&PIP-W&YW	2-SOHO-BAS-PIP-B04-W-DN100-1 ｜ SOHO-BAS-PIP-B04-YW-DN100-1 ｜ ｜ 0004-PIP&PIP-W&YW
0005-PIP&PIP-W&YW	3-SOHO-BAS-PIP-B04-W-DN100-2 ｜ SOHO-BAS-PIP-B04-YW-DN80-4 ｜ ｜ 0005-PIP&PIP-W&YW
0006-PIP&PIP-W&T	4-SOHO-BAS-PIP-B04-W-DN100-4 ｜ SOHO-BAS-PIP-B04-T-（LG）DN100-4 ｜ ｜ 0006-PIP&PIP-W&T
0007-PIP&PIP-W&ZP	5-SOHO-BAS-PIP-B04-W-DN100-6 ｜ SOHO-BAS-PIP-B04-ZP-DN150-3 ｜ ｜ 0007-PIP&PIP-W&ZP
0008-PIP&PIP-W&ZP	6-SOHO-BAS-PIP-B04-W-DN100-8 ｜ SOHO-BAS-PIP-B04-ZP-DN150-3 ｜ ｜ 0008-PIP&PIP-W&ZP
0009-PIP&PIP-W&YW	7-SOHO-BAS-PIP-B04-W-DN80-1 ｜ SOHO-BAS-PIP-B04-YW-DN80-5 ｜ ｜ 0009-PIP&PIP-W&YW

续表

0010-PIP&PIP-W&YW	8-SOHO-BAS-PIP-B04-W-DN80-3 | SOHO-BAS-PIP-B04-YW-DN80-2 | | 0010-PIP&PIP-W&YW
0011-PIP&PIP-W&YW	9-SOHO-BAS-PIP-B04-W-DN80-4 | SOHO-BAS-PIP-B04-YW-DN80-3 | | 0011-PIP&PIP-W&YW
0012-PIP&PIP-W&YW	10-SOHO-BAS-PIP-B04-W-DN80-6 | SOHO-BAS-PIP-B04-YW-DN80-3 | | 0012-PIP&PIP-W&YW
0013-PIP&PIP-W&YW	11-SOHO-BAS-PIP-B04-W-DN80-8 | SOHO-BAS-PIP-B04-YW-DN80-1 | | 0013-PIP&PIP-W&YW
0014-PIP&PIP-XH&ZP	3-SOHO-BAS-PIP-B04-XH-DN200-3 | SOHO-BAS-PIP-B04-ZP-DN200-3 | | 0014-PIP&PIP-XH&ZP

在读取并定位碰撞点后，为了更加快速地给出针对碰撞检测中出现的“软”“硬”碰撞点的解决方案，我们可以将碰撞问题划分为以下几类：

1）重大问题，需要业主协调各方共同解决。

2）由设计方解决的问题。

3）由施工现场解决的问题。

4）因未定因素（如设备）而遗留的问题。

5）因需求变化而带来新的问题。

针对由设计方解决的问题，可以通过多次召集各专业主要骨干参加三维可视化协调会议的办法，把复杂的问题简单化，同时将责任明确到个人，从而顺利地完成管线综合设计、优化设计，得到业主的认可。针对其他问题，则可以通过三维模型截图、漫游文件等协助业主解决。另外，管线优化设计应遵循以下原则：

1）在非管线穿梁、碰柱、穿吊顶等必要情况下，尽量不要改动。

2）只需调整管线安装方向即可避免的碰撞，属于软碰撞，可以不修改，以减少设计人员的工作量。

3）需满足建筑业主要求，对没有碰撞，但不满足净高要求的空间，也需要进行优化设计。

4）管线优化设计时，应预留安装、检修空间。

5）管线避让原则如下：有压管让无压管；小管线让大管线；施工简单管让施工复杂管；冷水管道避让热水管道；附件少的管道避让附件多的管道；临时管道避让永久管道。

某工程碰撞检测及碰撞点显示如图 5-37 所示。

3. 大体积混凝土测温

使用自动化监测管理软件进行大体积混凝土温度的监测，将测温数据无线传输汇总自动到分析平台上，通过对各个测温点的分析，形成动态监测管理。电子传感器按照测温点布置要求，自动直接将温度变化情况输出到计算机，形成温度变化曲线图，随时可以远程动态监测基础大体积混凝土的温度变化，根据温度变化情况，随时加强养护措施，确保大体积混凝土的施工质量，确保在工程基础筏板混凝土浇筑后不出现由于温度变化剧烈引起的温度裂缝。利用基于 BIM 的温度数据分析平台对大体积混凝土进行温度检测如图 5-38 所示。

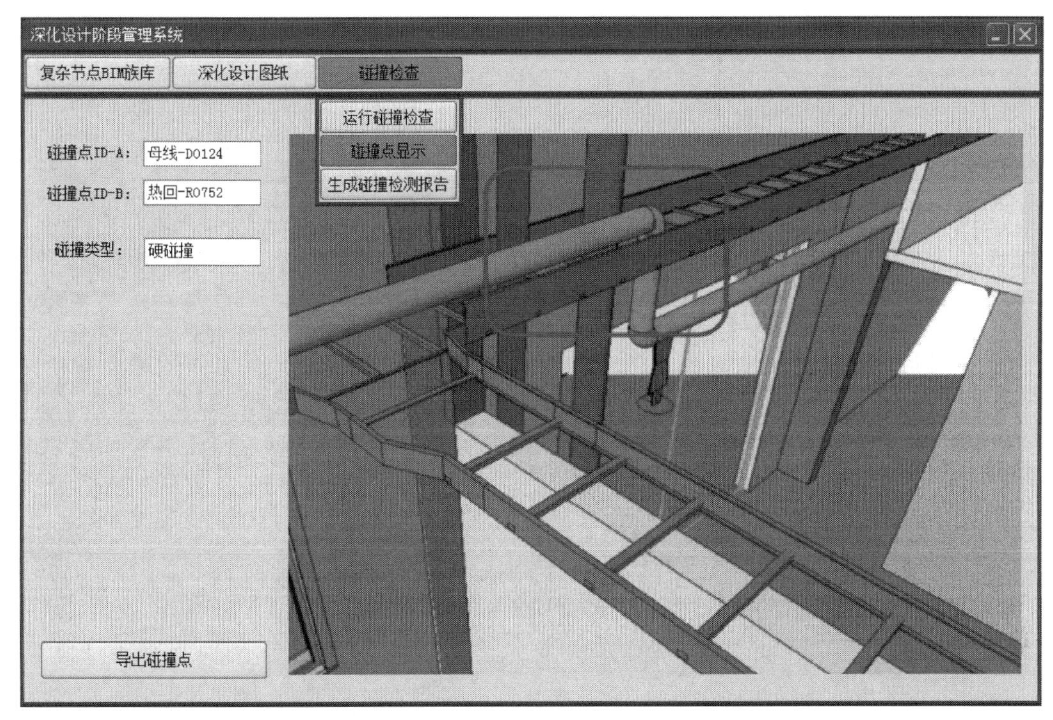

(a)

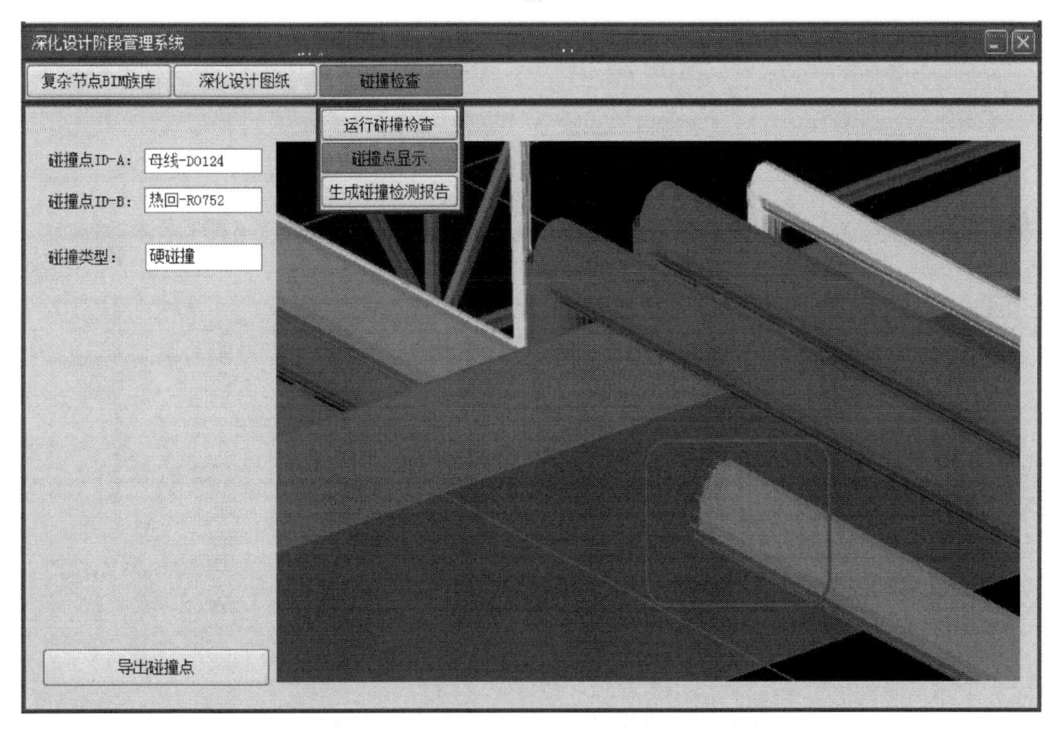

(b)

图 5-37 某工程碰撞检测及碰撞点显示（一）

(a) 碰撞点一；(b) 碰撞点二

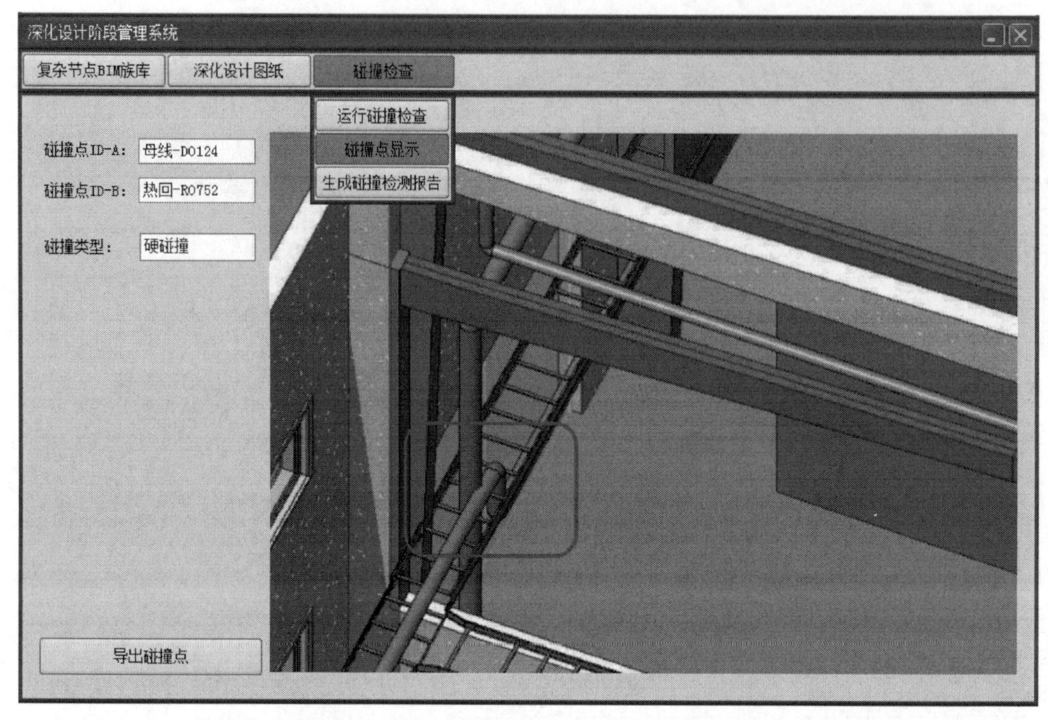

(c)

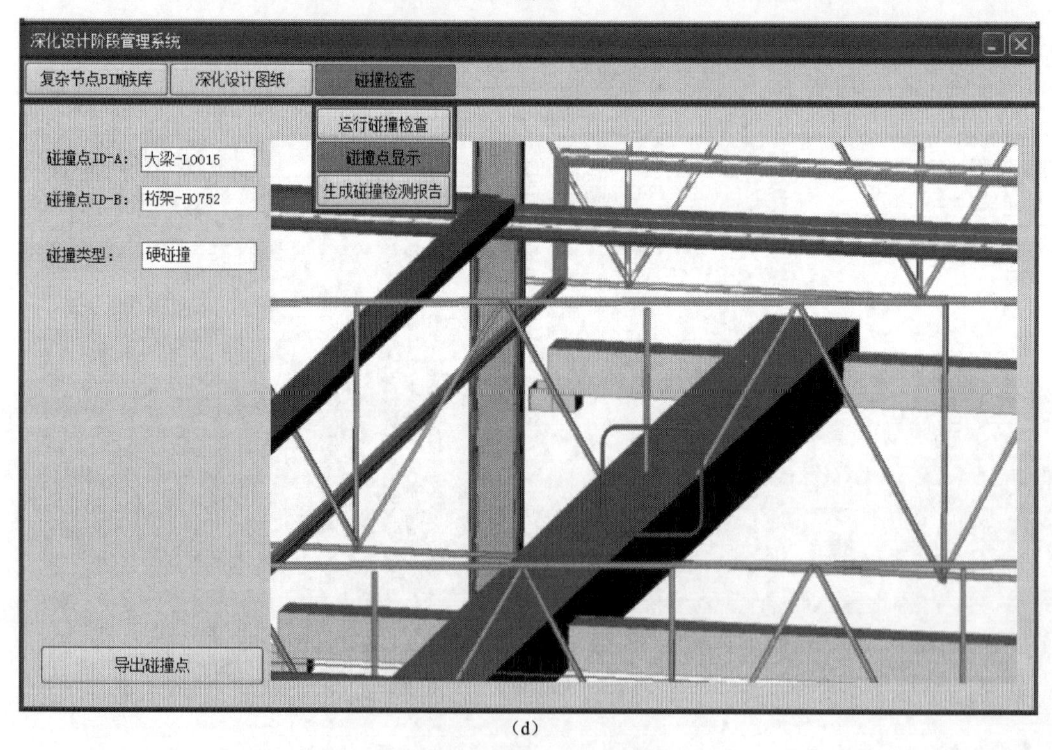

(d)

图 5-37 某工程碰撞检测及碰撞点显示（二）

(c) 碰撞点三；(d) 碰撞点四

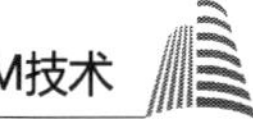

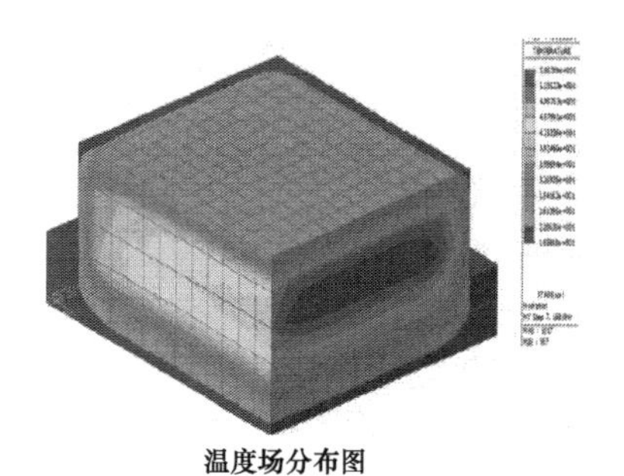

图 5-38 基于 BIM 的大体积混凝土进行温度检测

4. 施工工序中管理

工序质量控制就是对工序活动条件即工序活动投入的质量和工序活动效果的质量及分项工程质量的控制。在利用 BIM 技术进行工序质量控制时能够着重于以下几方面的工作：

(1) 利用 BIM 技术能够更好地确定工序质量控制工作计划。一方面要求对不同的工序活动制定专门的保证质量的技术措施，作出物料投入及活动顺序的专门规定；另一方面要规定质量控制工作流程、质量检验制度。

(2) 利用 BIM 技术主动控制工序活动条件的质量。工序活动条件主要指影响质量的五大因素，即人、材料、机械设备、方法和环境等。

(3) 能够及时检验工序活动效果的质量。主要是实行班组自检、互检、上下道工序交接检，特别是对隐蔽工程和分项（部）工程的质量检验。

(4) 利用 BIM 技术设置工序质量控制点（工序管理点），实行重点控制。工序质量控制点是针对影像质量的关键部位或薄弱环节确定的重点控制对象。正确设置控制点并严格实施是进行工序质量控制的重点。

5.8 安全管理

5.8.1 安全管理的定义

安全管理（Safety Management）是管理科学的一个重要分支，它是为实现安全目标而进行的有关决策、计划、组织和控制等方面的活动；主要运用现代安全管理原理、方法和手段，分析和研究各种不安全因素，从技术上、组织上和管理上采取有力的措施，解决和消除各种不安全因素，防止事故的发生。

5.8.2 安全管理的重要性

安全管理是企业生产管理的重要组成部分，是一门综合性的系统科学。安全管理的对象是生产中一切人、物、环境的状态管理与控制，安全管理是一种动态管理。安全管理，主要是组织实施企业安全管理规划、指导、检查和决策，同时，又是保证生产处于最佳安全状态的根本环节。施工现场安全管理的内容，大体可归纳为安全组织管理，场地与设施管理，行为控制和安全技术管理四个方面，分别对生产中的人、物、环境的行为与状态，进行具体的管理与控制。

5.8.3 传统安全管理的难点与缺陷

建筑业是我国“五大高危行业”之一，《安全生产许可证条例》规定建筑企业必须实行安全生产许可证制度。但是为何建筑业的“五大伤害”事故的发生率并没有明显下降？从管理和现状的角度，主要有以下几种原因：

（1）企业责任主体意识不明确。企业对法律法规缺乏应有的了解和认识，上到企业法人，下到专职安全生产管理人员，对自身安全责任及工程施工中所应当承担的法律责任没有明确的了解，误认为安全管理是政府的职责，造成安全管理不到位。

（2）政府监管压力过大，监管机构和人员严重不足。为避免安全生产事故的发生，政府监管部门按例进行建筑施工安全检查。由于我国安全生产事故追究实行“问责制”，一旦发生事故，监管部门的管理人员需要承担相应责任，而由于有些地区监管机构和人员严重不足，造成政府监管压力过大，加之检查人员的业务水平不足等因素，很容易使事故隐患没有及时发现。

（3）企业重生产，轻安全，“质量第一、安全第二”。一方面，造成事故的发生，潜伏性和随机性，安全管理不合格是安全事故发生的必要条件而非充分条件，造成企业存在侥幸心理，疏于安全管理；另一方面，由于质量和进度直接关系到企业效益，而生产能给企业带来效益，安全则会给企业增加支出，所以很多企业重生产而轻安全。

（4）“垫资”“压价”等不规范的市场主体行为直接导致施工企业削减安全投入。“垫资”“压价”等不规范的市场行为一直压制企业发展，造成企业无序竞争。很多企业为生存而生产，有些项目零利润甚至负利润。在生存与发展面前，很多企业的安全投入就成了一句空话。

（5）建筑业企业资质申报要求提供安全评估资料，这就要求独立于政府和企业之外的第三方建筑业安全咨询评估中介机构要大量存在，安全咨询评估中介机构所提供的评估报告可以作为政府对企业安全生产现状采信的证明。而安全咨询评估安全服务中介机构的缺少，造成无法给政府提供独立可供参考的第三方安全评估报告。

（6）工程监理管安全，“一专多能”起不到实际作用。建筑安全是一门多学科系统，在我国属于新兴学科，同时也是专业性很强的学科。而监理人员是多为从施工员、质检员过度而来，对施工质量很专业，但对安全管理并不专业。相关的行政法规却把施工现场安全责任划归监理，并不十分合理。

5.8.4 BIM技术安全管理优势

基于BIM的管理模式是创建信息、管理信息、共享信息的数字化方式，在工程安全管理方面具有很多优势，如基于BIM的项目管理，工程基础数据如量、价等，数据准确、数据透明、数据共享，能完全实现短周期、全过程对资金安全的控制；基于BIM技术，可以提供施工合同、支付凭证、施工变更等工程附件管理，并为成本测算、招投标、签证管理、支付等全过程造价进行管理；BIM数据模型保证了各项目的数据动态调整，可以方便统计，追溯各个项目的现金流和资金状况；基于BIM的4D虚拟建造技术能提前发现在施工阶段可能出现的问题，并逐一修改，提前制定应对措施；采用BIM技术，可实现虚拟现实和资产、空间等管理、建筑系统分析等技术内容，从而便于运营维护阶段的管理应用；运用BIM技术，可以对火灾等安全隐患进行及时处理，从而减少不必要的损失，对突发事件进行快速应变和处理，快速准确掌握建筑物的运营情况。

5.8.5　BIM 技术在安全管理中的具体应用

采用 BIM 技术可使整个工程项目在设计、施工和运营维护等阶段都能够有效地控制资金风险，实现安全生产。下面将对 BIM 技术在工程项目安全管理中的具体应用进行介绍。

1. 施工准备阶段安全控制

在施工准备阶段，利用 BIM 进行与实践相关的安全分析，能够降低施工安全事故发生的可能性，如：4D 模拟与管理和安全表现参数的计算可以在施工准备阶段排除很多建筑安全风险；BIM 虚拟环境划分施工空间，排除安全隐患（图 5-39）；基于 BIM 及相关信息技术的安全规划可以在施工前的虚拟环境中发现潜在的安全隐患并予以排除；采用 BIM 模型结合有限元分析平台，进行力学计算，保障施工安全；通过模型发现施工过程重大危险源并实现水平洞口危险源自动识别（图 5-40）等。

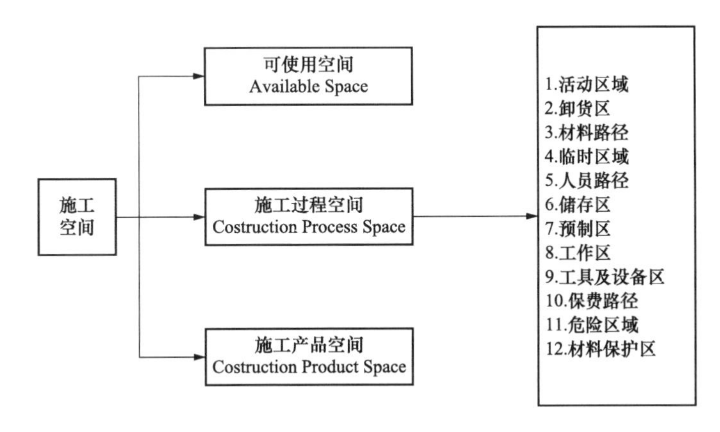

图 5-39　施工空间划分

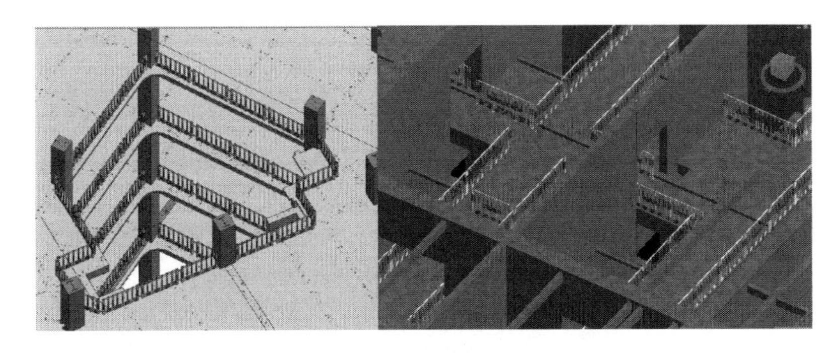

图 5-40　利用 BIM 模型对危险源进行辨识后自动防护

2. 施工过程仿真模拟

仿真分析技术能够模拟建筑结构在施工过程中不同时段的力学性能和变形状态，为结构安全施工提供保障。通常采用大型有限元软件来实现结构的仿真分析，但对于复杂建筑物的

模型建立需要耗费较多时间：在BIM模型的基础上，开发相应的有限元软件接口，实现三维模型的传递，再附加材料属性、边界条件和荷载条件，结合先进的时变结构分析方法，便可以将BIM、4D技术和时变结构分析方法结合起来，实现基于BIM的施工过程结构安全分析，有效捕捉施工过程中可能存在的危险状态，指导安全维护措施的编制和执行，防止发生安全事故。应用实例为：将盘锦体育场BIM模型导入Ansys有限元分析软件的过程如图5-41所示，其限元计算模型如图5-42所示，仿真计算结果如图5-43所示。

图5-41　BIM模型与有限元模型的快速传递

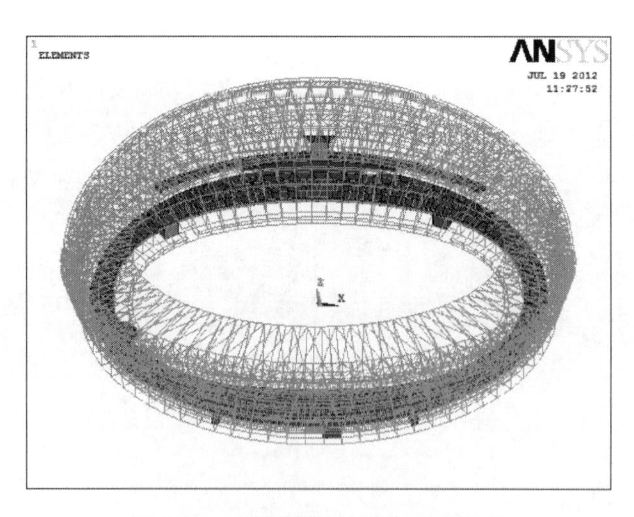

图5-42　盘锦体育场有限元计算模型

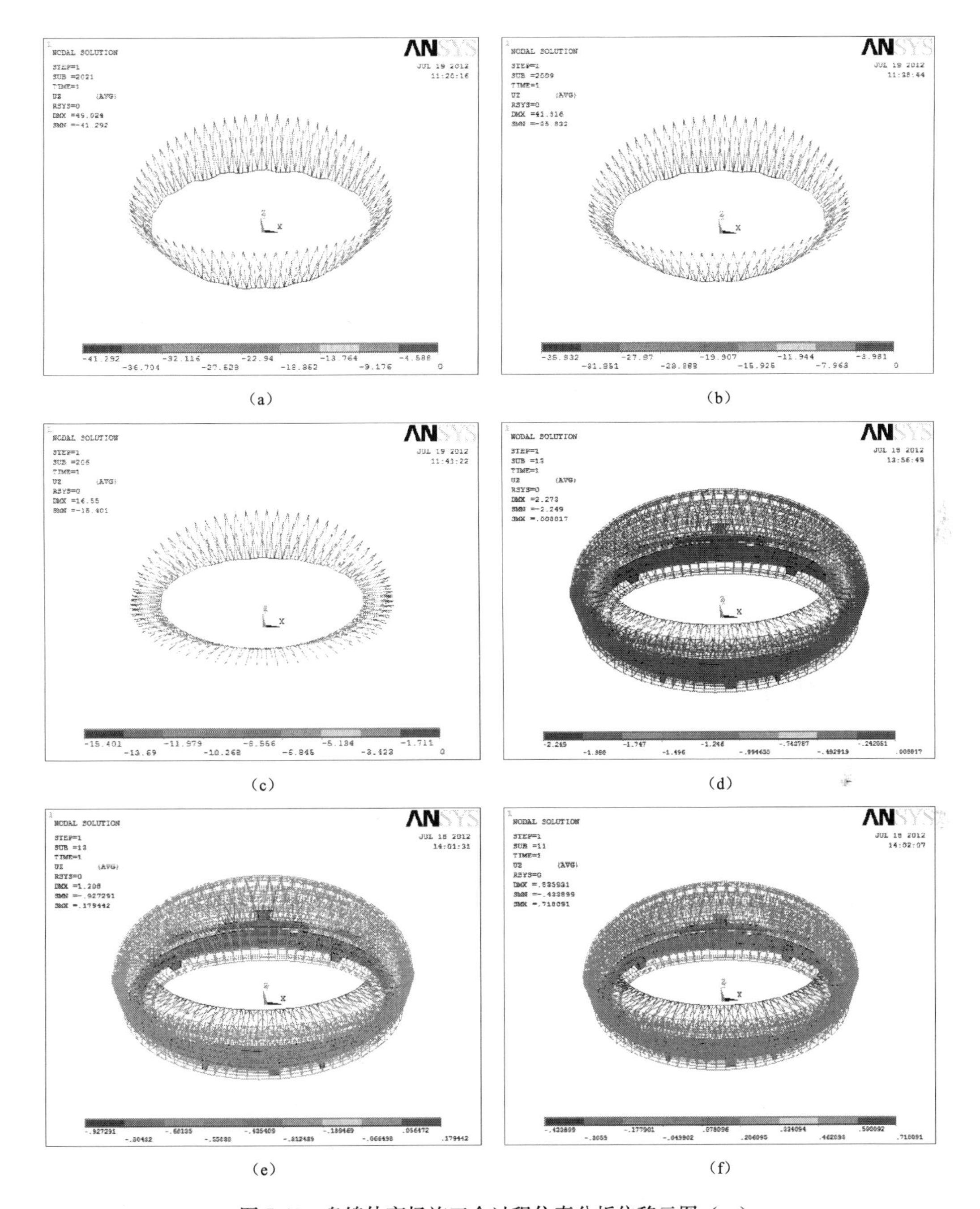

图 5-43 盘锦体育场施工全过程仿真分析位移云图（一）

（a）离地 0.5m；（b）离地 10m；（c）离地 30m；（d）销轴离耳板销轴孔 2.0m；

（e）第 1 批吊索安装就位；（f）第二批吊索离耳板 0.05m

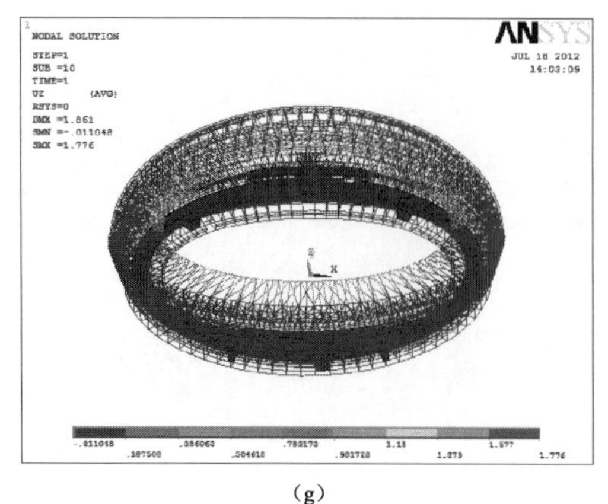

(g)

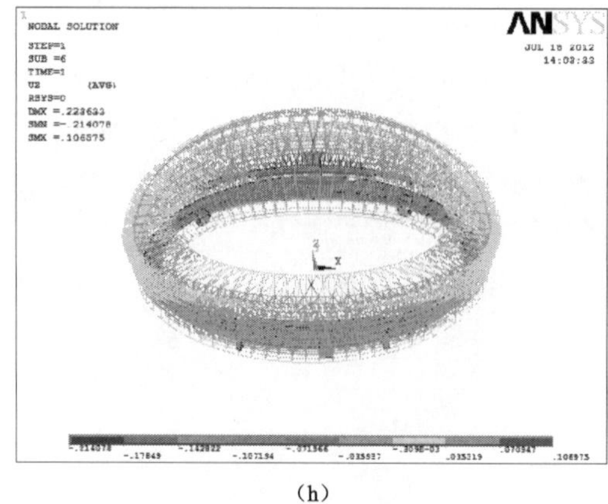

(h)

图 5-43 盘锦体育场施工全过程仿真分析位移云图（二）

(g) 第 2 批吊索安装就位；(h) 谷索安装就位

3. 模型试验

对于结构体系复杂、施工难度大的结构，结构施工方案的合理性与施工技术的安全可靠性都需要验证，为此利用 BIM 技术建立试验模型，对施工方案进行动态展示，从而为试验提供模型基础信息。盘锦体育场结构建立的 BIM 缩尺模型与模型试验现场照片对比如图 5-44所示，缩尺模型连接节点示意如图 5-45 所示。

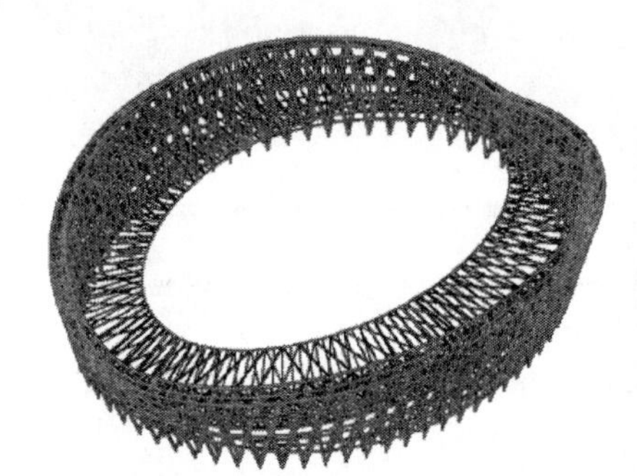

图 5-44 BIM 缩尺模型与模型试验现场照片对比图

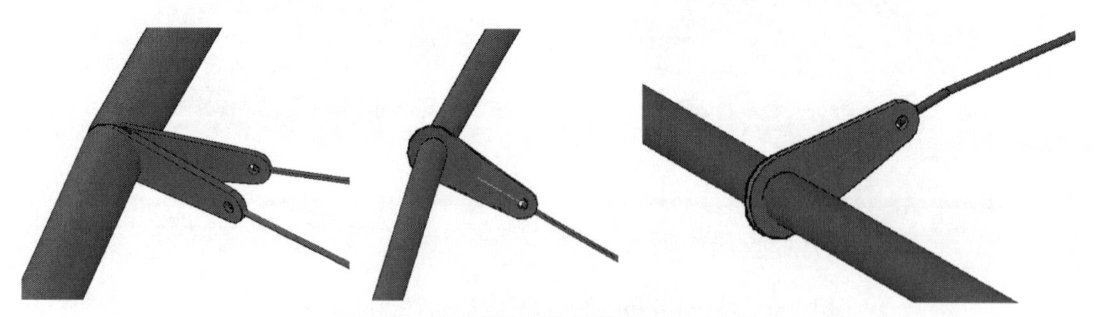

图 5-45 盘锦体育场缩尺模型节点示意图

4. 施工动态监测

长期以来，建筑工程中的事故时常发生。如何进行施工中的结构监测已成为国内外的前沿课题之一。对施工过程进行实时监测，特别是重要部位和关键工序，及时了解施工过程中结构的受力和运行状态。施工监测技术的先进与否，对施工控制起着至关重要的作用，这也

是施工过程信息化的一个重要内容。为了及时了解结构的工作状态，发现结构未知的损伤，建立工程结构的三维可视化动态监测系统，就显得十分迫切。

三维可视化动态监测技术较传统的监测手段具有可视化的特点，可以人为操作在三维虚拟环境下漫游来直观、形象地提前发现现场的各类潜在危险源，提供更便捷的方式查看监测位置的应力应变状态。在某一监测点应力或应变超过拟定的范围时，系统将自动采取报警给予提醒。如徐州奥体中心体育场三维可视化动态监测系统界面如图 5-46 所示，某时刻某环索的应力监测如图 5-47 所示。

图 5-46 徐州奥体中心体育场三维可视化动态监测系统

图 5-47 某时刻某环索的应力监测

使用自动化监测仪器进行基坑沉降观测，通过将感应元件监测的基坑位移数据自动汇总到基于 BIM 开发的安全监测软件上，通过对数据的分析，结合现场实际测量的基坑坡顶水平位移和竖向位移变化数据进行对比，形成动态的监测管理，确保基坑在土方回填之前的安全稳定性。某工程基于 BIM 的基坑沉降安全监测如图 5-48 所示。

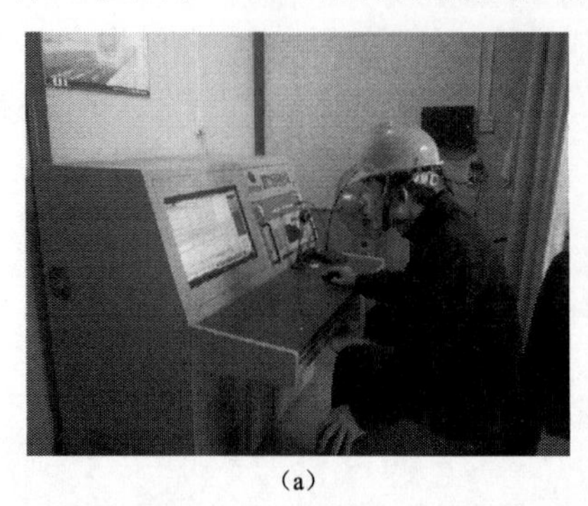

(a)

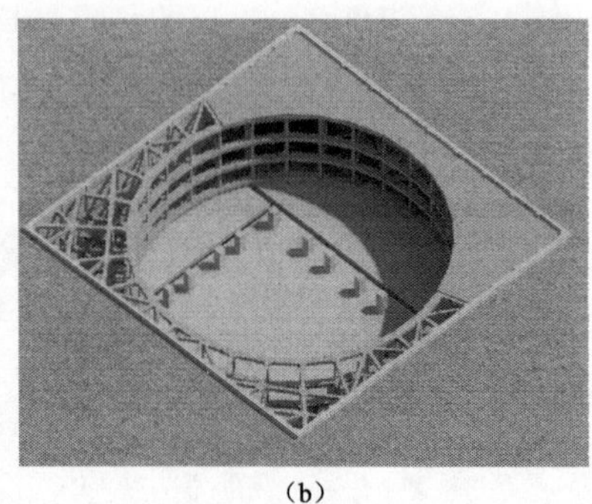

(b)

图 5-48　基于 BIM 的基坑沉降安全监测

(a) 监测数据采集；(b) 前台显示三维基坑监测模型

通过信息采集系统得到结构施工期间不同部位的监测值，根据施工工序判断每时段的安全等级，并在终端上实时地显示现场的安全状态和存在的潜在威胁，给管理者以直观的指导。某工程监测系统前台对不同安全等级的显示规则及提示见表 5-5。

表 5-5　　监测系统前台对不同安全等级的显示规则及提示

级别	对应颜色	禁止工序	可能造成的结果
一级	绿色	无	无
二级	黄色	机械进行、停放	坍塌
三级	橙色	机械进行、停放	坍塌
		危险区域内人员活动	坍塌、人员伤害
四级	红色	基坑边堆载	坍塌
		危险区域内人员活动	坍塌、人员伤害
		机械进行、停放	坍塌、人员伤害

5. 防坠落管理

坠落危险源包括尚未建造的楼梯井和天窗等。通过在 BIM 模型中的危险源存在部位建立坠落防护栏杆构件模型，研究人员能够清楚地识别多个坠落风险，并可以向承包商提供完整且详细的信息，包括安装或拆卸栏杆的地点和日期等。某工程防护栏杆模型及防坠落设置如图 5-49 所示。

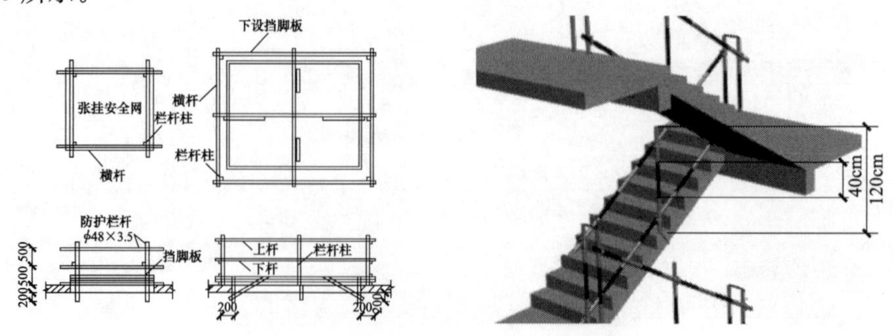

图 5-49　防护栏杆及防坠落装置

6. 塔吊安全管理

大型工程施工现场需布置多个塔吊同时作业，因塔吊旋转半径不足而造成的施工碰撞也屡屡发生。确定塔吊回转半径后，在整体 BIM 施工模型中布置不同型号的塔吊，能够确保其同电源线和附近建筑物的安全距离，确定哪些员工在哪些时候会使用塔吊。在整体施工模型中，用不同颜色的色块来表明塔吊的回转半径和影响区域，并进行碰撞检测来生成塔吊回转半径计划内的任何非钢安装活动的安全分析报告。该报告可以用于项目定期安全会议中，减少由于施工人员和塔吊缺少交互而产生的意外风险。某工程基于 BIM 的塔吊安全管理如图 5-50 所示，图中说明了塔吊管理计划中钢桁架的布置，黄色块状表示塔吊的摆动臂在某个特定的时间可能达到的范围。

图 5-50　塔吊安全管理

7. 灾害应急管理

随着建筑设计的日新月异，规范已经无法满足超高型、超大型或异形建筑空间的消防设计。利用 BIM 及相应灾害分析模拟软件，可以在灾害发生前，模拟灾害发生的过程，分析灾害发生的原因，制定避免灾害发生的措施，以及发生灾害后人员疏散、救援支持的应急预案，为发生意外时减少损失并赢得宝贵时间。BIM 能够模拟人员疏散时间、疏散距离、有毒气体扩散时间、建筑材料耐燃烧极限及消防作业面等，主要表现为：4D 模拟、3D 漫游和 3D 渲染能够标识各种危险，且 BIM 中生成的 3D 动画、渲染能够用来同工人沟通应急预案计划方案。应急预案包括五个子计划：施工人员的入口/出口、建筑设备和运送路线、临时设施和拖车位置、紧急车辆路线、恶劣天气的预防措施。利用 BIM 数字化模型进行物业沙盘模拟训练，训练保安人员对建筑的熟悉程度，再模拟灾害发生时，通过 BIM 数字模型指导大楼人员进行快速疏散；通过对事故现场人员感官的模拟，使疏散方案更合理；通过 BIM 模型判断监控摄像头布置是否合理，与 BIM 虚拟摄像头关联，可随意打开任意视角的摄像头，摆脱传统监控系统的弊端。

某工程应急预案及灾害救援模拟截图如图 5-51 和图 5-52 所示。

图 5-51　应急预案截图

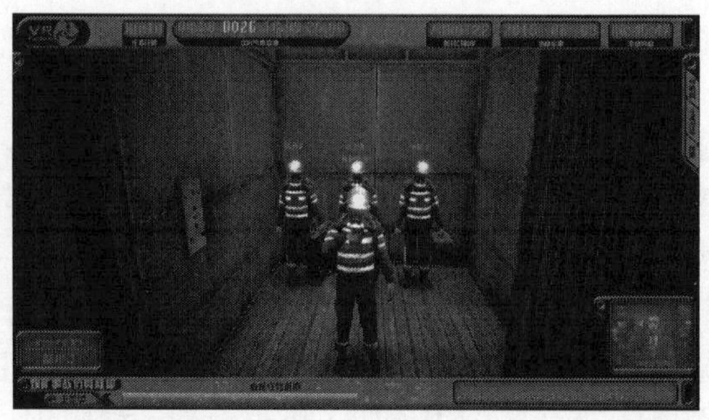

图 5-52 灾害救援模拟截图

另外，当灾害发生后，BIM 模型可以提供救援人员紧急状况点的完整信息，配合温感探头和监控系统发现温度异常区，获取建筑物及设备的状态信息，通过 BIM 和楼宇自动化系统的结合，使得 BIM 模型能清晰地呈现出建筑物内部紧急状况的位置，甚至到紧急状况点最合适的路线，救援人员可以由此做出正确的现场处置，提高应急行动的成效。

5.9 成本管理

5.9.1 成本管理的定义

成本管理，是企业根据一定时期预先建立的成本管理目标，由成本控制主体在其职权范围内，在生产耗费发生以前和成本控制过程中，对各种影响成本的因素和条件采取的一系列预防和调节措施，以保证成本管理目标实现的管理行为。

5.9.2 成本管理的重要性

成本管理关乎低碳、环保、绿色建筑、自然生态、社会责任、福利等宏大叙事。众所周知，有些自然资源是不可再生的，所以成本控制不仅仅是财务意义上实现利润最大化，终极目标是单位建筑面积自然资源消耗最少。施工消耗大量的钢材、木材和水泥，最终必然会造成对大自然的过度索取。只有成本管理得较好的企业才有可能有相对的比较优势，成本管理不力的企业必将会被市场所淘汰。成本管理也不是片面地压缩成本，有些成本是不可缩减的，有些标准是不能降低的。特别强调的是，任何缩减的成本不能影响到建筑结构安全，也不能减弱社会责任。我们所谓的“成本管理”就是通过技术经济和信息化手段，优化设计、优化组合、优化管理，把无谓的浪费降至最低。成本管理是永恒的主题。

5.9.3 成本管理的难点

成本管理的过程是运用系统工程的原理对企业在生产经营过程中发生的各种耗费进行计算、调节和监督的过程，也是一个发现薄弱环节，挖掘内部潜力，寻找一切可能降低成本途径的过程。科学地组织实施成本控制，可以促进企业改善经营管理，转变经营机制，全面提高企业素质，使企业在市场竞争的环境下生存、发展和壮大。然而，工程成本控制一直是项

目管理中的重点及难点，主要难点如下所示：

（1）数据量大。每一个施工阶段都牵涉大量材料、机械、工种、消耗和各种财务费用，人、材、机和资金消耗都要统计清楚，数据量十分巨大。面对如此巨大的工作量，实行短周期（月、季）成本在当前管理手段下就。随着工程进展，应付进度工作自顾不暇，过程成本分析、优化管理就只能搁在一边。

（2）牵涉部门和岗位众多。实际成本核算，传统情况下需要预算、材料、仓库、施工、财务多部门多岗位协同分析汇总数据，才能汇总出完整的某时点实际成本。某个或某几个部门不实行，整个工程成本汇总就难以做出。

（3）对应分解困难。材料、人工、机械甚至一笔款项往往用于多个成本项目，拆分分解对应好对专业的要求相当高，难度也非常高。

（4）消耗量和资金支付情况复杂。对于材料而言，部分进库之后并未付款，部分付款之后并未进库，还有出库之后未使用完以及使用了但并未出库等情况；对于人工而言，部分干活但并未付款，部分已付款并未干活，还有干完活仍未确定工价；机械周转材料租赁以及专业分包也有类似情况。情况如此复杂，成本项目和数据归集在没有一个强大的平台支撑情况下，不漏项做好三个维度（时间、空间、工序）的对应很困难。

5.9.4 BIM 技术成本管理优势

基于 BIM 技术的成本控制具有快速、准确、分析能力强等很多优势，具体表现为：

（1）快速。建立基于 BIM 的 5D 实际成本数据库，汇总分析能力大大加强，速度快，短周期成本分析不再困难，工作量小、效率高。

（2）准确。成本数据动态维护，准确性大为提高，通过总量统计的方法，消除累积误差，成本数据随进度进展准确度越来越高；数据粒度达到构件级，可以快速提供支撑项目各条线管理所需的数据信息，有效提升施工管理效率。

（3）精细。通过实际成本 BIM 模型，很容易检查出哪些项目还没有实际成本数据，监督各成本实时盘点，提供实际数据。

（4）分析能力强。可以多维度（时间、空间、WBS）汇总分析更多种类、更多统计分析条件的成本报表，直观地确定不同时间点的资金需求，模拟并优化资金筹措和使用分配，实现投资资金财务收益最大化。

（5）提升企业成本控制能力。将实际成本 BIM 模型通过互联网集中在企业总部服务器，企业总部成本部门、财务部门就可共享每个工程项目的实际成本数据，实现了总部与项目部的信息对称。

5.9.5 BIM 技术在成本管理中的具体应用

基于 BIM 技术，建立成本的 5D（3D 实体、时间、工序）关系数据库，以各 WBS 单位工程量人机料单价为主要数据进入成本 BIM 中，能够快速实行多维度（时间、空间、WBS）成本分析，从而对项目成本进行动态控制。其解决方案操作方法如下：

（1）创建基于 BIM 的实际成本数据库。建立成本的 5D（3D 实体、时间、工序）关系数据库，让实际成本数据及时进入 5D 关系数据库，成本汇总、统计、拆分对应瞬间可得。以各 WBS 单位工程量人材机单价为主要数据进入到实际成本 BIM 中。未有合同确定单价的项目，按预算价先进入。有实际成本数据后，及时按实际数据替换掉。

（2）实际成本数据及时进入数据库。初始实际成本BIM中成本数据以采取合同价和企业定额消耗量为依据。随着进度进展，实际消耗量与定额消耗量会有差异，要及时调整。每月对实际消耗进行盘点，调整实际成本数据。化整为零，动态维护实际成本BIM，大幅减少一次性工作量，并有利于保证数据准确性。实际成本数据进入数据库的注意事项见表5-6。

表5-6　实际成本数据进入数据库的注意事项

类　别	注　意　事　项
材料实际成本	要以实际消耗为最终调整数据，而不能以财务付款为标准，材料费的财务支付有多种情况：未订合同进场的、进场未付款的、付款未进场的按财务付款为成本统计方法将无法反映实际情况，会出现严重误差
仓库盘点	仓库应每月盘点一次，将入库材料的消耗情况详细列出清单向成本经济师提交，成本经济师按时调整每个WBS材料实际消耗
人工费实际成本	同材料实际成本，按合同实际完成项目和签证工作量调整实际成本数据，一个劳务队可能对应多个WBS，要按合同和用工情况进行分解落实到各个WBS
机械周转材料实际成本	同材料实际成本，要注意各WBS分摊，有的可按措施费单独立项
管理费实际成本	由财务部门每月盘点，提供给成本经济师，调整预算成本为实际成本，实际成本不确定的项目仍按预算成本进入实际成本

（3）快速实行多维度（时间、空间、WBS）成本分析。建立实际成本BIM模型，周期性（月、季）按时调整维护好该模型，统计分析工作就很轻松，软件强大的统计分析能力可轻松满足我们各种成本分析需求。

下面将对BIM技术在工程项目成本控制中的应用进行介绍。

1. 快速精确的成本核算

BIM是一个强大的工程信息数据库。进行BIM建模所完成的模型包含二维图纸中所有位置、长度等信息，并包含了二维图纸中不包含的材料等信息，而这背后是强大的数据库支撑。因此，计算机通过识别模型中的不同构件及模型的几何物理信息（时间维度、空间维度等），对各种构件的数量进行汇总统计。这种基于BIM的算量方法，将算量工作大幅度简化，减少了因为人为原因造成的计算错误，大量节约了人力的工作量和花费时间。有研究表明，工程量计算的时间在整个造价计算过程占到了50%～80%，而运用BIM算量方法会节约将近90%的时间，而误差也控制在1%的范围之内。

2. 预算工程量动态查询与统计

工程预算存在定额计价和清单计价两种模式。自《建设工程工程量清单计价规范》发布以来，建设工程招投标过程中清单计价方法成为主流。在清单计价模式下，预算项目往往基于建筑构件进行资源的组织和计价，与建筑构件存在良好对应关系，满足BIM信息模型以三维数字技术为基础的特征，故而应用BIM技术进行预算工程量统计具有很大优势：使用BIM模型来取代图纸，直接生成所需材料的名称、数量和尺寸等信息，而且这些信息将始终与设计保持一致，在设计出现变更时，该变更将自动反映到所有相关的材料明细表中，造价工程师使用的所有构件信息也会随之变化。

在基本信息模型的基础上增加工程预算信息，即形成了具有资源和成本信息的预算信息模型。预算信息模型包括建筑构件的清单项目类型、工程量清单，人力、材料、机械定额和

费率等信息。通过此模型，系统能识别模型中的不同构件，并自动提取建筑构件的清单类型和工程量（如体积、质量、面积、长度等）等信息，自动计算建筑构件的资源用量及成本，用以指导实际材料物资的采购。

某工程采用BIM模型所显示的不同构件的信息如图5-53所示。

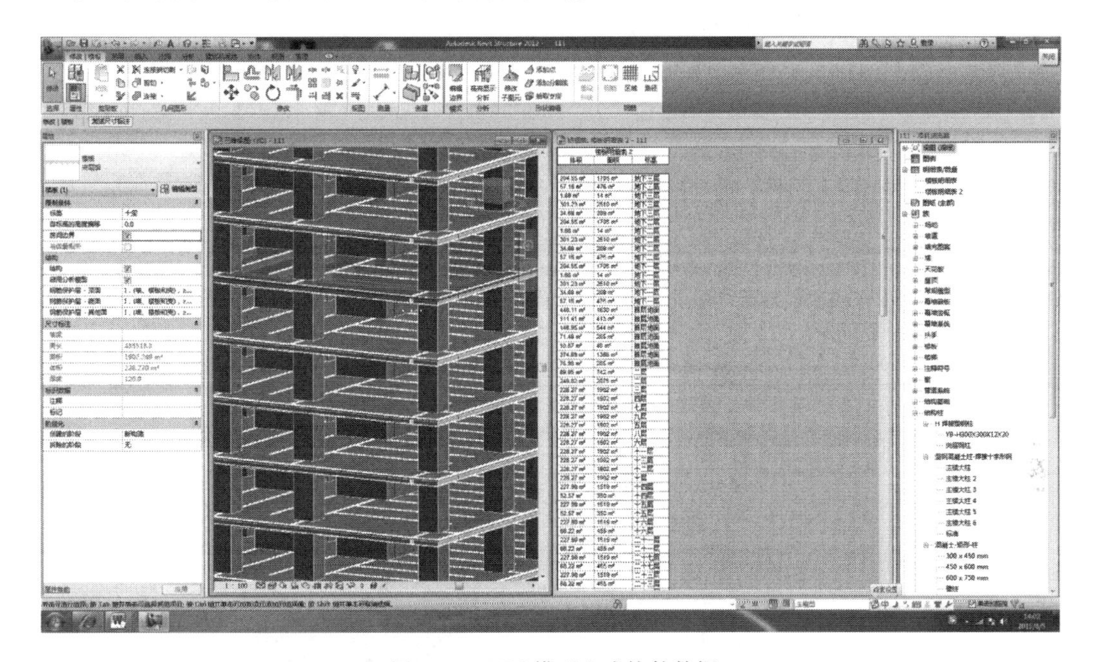

图5-53 BIM模型生成构件数据

某工程首层外框型钢柱钢筋用量统计如图5-54所示。

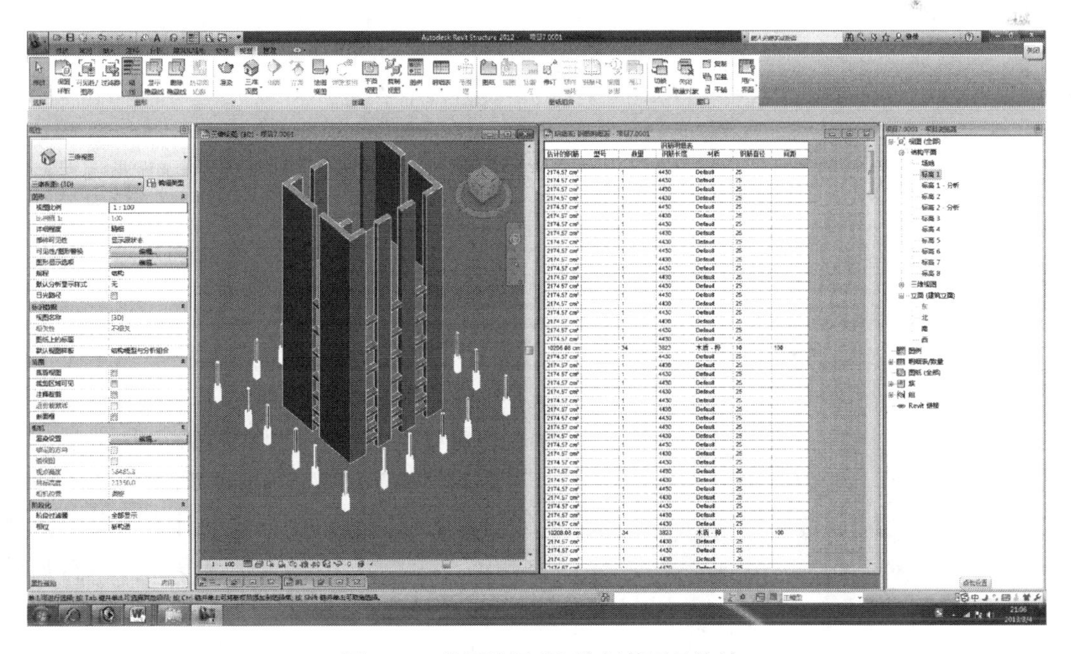

图5-54 首层外框型钢柱钢筋用量统计

系统根据计划进度和实际进度信息，可以动态计算任意 WBS 节点任意时间段内每日计划工程量、计划工程量累计、每日实际工程量、实际工程量累计，帮助施工管理者实时掌握工程量的计划完工和实际完工情况。在分期结算过程中，每期实际工程量累计数据是结算的重要参考，系统动态计算实际工程量可以为施工阶段工程款结算提供数据支持。

另外，从 BIM 预算模型中提取相应部位的理论工程量，从进度模型中提取现场实际的人工、材料、机械工程量，通过将模型工程量、实际消耗、合同工程量进行短周期三量对比分析，能够及时掌握项目进展，快速发现并解决问题。根据分析结果为施工企业制定精确的人、机、材计划，大大减少了资源、物流和仓储环节的浪费，及时掌握成本分布情况，进行动态成本管理。某工程通过三量对比分析进行动态成本控制如图 5-55 所示。

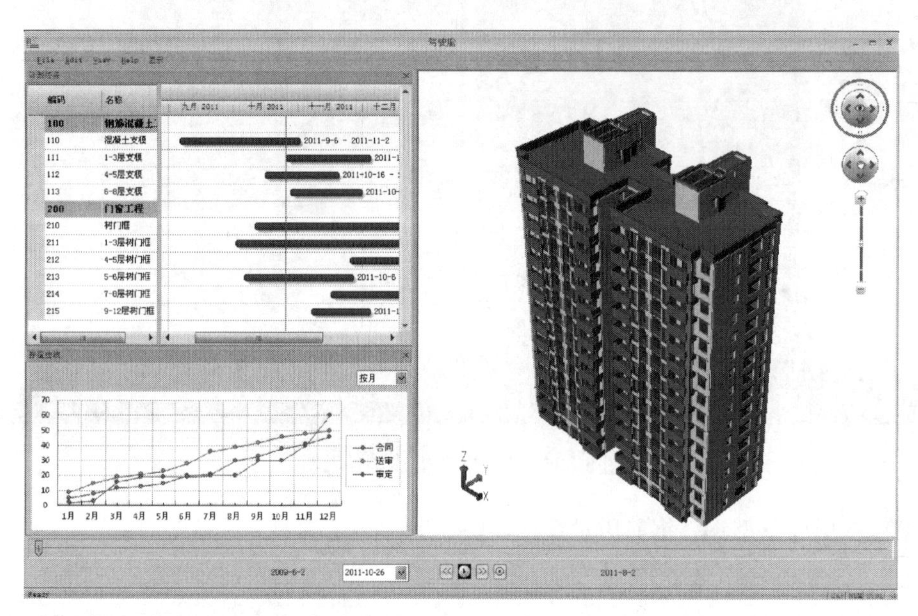

图 5-55　基于 BIM 的三量对比分析

3. 限额领料与进度款支付管理

限额领料制度一直很健全，但用于实际却难以实现，主要存在的问题有：材料采购计划数据无依据，采购计划由采购员决定，项目经理只能凭感觉签字；施工过程工期紧，领取材料数量无依据，用量上限无法控制；限额领料假流程，事后再补单据。那么如何对材料的计划用量与实际用量进行分析对比？

图 5-56　暖通与给排水及消防局部综合模型

BIM 的出现为限额领料提供了技术和数据支撑。基于 BIM 软件，在管理多专业和多系统数据时，能够采用系统分类和构件类型等方式对整个项目数据进行方便管理，为视图显示和材料统计提供规则。例如，给排水、电气、暖通专业可以根据设备的型号、外观及各种参数分别显示设备，方便计算材料用量，如图 5-56 所示。

某工程指定施工区域的材料用量统计

如图 5-57 所示。

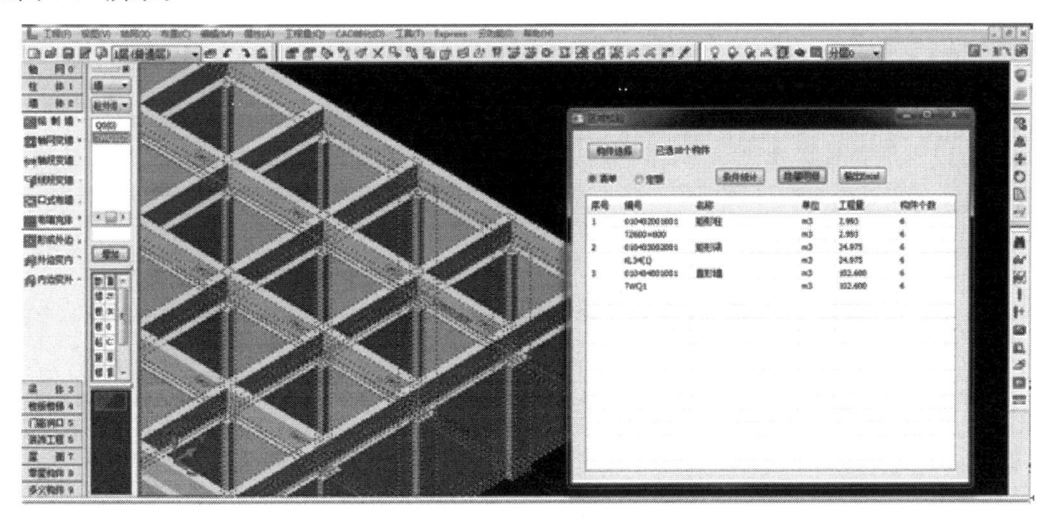

图 5-57 指定施工区域的材料用量统计

传统模式下工程进度款申请和支付结算工作较为繁琐，基于 BIM 能够快速准确的统计出各类构件的数量，减少预算的工作量，且能形象、快速地完成工程量拆分和重新汇总，为工程进度款结算工作提供技术支持。

4. 以施工预算控制人力资源和物质资源的消耗

在进行施工开工以前，利用 BIM 软件进行模型的建立，通过模型计算工程量，并按照企业定额或上级统一规定的施工预算，结合 BIM 模型，编制整个工程项目的施工预算，作为指导和管理施工的依据。对生产班组的任务安排：必须签收施工任务单和限额领料单，并向生产班组进行技术交底。要求生产班组根据实际完成的工程量和实耗人工、实耗材料做好原始记录，作为施工任务单和限额领料单结算的依据。任务完成后，根据回收的施工任务单和限额领料进行结算，并按照结算内容支付报酬（包括奖金）。为了便于任务完成后进行施工任务单和限额领料单与施工预算的对比，要求在编制施工预算时对每一个分项工程工序名称进行编号，以便对号检索对比，分析节超。

5. 设计优化与变更成本管理、造价信息实施追踪

BIM 模型依靠强大的工程信息数据库，实现了二维施工图与材料、造价等各模块的有效整合与关联变动，使得实际变更和材料价格变动可以在 BIM 模型中进行实时更新。变更各环节之间的时间被缩短，效率提高，更加及时准确地将数据提交给工程各参与方，以便各方作出有效的应对和调整。目前 BIM 的建造模拟职能已经发展到了 5D 维度。5D 模型集三维建筑模型、施工组织方案、成本及造价等 3 部分于一体，能实现对成本费用的实时模拟和核算，并为后续建设阶段的管理工作所利用，解决了阶段割裂和专业割裂的问题。BIM 通过信息化的终端和 BIM 数据后台将整个工程的造价相关信息顺畅地流通起来，从企业级的管理人员到每个数据的提供者都可以监测，保证了各种信息数据及时准确的调用、查询、核对。

5.10 物料管理

传统材料管理模式就是企业或者项目部根据施工现场实际情况制定相应的材料管理制度

和流程，这个流程主要是依靠施工现场的材料员、保管员及施工员来完成。施工现场的多样性、固定性和庞大性，决定了施工现场材料管理具有周期长、种类繁多、保管方式复杂等特殊性。传统材料管理存在核算不准确、材料申报审核不严格、变更签证手续办理不及时等问题，造成大量材料现场积压、占用大量资金、停工待料、工程成本上涨。

基于BIM的物料管理通过建立安装材料BIM模型数据库，使项目部各岗位人员及企业不同部门都可以进行数据的查询和分析，为项目部材料管理和决策提供数据支撑，具体表现如下：

5.10.1 安装材料BIM模型数据库

项目部拿到机电安装各专业施工蓝图后，由BIM项目经理组织各专业机电BIM工程师进行三维建模，并将各专业模型组合到一起，形成安装材料BIM模型数据库。该数据库是以创建的BIM机电模型和全过程造价数据为基础，把原来分散在安装各专业手中的工程信息模型汇总到一起，形成一个汇总的项目级基础数据库。安装材料BIM数据库建立与应用流程如图5-58所示，数据库运用构成如图5-59所示。

图5-58 安装材料BIM模型数据库建立与应用流程

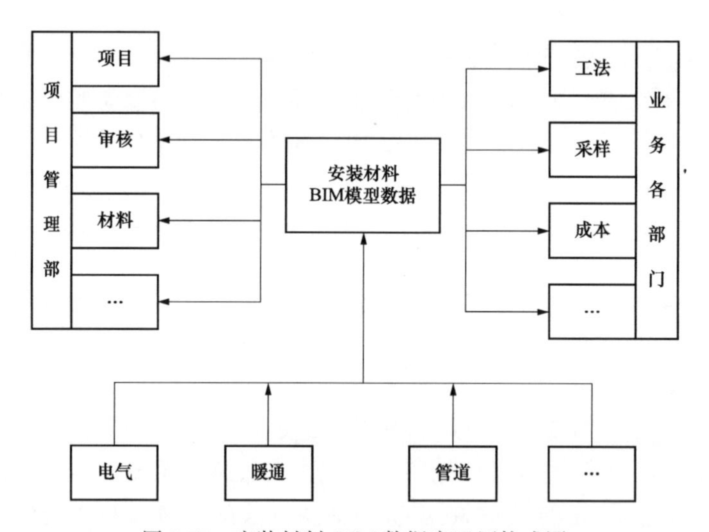

图5-59 安装材料BIM数据库运用构成图

5.10.2 安装材料分类控制

材料的合理分类是材料管理的一项重要基础工作，安装材料BIM模型数据库的最大优势是包含材料的全部属性信息。在进行数据建模时，各专业建模人员对施工所使用的各种材料属性，按其需用量的大小、占用资金多少及重要程度进行“星级”分类，星级越高代表该材料需用量越大、占用资金越多。根据安装工程材料的特点，安装材料属性分类及管理原则见表5-7，某工程根据该原则对BIM模型进行安装材料分类见表5-8。

表 5-7 安装材料属性分类及管理原则

等级	安装材料	管理原则
★★★	需用量大、占用资金多、专用或备料难度大的材料	严格按照设计施工图及BIM机电模型，逐项进行认真仔细的审核，做到规格、型号、数量完全准确
★★	管道、阀门等通用主材	根据BIM模型提供的数据，精确控制材料及使用数量
★	资金占用少、需用量小、比较次要的辅助材料	采用一般常规的计算公式及预算定额含量确定

无锡某项目对BF-5及PF-4两个风系统的材料分类控制见表5-8。

表 5-8 某工程BIM模型安装材料分类

构建信息	计算式	单位	工程量	等级
送风管 400×200	风管材质：普通钢管规格：400×200	m^2	31.14	★★
送风管 500×250	风管材质：普通钢管规格：500×250	m^2	12.68	★★
送风管 1000×400	风管材质：普通钢管规格：1000×400	m^2	8.95	★★
单层百叶风口 800×320	风口材质：铝合金	个	4	★★
单层百叶风口 630×400	风口材质：铝合金	个	1	★★
对开多叶调节阀	构件尺寸：800×400×210	个	3	★★
防火调节阀	构件尺寸：200×160×150	个	2	★★
风管法兰 25×3	角钢规格：30×3	m	78.26	★★★
排风机 PF-4	规格：DEF-I-100AI	台	1	★

5.10.3 用料交底

BIM与传统CAD相比，具有可视化的显著特点。设备、电气、管道、通风空调等安装专业三维建模并碰撞后，BIM项目经理组织各专业BIM项目工程师进行综合优化，提前消除施工过程中各专业可能遇到的碰撞。项目核算员、材料员、施工员等管理人员应熟读施工图纸、透彻理解BIM三维模型、吃透设计思想，并按施工规范要求向施工班组进行技术交底，将BIM模型中用料意图灌输给班组，用BIM三维图、CAD图纸或者表格下料单等书面形式做好用料交底，防止班组“长料短用、整料零用”，做到物尽其用，减少浪费及边角料，把材料消耗降到最低限度。无锡某项目K-1空调风系统平面图、三维模型如图5-60和图5-61所示，下料清单见表5-9。

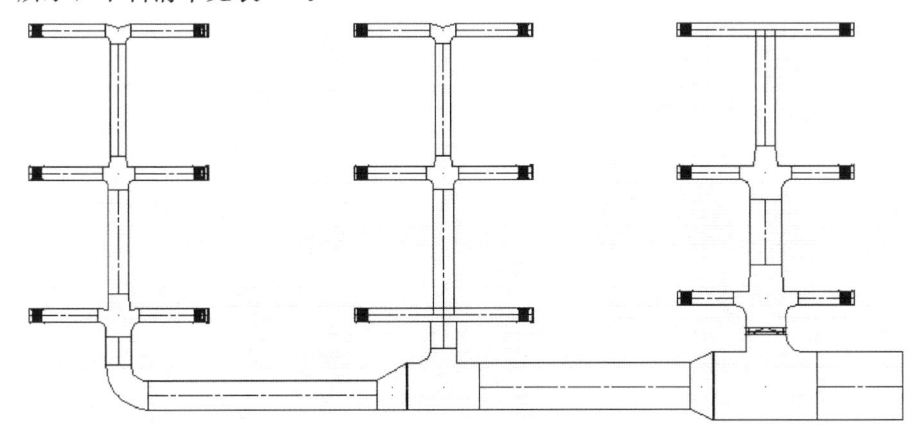

图 5-60 K-1空调送风系统平面图

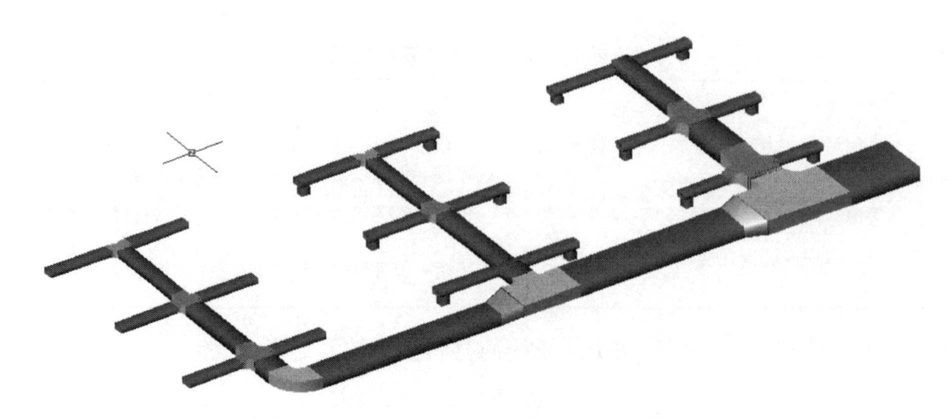

图 5-61　5K-1 空调送风系统 BIM 三维图

表 5-9　　**K-1 空调送风系统直管段下料清单**　　(单位：mm)

序号	风管规格	下料规格	数量（节）	序号	风管规格	下料规格	数量（节）
1	2400×500	1160	19	8	1250×500	600	1
		750	1	9	1000×500	1160	2
2	2000×500	1000	1			600	1
3	1400×400	1160	8	10	900×500	1160	2
		300	1			800	1
4	900×400	1160	8	11	800×400	1160	10
		300	1			600	1
5	800×320	1000	1	12	400×200	1160	32
		500	1			1000	14
6	630×320	1160	4			800	18
		1000	3				
7	500×250	1160	21				
		1000	6				
		500	1				

5.10.4　物资材料管理

施工现场材料的浪费、积压等现象司空见惯，安装材料的精细化管理一直是项目管理的难题。运用 BIM 模型，结合施工程序及工程形象进度周密安排材料采购计划，不仅能保证工期与施工的连续性，而且能用好用活流动资金、降低库存、减少材料二次搬运。同时，材料员根据工程实际进度，方便地提取施工各阶段材料用量，在下达施工任务书中，附上完成该项施工任务的限额领料单，作为发料部门的控制依据，实行对各班组限额发料，防止错发、多发、漏发等无计划用料，从源头上做到材料的有的放矢，减少施工班组对材料的浪费。某工程 K-1 送风系统部分规格材料申请清单如图 5-62 所示。

5.10.5　材料变更清单

工程设计变更和增加签证在项目施工中会经常发生。项目经理部在接收工程变更通知书执行前，应有因变更造成材料积压的处理意见，原则上要由业主收购，否则，如果处理不当

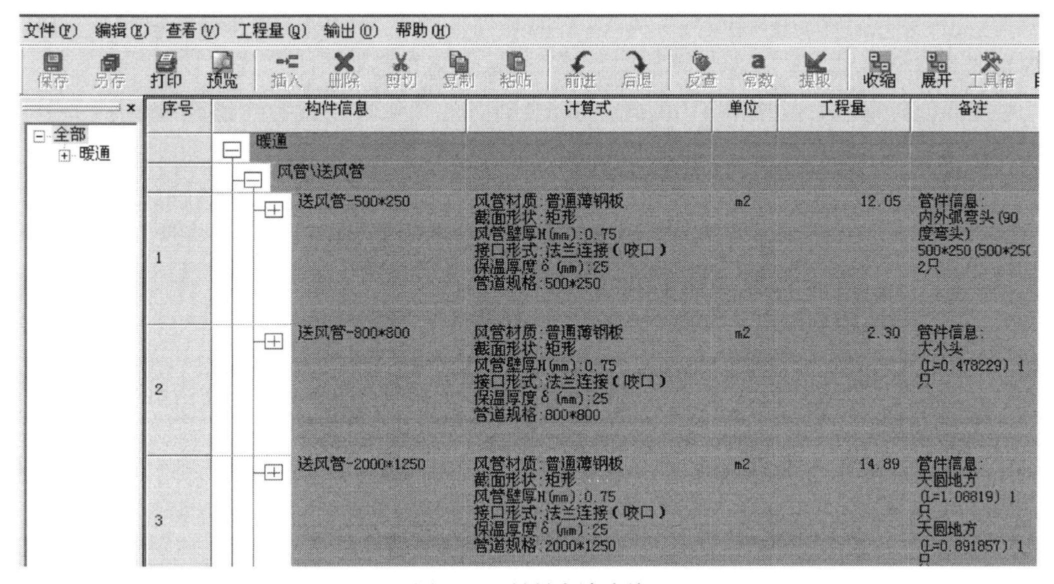

图 5-62　材料申请清单

就会造成材料积压，无端地增加材料成本。BIM模型在动态维护工程中，可以及时地将变更图纸进行三维建模，将变更发生的材料、人工等费用准确、及时地计算出来，便于办理变更签证手续，保证工程变更签证的有效性。某工程二维设计变更图及BIM模型如图5-63所示，相应的变更工程量材料清单见表5-10。

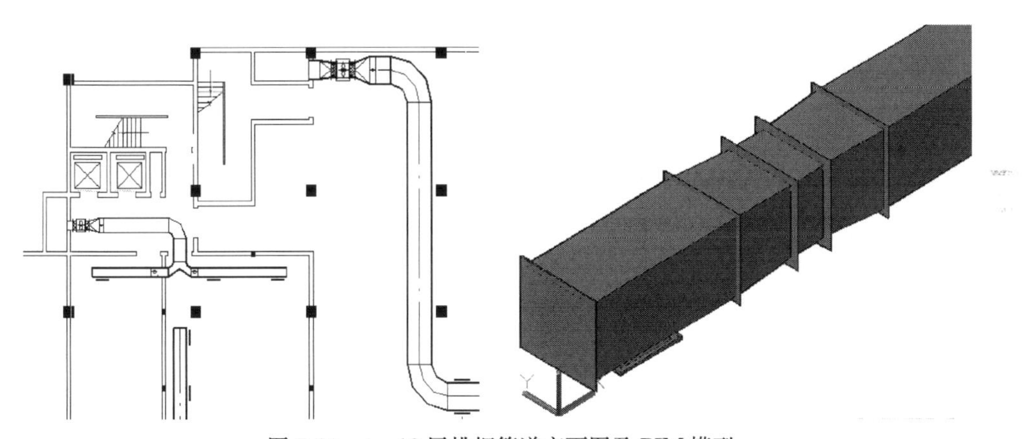

图 5-63　4～18层排烟管道变更图及BIM模型

表 5-10　　**变更工程量材料清单**

序号	构件信息	计算式	单位	工程量	控制等级
1	排风管－500×400	普通薄钢板风管：500×400	m^2	179.85	★★
2	板式排烟口－1250×500	防火排烟风口材质：铝合金	只	15.00	★★
3	风管防火阀	风管防火阀：500×400×220	台	15.00	★★
4	风法兰	风法兰规格：角钢30×3	m	84.00	★
5	风管支架	构件类型：吊架单体质量（kg）：1.2	只	45.00	★

5.11　绿色施工管理

BIM是信息技术在建筑中的应用，赋予建筑“绿色生命”。应当以绿色为目的、以BIM

技术为手段，用绿色的观念和方式进行建筑的规划、设计，在施工和运营阶段采用BIM技术促进绿色指标的落实，促进整个行业的进一步资源优化整合。

在建筑设计阶段，利用BIM可进行能耗分析，选择低环境影响的建筑材料等，还可以进行环境生态模拟，包括日照模拟、日照热的情境模拟及分析、二氧化碳排放计算、自然通风和混合系统情况仿真、通风设备及控制系统效益评估、采光情境模拟、环境流体力学情境模拟等，达到保护环境、资源充分及可持续利用的目的，并且能够给人们创造一种舒适的生活环境。建筑设计阶段BIM绿色功能应用图例如图5-64所示。

图5-64　建筑设计阶段BIM绿色功能应用图例

一座建筑的全生命周期应当包括前期的规划、设计，建筑原材料的获取，建筑材料的制造、运输和安装，建筑系统的建造、运行、维护以及最后的拆除等全过程。所以，要在建筑的全生命周期内施行绿色理念，不仅要在规划设计阶段应用BIM技术，还要在节地、节水、节材、节能及施工管理、运营维护管理五个方面深入应用BIM，不断推进整体行业向绿色方向行进。

下面将介绍以绿色为目的、以BIM技术为手段的施工阶段节地、节水、节材、节能管理。

5.11.1　节地与室外环境

节地不仅仅是施工用地的合理利用，建筑设计前期的场地分析、运营管理中的空间管理也同样包含在内。BIM在施工节地中的主要应用内容有场地分析、土方量计算、施工用地管理及空间管理等，下面将分别进行介绍。

1. *场地分析*

场地分析是研究影响建筑物定位的主要因素，是确定建筑物的空间方位和外观、建立建筑物与周围景观联系的过程。BIM结合地理信息系统（Geographic Information System，GIS），对现场及拟建的建筑物空间数据进行建模分析，结合场地使用条件和特点，做出最理想的现场规划和交通流线组织关系。利用计算机可分析出不同坡度的分布及场地坡向，建设地域发生自然灾害的可能性，区分适宜建设与不适宜建设区域，对前期场地设计可起到至关重要的作用。

2. 土方量计算

利用场地合并模型，在三维中直观查看场地挖填方情况，对比原始地形图与规划地形图得出各区块原始平均高程，设计高程、平均开挖高程，然后计算出各区块挖、填方量。某工程土方量计算模型如图 5-65所示。

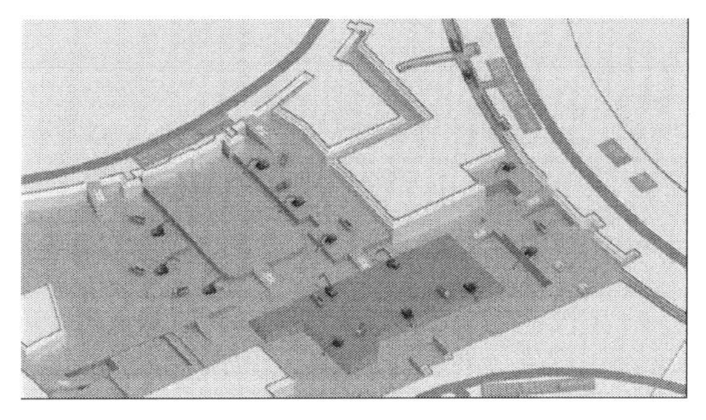

图 5-65　土方量计算模型

3. 施工用地管理

建筑施工是一个高度动态的过程。随着建筑工程规模不断扩大，复杂程度不断提高，施工项目管理也变得极为复杂。施工用地、材料加工区、堆场也随着工程进度的变换而调整。BIM 的 4D 施工模拟技术可以在项目建造过程中合理制定施工计划、精确掌握施工进度，优化使用施工资源以及科学地进行场地布置。某工程在施工不同阶段利用 BIM 对施工用地进行规划如图 5-66～图 5-69 所示。

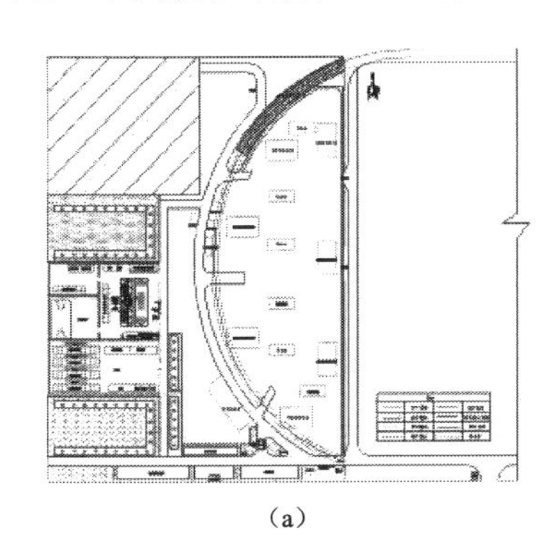

(a)

(b)

图 5-66　桩基及基坑支护施工阶段场地布置

(a) CAD 场地布置图；(b) Revit 三维场地布置图

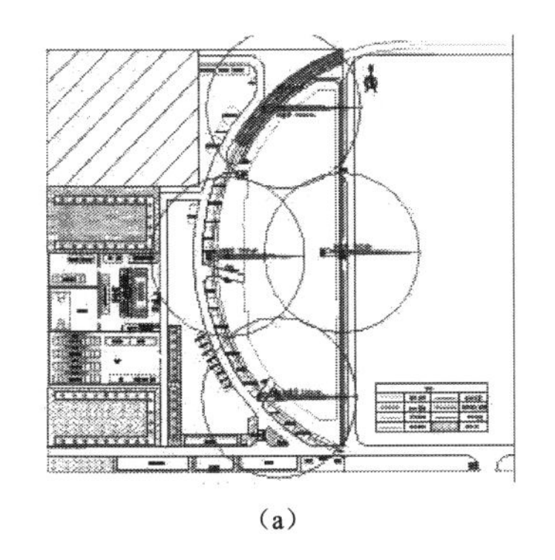

(a)

(b)

图 5-67　地下结构施工阶段场地布置

(a) CAD 场地布置图；(b) Revit 三维场地布置图

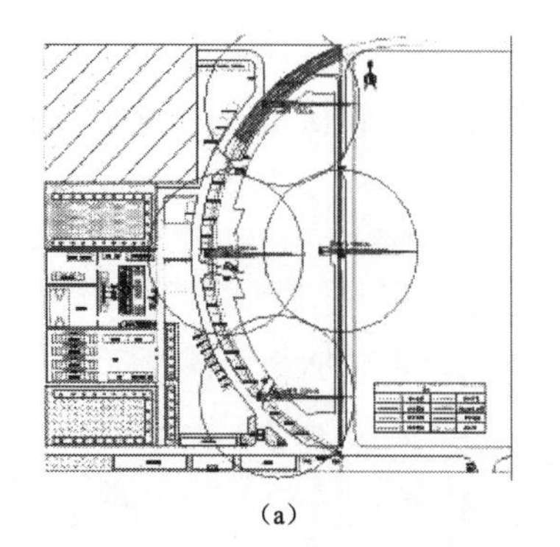

(a) (b)

图 5-68 地上结构施工阶段场地布置

(a) CAD场地布置图；(b) Revit三维场地布置图

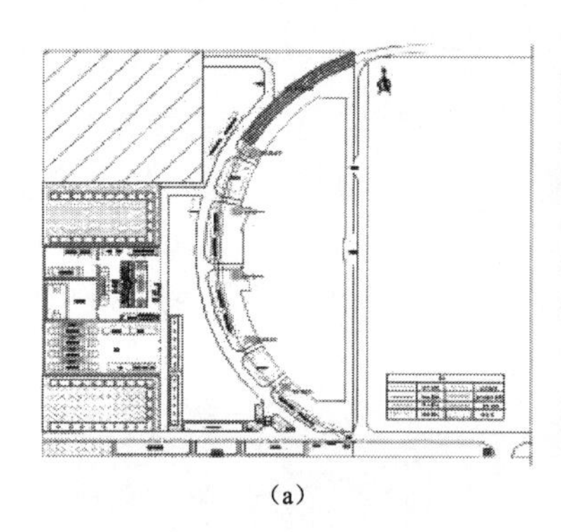
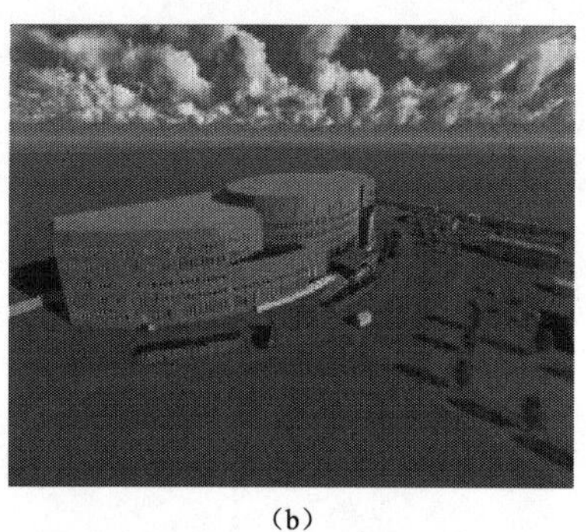

(a) (b)

图 5-69 装饰装修施工阶段场地布置

(a) CAD场地布置图；(b) Revit三维场地布置图

5.11.2 节水与水资源利用

水是人类最珍贵的资源之一。用好这有限而又宝贵的水十分重要。

在建筑的施工过程中，用水量极大，混凝土的浇筑、搅拌、养护等都要大量用水。一些施工单位由于在施工过程中没有计划，肆意用水，往往造成水资源的大量浪费，不仅浪费了资源，也会因此上交罚款。所以，在施工中节约用水是势在必行的。

BIM技术在节水方面的应用体现在协助土方量的计算，模拟土地沉降、场地排水设计，以及分析建筑的消防作业面，设置最经济合理的消防器材。设计规划每层排水地漏位置，雨水等非传统水源 的收集和循环利用。

利用BIM技术可以对施工用水过程进行模拟。比如处于基坑降水阶段、肥槽未回填时，采用地下水作为混凝土养护用水。使用地下水作为喷洒现场降尘和混凝土罐车冲洗用水。也可以模拟施工现场情况，根据施工现场情况，编制详细的施工现场临时用水方案，使施工现场供水管网根据用水量设计布置，采用合理的管径、简捷的管路，有效地减少管网和用水器具的漏损。

5.11.3 节材与材料资源利用

基于BIM技术，重点从钢材、混凝土、木材、模板、围护材料、装饰装修材料及生活办公用品材料7个主要方面进行施工节材与材料资源利用控制：通过5D-BIM安排材料采购的合理化，建筑垃圾减量化，可循环材料的多次利用化，钢筋配料、钢构件下料以及安装工程的预留、预埋，管线路径的优化等措施；同时根据设计的要求，结合施工模拟，达到节约材料的目的。BIM 在施工节材中的主要应用内容有管线综合设计、复杂工程预加工预拼装、物料跟踪等。

1. 管线综合设计

目前大体量的建筑如摩天大楼等机电管网错综复杂，在大量的设计面前很容易出现管网交错、相撞及施工不合理等问题。以往人工检查图纸比较单一，不能同时检测平面和剖面的位置，BIM 软件中的管网检测功能为工程师解决了这个问题。检测功能可生成管网三维模型，并基于建筑模型中，系统可自动检查出“碰撞”部位并标注，这样使得大量的检查工作变得简单。空间净高是与管线综合相关的一部分检测工作，基于 BIM 信息模型对建筑内不同功能区域的设计高度进行分析，查找不符合设计规划的缺失，将情况反馈给施工人员，以此提高工作效率，避免错、漏、碰、缺的出现，减少原材料的浪费。某工程管线综合模型如图 5-70 所示，碰撞检查报告及碰撞点显示如图 5-71 所示。

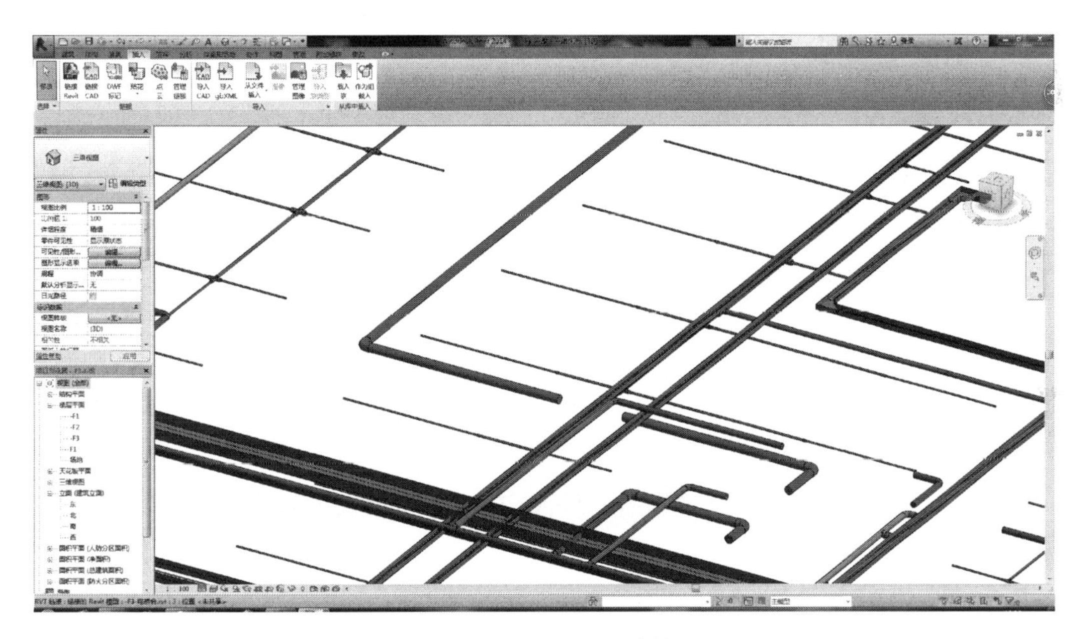

图 5-70 某工程管线综合模型

2. 复杂工程预加工预拼装

复杂的建筑形体如曲面幕墙及复杂钢结构的安装是难点，尤其是复杂曲面幕墙，由于组成幕墙的每一块玻璃面板形状都有差异，给幕墙的安装带来一定困难。BIM 技术最拿手的是复杂形体设计及建造应用，可针对复杂形体进行数据整合和验证，使得多维曲面的设计得以实现。工程师可利用计算机对复杂的建筑形体进行拆分，拆分后利用三维信息模型进行解析，在电脑中进行预拼装，分成网格块编号，进行模块设计，然后送至工厂按模块加工，再送到现场拼装即可。同时数字模型也可提供大量建筑信息，包括曲面面积统计、经济形体设计及成本估算等。

名称	碰撞1
距离	-1.46m
说明	硬碰撞
状态	新建
碰撞点	273.80m, 11.00m, -11.46m
创建日期	2014/10/11 01:58:27

项目 1

GUID	95963989-c980-4b14-95fa-a79aba66ba2f
项目 名称	管道类型 [296594]
项目 类型	壳

项目 2

GUID	4b3bbe22-fa11-43c1-a68e-2efa886a859d
项目 名称	基本墙 [291979]
项目 类型	壳

名称	碰撞2
距离	-1.46m
说明	硬碰撞
状态	新建
碰撞点	238.95m, 43.70m, -11.46m
创建日期	2014/10/11 01:58:27

项目 1

GUID	95963989-c980-4b14-95fa-a79aba66bd71
项目 名称	管道类型 [295372]
项目 类型	壳

项目 2

GUID	35ab5374-008e-4c66-822f-3c7ff10aa13d
项目 名称	基本墙 [288725]
项目 类型	壳

图 5-71　碰撞检测报告及碰撞点显示

某工程幕墙曲面面积统计如图 5-72 所示，幕墙嵌板曲度边长见表 5-11。

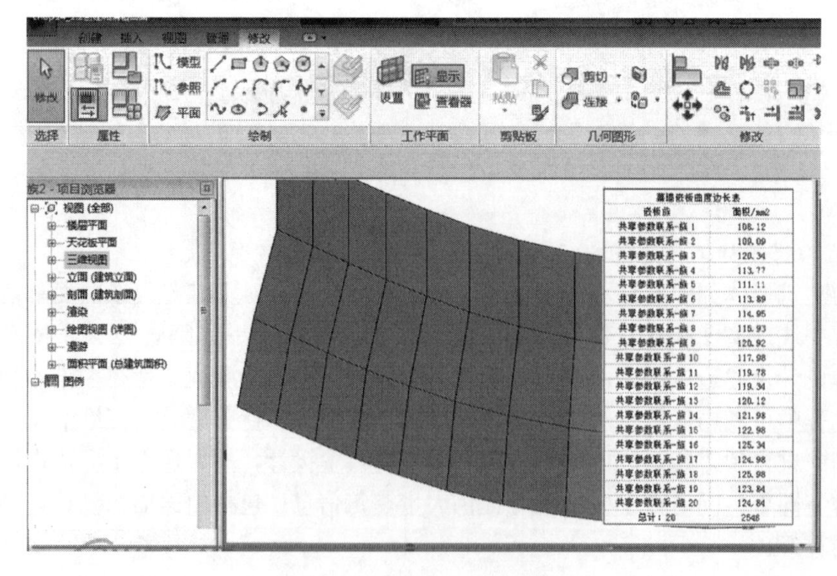

幕墙嵌板曲度边长表	
嵌板族	面积/mm2
共享参数联系-族 1	108.12
共享参数联系-族 2	109.09
共享参数联系-族 3	120.34
共享参数联系-族 4	113.77
共享参数联系-族 5	111.11
共享参数联系-族 6	113.89
共享参数联系-族 7	114.95
共享参数联系-族 8	115.93
共享参数联系-族 9	120.92
共享参数联系-族 10	117.98
共享参数联系-族 11	119.78
共享参数联系-族 12	119.34
共享参数联系-族 13	120.12
共享参数联系-族 14	121.98
共享参数联系-族 15	122.98
共享参数联系-族 16	125.34
共享参数联系-族 17	124.98
共享参数联系-族 18	125.98
共享参数联系-族 19	123.84
共享参数联系-族 20	124.84
总计：20	2548

图 5-72　幕墙曲面面积统计

表 5-11　　　　幕墙嵌板曲度边长表

嵌板族	边长 1	边长 2	边长 3	边长 4	面积	注释
共享参数联系-族 1	15179	6706	15943	7289	108.280m²	
共享参数联系-族 2	15203	7289	15311	7865	115.325m²	
共享参数联系-族 3	15311	7289	15505	7865	116.315m²	
共享参数联系-族 4	15347	7865	16147	6558	113.280m²	2月1日
共享参数联系-族 5	15782	7289	16139	7865	119.075m²	1月2日
共享参数联系-族 6	15943	6706	17879	7289	116.505m²	
共享参数联系-族 7	16147	7865	17990	6558	121.527m²	1月1日
共享参数联系-族 8	16335	6558	17652	7279	116.331m²	
共享参数联系-族 9	16947	6558	15881	7279	113.028m²	
共享参数联系-族 10	17271	7865	15759	6558	117.331m²	
共享参数联系-族 11	17550	6706	15759	7289	115.551m²	
共享参数联系-族 12	17879	6706	20661	7289	131.238m²	
共享参数联系-族 13	19653	7865	17281	6558	129.161m²	1月3日
共享参数联系-族 14	15288	5676	11234	8790	121.98m²	
共享参数联系-族 15	15289	5677	11235	8791	122.98m²	
共享参数联系-族 16	14567	5678	11236	8792	125.34m²	
共享参数联系-族 17	14568	4578	11237	8793	124.98m²	
共享参数联系-族 18	14569	4579	12345	7908	125.98m²	
共享参数联系-族 19	14570	4580	12346	7909	123.84m²	
共享参数联系-族 20	14571	4581	12347	7910	124.84m²	
总计：20	215879				2564.98m²	

3. 物料跟踪

随着建筑行业标准化、工厂化、数字化水平的提升，以及建筑使用设备复杂性的提高，越来越多的建筑及设备构件通过工厂加工并运送到施工现场进行高效的组装。根据 BIM 中得出的进度计划，可提前计算出合理的物料进场数目。BIM 结合施工计划和工程量造价，可以实现 5D（三维模型+时间成本）应用，做到零库存施工（表 5-12）。

表 5-12　　　　地上一层结构柱材质明细表

族与类型	顶部偏移/mm	顶部标高	底部偏移/mm	底部标高	结构材质	长度/mm	体积/m³	成本/(元/m³)
混凝土-正方形-柱：KZ-1	−30	F1	−1300	0	混凝土-现场浇筑混凝土 C40	6270	2.26	365
混凝土-正方形-柱：KZ-1	−30	F1	−3100	0	混凝土-现场浇筑混凝土 C40	8070	2.86	365
混凝土-正方形-柱：KZ-4	−30	F1	−200	0	混凝土-现场浇筑混凝土 C40	5170	1.86	365
混凝土-正方形-柱：KZ-4	−30	F1	−1500	0	混凝土-现场浇筑混凝土 C40	6470	1.99	365
混凝土-正方形-柱：KZ-9	−30	F1	−200	0	混凝土-现场浇筑混凝土 C40	5170	1.29	365
混凝土-正方形-柱：KZ-9	−30	F1	−200	0	混凝土-现场浇筑混凝土 C40	5170	1.29	365
混凝土-矩形-柱：KZ8	−30	F1	−200	0	混凝土-现场浇筑混凝土 C40	5170	1.09	365
混凝土-矩形-柱：KZ8	−30	F1	−200	0	混凝土-现场浇筑混凝土 C40	5170	1.09	365

续表

族与类型	顶部偏移/mm	顶部标高	底部偏移/mm	底部标高	结构材质	长度/mm	体积/m^3	成本/(元/m^3)
混凝土柱-L形：KZ-3	−30	F1	−200	0	混凝土-现场浇筑混凝土 C40	5170	0.83	365
混凝土柱-L形：KZ-3	−30	F1	−500	0	混凝土-现场浇筑混凝土 C4	5470	0.88	365
混凝土柱-L形：KZ-2	−30	F1	−200	0	混凝土-现场浇筑混凝土 C40	5170	0.97	365
混凝土柱-L形：KZ-10	−30	F1	−100	0	混凝土-现场浇筑混凝土 C40	5070	1.01	365
混凝土柱-L形：KZ-10	−30	F1	−1200	0	混凝土-现场浇筑混凝土 C40	6170	1.23	365
混凝土-圆形-柱：KZ-5	−30	F1	−300	0	混凝土-现场浇筑混凝土 C40	5270	0.91	365
混凝土-圆形-柱：KZ-5	−30	F1	−100	0	混凝土-现场浇筑混凝土 C40	5070	0.57	365
混凝土-圆形-柱：KZ-7	−30	F1	−1700	0	混凝土-现场浇筑混凝土 C40	6670	0.84	365
混凝土-圆形-柱：KZ-7	−30	F1	−200	0	混凝土-现场浇筑混凝土 C40	5170	0.65	365
混凝土柱-T形：KZ-6	−30	F1	−900	0	混凝土-现场浇筑混凝土 C40	5870	0.94	365
混凝土柱-T形：KZ-6	−30	F1	−200	0	混凝土-现场浇筑混凝土 C40	5170	0.83	365
混凝土柱-T形：KZ-6	−30	F1	−200	0	混凝土-现场浇筑混凝土 C40	5170	0.83	365

5.11.4 节能与能源利用

以BIM技术推进绿色施工，节约能源，降低资源消耗和浪费，减少污染是建筑发展的方向和目的。节能在绿色环保方面具体有两种体现：一是帮助建筑形成资源的循环使用，包括水能循环、风能流动、自然光能的照射，科学地根据不同功能、朝向和位置选择最适合的构造形式。二是实现建筑自身的减排。构建时，以信息化手段减少工程建设周期；运营时，不仅能够满足使用需求，还能保证最低的资源消耗。

在方案论证阶段，项目投资方可以使用BIM来评估设计方案的布局、视野、照明、安全、人体工程学、声学、纹理、色彩及规范的遵守情况。BIM甚至可以做到建筑局部的细节推敲，迅速分析设计和施工中可能需要应对的问题。BIM包含建筑几何形体的很多专业信息，其中也包括许多用于执行生态设计分析的信息，能够很好地将建筑设计和生态设计紧密联系在一起，设计将不单单是体量、材质、颜色等，而且也是动态的、有机的。Autodesk Ecotect Analysis是市场上比较全面的概念化建筑性能分析工具，软件提供了许多即时性分析功能，如光照、日光阴影、太阳辐射、遮阳、热舒适度、可视度分析等，而得到的分析结果往往是实时的、可视化的，很适合建筑师在设计前期把握建筑的各项性能。某工程运用Autodesk Ecotect Analysis进行日照分析如图5-73所示。

建筑系统分析是对照业主使用需求及设计规定来衡量建筑物性能的过程，包括机械系统如何操作和建筑物能耗分析、内外部气流模拟、照明分析、人流分析等涉及建筑物性能的评估。BIM结合专业的建筑物系统分析软件避免了重复建立模型和采集系统参数。通过BIM可以验证建筑物是否按照特定的设计规定和可持续标准建造，通过这些分析模拟，最终确定、修改系统参数甚至系统改造计划，以提高整个建筑的性能。

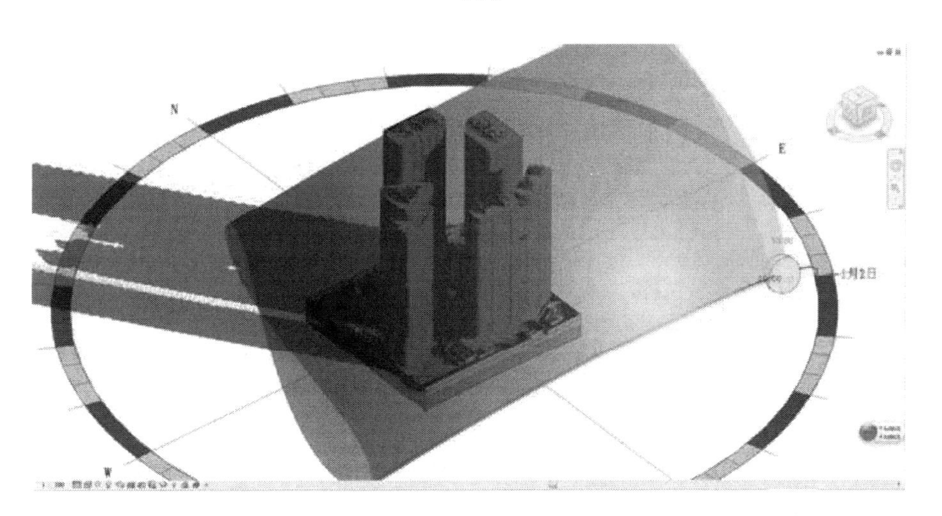

图 5-73 日照分析

5.11.5 减排措施

利用 BIM 技术可以对施工场地废弃物的排放、放置进行模拟，达到减排的目的。具体方法如下：

（1）用 BIM 模型编制专项方案对工地的废水、废弃、废渣的三废排放进行识别、评价和控制，安排专人、专项经费，制定专项措施，减少工地现场的三废排放。

（2）根据 BIM 模型对施工区域的施工废水设置沉淀池，进行沉淀处理后重复使用或合规排放，对泥浆及其他不能简单处理的废水集中交由专业单位处理。在生活区设置隔油池、化粪池，对生活区的废水进行收集和清理。

（3）禁止在施工现场焚烧垃圾，使用密目式安全网、定期浇水等措施减少施工现场的扬尘。

（4）利用 BIM 模型合理安排噪声源的放置位置及使用时间，采用有效的噪声防护措施，减少噪声排放，并满足施工场界环境噪声排放标准的限制要求。

（5）生活区垃圾按照有机、无机分类收集，与垃圾站签合同，按时收集垃圾。

5.12 工程变更管理

5.12.1 工程变更概述

工程变更（EC，Engineering Change），指的是针对已经正式投入施工的工程进行的变更。在工程项目实施过程中，按照合同约定的程序对部分或全部工程在材料、工艺、功能、构造、尺寸、技术指标、工程数量及施工方法等方面做出的改变。

工程变更主要是工程设计变更，但施工条件变更、进度计划变更等也会引起工程变更。设计变更（Design Alteration）是指设计部门对原施工图纸和设计文件中所表达的设计标准状态的改变和修改。设计变更和现场签证两者的性质是截然不同的。现场签证（Site Visa）是指业主与承包商根据合同约定，就工程施工过程中涉及合同价之外的实施额外施工内容所

表 5-13　　工程变更的表现形式

序号	具体内容
1	更改工程有关部位的标高、位置和尺寸
2	增减合同中约定的工程量
3	增减合同中约定的工程内容
4	改变工程质量、性质或工程类型
5	改变有关工程的施工顺序和时间安排
6	图纸会审、技术交底会上提出的工程变更
7	为使工程竣工而必需实施的任何种类的附加工作

作的签认证明，不包含在施工合同中的价款，具有临时性和无规律性等特点，涉及面广，如设计变更、隐蔽工程、材料代用、施工条件变化等，它是影响工程造价的关键因素之一。凡属设计变更的范畴，必须按设计变更处理，而不能以现场签证处理。工程变更的具体表现形式见表 5-13。

设计变更应尽量提前，变更发生得越早则损失越小，反之则越大。若变更发生在设计阶段，则只须修改图纸，其他费用尚未发生，损失有限；若变更发生在采购阶段，在需要修改图纸的基础上还需重新采购设备及材料；若变更发生在施工阶段，则除上述费用外，已施工的工程还须增加拆除费用，势必造成重大变更损失。设计变更费用一般应控制在工程总造价的 5%以内，由设计变更产生的新增投资额不得超过基本预备费的 1/3。

5.12.2　影响工程变更的因素

工程中由设计缺陷和错误引起的修正性变更居多，它是由于各专业各成员之间沟通不当或设计师专业局限性所致。有的变更则是需求和功能的改善，无计划的变更是项目中引起工程的延期和成本增加的主要原因。工程中引起工程变更的因素很多，具体见表 5-14。

表 5-14　　影响工程变更因素统计表

类　别	具 体 内 容
业主原因	业主本身的需求发生变化，会引起工程规模、使用功能、工艺流程、质量标准，以及工期改变等合同内容的变更；施工效果与业主理想要求存在偏差引起的变更
设计原因	设计错漏、设计不到位、设计调整，或因自然因素及其他因素而进行的设计改变
施工原因	因施工质量或安全需要变更施工方法、作业顺序和施工工艺等引起的变更
监理原因	监理工程师出于工程协调和对工程目标控制有利的考虑，而提出的施工工艺、施工顺序的变更
合同原因	原订合同部分条款因客观条件变化，需要结合实际修正和补充
环境原因	不可预见自然因素、工程外部环境和建筑风格潮流变化导致工程变更
其他原因	如地质原因引起的设计更改

5.12.3　工程变更原则

几乎所有的工程项目都可能发生变更甚至是频繁的变更，有些变更是有益的，而有些却是非必要和破坏性的。在实际施工过程中，应综合考虑实施或不实施变更给项目带来的风险，以及对项目进度、造价、质量方面等产生的影响来决定是否实施工程变更。造价师应在变更前对变更内容进行测算和造价分析，根据概念、说明和蓝图进行专业判断，分析变更必要性，并在功能增加与造价增加之间寻求新的平衡；评估设计单位设计变更的成本效应，针对设计变更内容给集团合约采购部提供工程造价费用增减估算；根据实际情况、地方法规及定额标准，配合甲方做好项目施工索赔内容的合理裁决、判断、审定、最终测算及核算；审核、评估承包商、供货商提出的索赔，分析、评估合同中甲方可以提出的索赔，为甲方谈判

提供策略和建议。工程变更应遵循以下原则：

（1）设计文件是安排建设项目和组织施工的主要依据，设计一经批准，不得随意变更，不得任意扩大变更范围。

（2）工程变更对改善功能、确保质量、降低造价、加快进度等方面要有显著效果。

（3）工程变更要有严格的程序，应申述变更设计理由、变更方案、与原设计的技术经济比较，报请审批，未经批准的不得按变更设计施工。

（4）工程变更的图纸设计要求和深度等同原设计文件。

5.12.4 基于BIM的工程变更管理

引起工程变更的因素及变更产生的时间是无法掌控的，但变更管理可以减少变更带来的工期和成本的增加。设计变更直接影响工程造价，施工过程中反复变更会导致工期和成本的增加，而变更管理不善导致进一步的变更，会使得成本和工期目标处于失控状态。BIM应用有望改变这一局面，通过在工程前期制定一套完整、严密的基于BIM的变更流程来把关所有因施工或设计变更而引起的经济变更。美国斯坦福大学整合设施工程中心（CIFE）根据对32个项目的统计分析总结了使用BIM技术后产生的效果，认为它可以消除40%预算外更改，即从根本上从源头上减少变更的发生。

（1）可视化建筑信息模型更容易在形成施工图前修改完善，设计师直接用三维设计更容易发现错误并修改。三维可视化模型能够准确地再现各专业系统的空间布局、管线走向，实现三维校审，大大减少“错、碰、漏、缺”现象，在设计成果交付前消除设计错误，以减少设计变更。而使用2D图纸进行协调综合则事倍功半，虽花费大量的时间去发现问题，却往往只能发现部分表面问题，很难发现根本性问题，“错、碰、漏、缺”几乎不可避免，必然会带来工程后续的大量设计变更。

（2）BIM能增加设计协同能力，更容易发现问题，从而减少各专业间冲突。单个专业的图纸本身发生错误的比例较小，设计各专业之间的不协调、设计和施工之间的不协调是设计变更产生的主要原因。一个工程项目设计涉及总图、建筑、结构、给排水、电气、暖通、动力，除此之外还包括许多专业分包，如幕墙、网架、钢结构、智能化、景观绿化等，他们之间如何交流协调协同？用BIM协调流程进行协调综合，能够彻底消除协调综合过程中的不合理方案或问题方案，使设计变更大大减少。BIM技术可以做到真正意义上的协同修改，改变以往“隔断式”设计方式、依赖人工协调项目内容和分段交流的合作模式，大大节省开发项目的成本。

（3）在施工阶段，用共享BIM模型能够实现对设计变更的有效管理和动态控制。通过设计模型文件数据关联和远程更新，建筑信息模型随设计变更而即时更新，减少设计师与业主、答理、承包商、供应商间的信息传输和交互时间，从而使索赔签证管理更有时效性，实现造价的动态控制和有序管理。

5.13 协同工作

对于大型项目，参与为模型提供信息的人员会很多，每个参与人员可能分布在不同专业团队甚至不同城市或国家，信息沟通及交流非常不便。项目实施过程中，除了让每个项目参与者明晰各自的计划和任务外，还应让他了解整个项目模型建立的状况、协同人员的动态、提出问题（询问）及表达建议的途径。BIM 则能够实现这些功能，使项目各参与方协同工作，BIM 协同工作流程如图 5-74 所示。

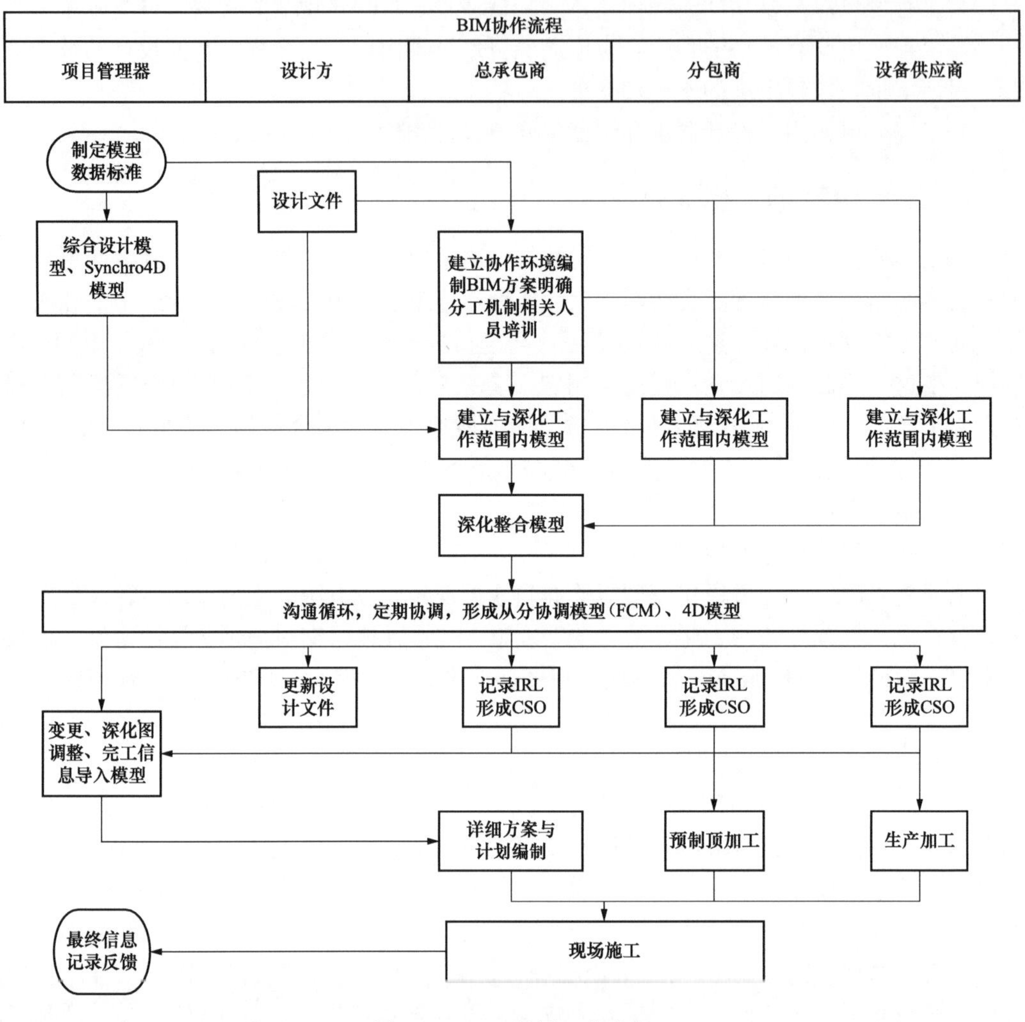

图 5-74　BIM 协同工作流程

5.13.1　协同工作平台

为有效协同各单位各项施工工作的开展，顺利执行 BIM 实施计划，施工总承包单位应组织协调工程其他施工相关单位，通过自主研发 BIM 平台或购买第三方软件来实现协同办公。协同办公平台工作模块应包括族库管理模块、模型物料模块、采购管理模块、统计分析模块、数据维护模块、工作权限模块及工程资料模块。所有模块通过外部接口和数据接口进行信息的提取、查看、实时更新数据。在 BIM 协同平台搭建完毕后，邀请发包方、设计及设计顾问、QS 顾问、监理、专业分包、独立承包商和供应商等单位参加并召开 BIM 启动会。会议应明确工程 BIM 应用重点，协同工作方式，BIM 实施流程等多项工作内容。

基于 BIM 的协同工作页面如图 5-75 所示。

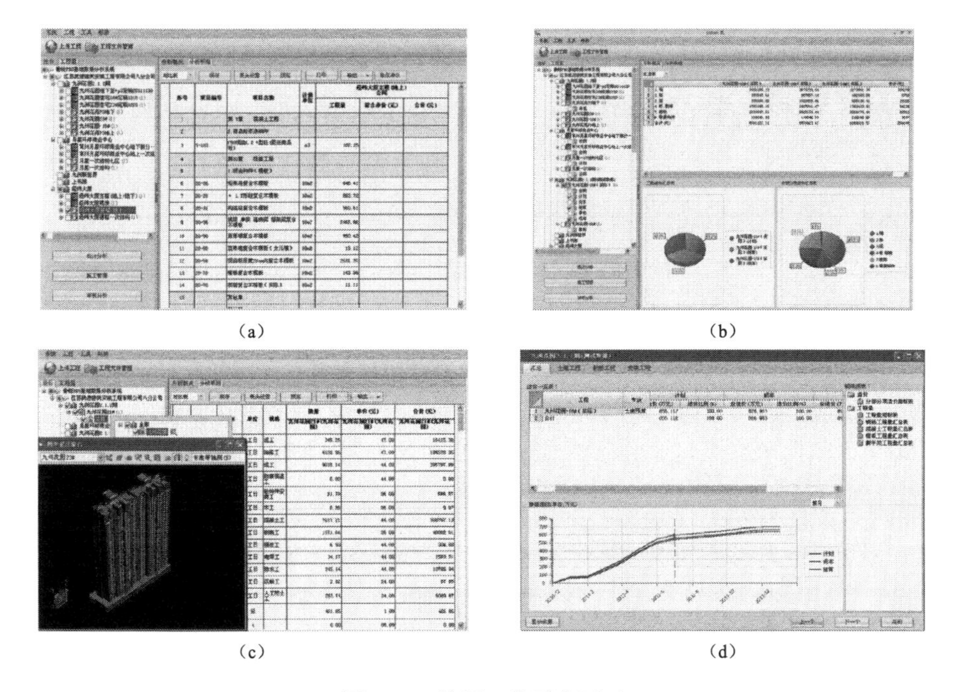

(a)　(b)　(c)　(d)

图 5-75　协同工作平台页面

(a) 企业级项目基础数据库；(b) 土建专业多阶段数据对比；(c) 人员、机具、材料数量自动分析；(d) 多工程审核分析

图 5-76 为某项目使用的“告示板”式团队协作平台，项目组织中的 BIM 成员根据权限和组织构架加入协同平台，在平台上创建代办事项、创建任务，并可做任务分配，也可对每项任务（项目）创建一个卡片，可以包括活动、附件、更新、沟通内容等信息。团队人员可以上传各自创建的模型，也可随时浏览其他团队成员上传的模型，发布意见，进行便捷的交流，并使用列表管理方式，有序地组织模型的修改、协调，支持项目顺利进行。

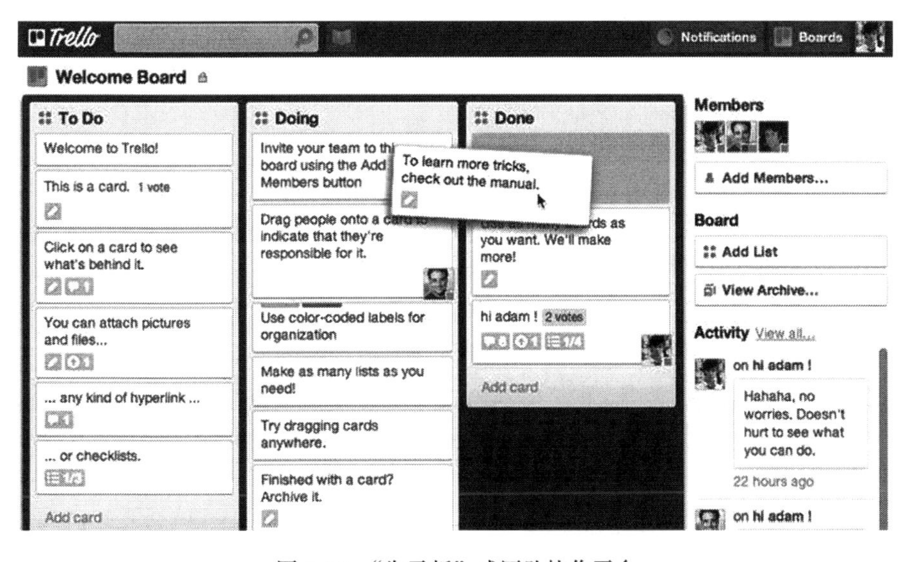

图 5-76　“告示板”式团队协作平台

总包单位基于协同平台在项目实施过程中统一进行信息管理，一旦某个部位发生变化，与之相关联的工程量、施工工艺、施工进度、工艺搭接、采购单等相关信息都自动发生变化，且在协同平台上采用短信、微信、邮件、平台通知等方式统一告知各相关参与方，他们只需重新调取模型相关信息，便轻松完成了数据交互的工作。项目 BIM 协同平台信息交互共享如图 5-77 所示。

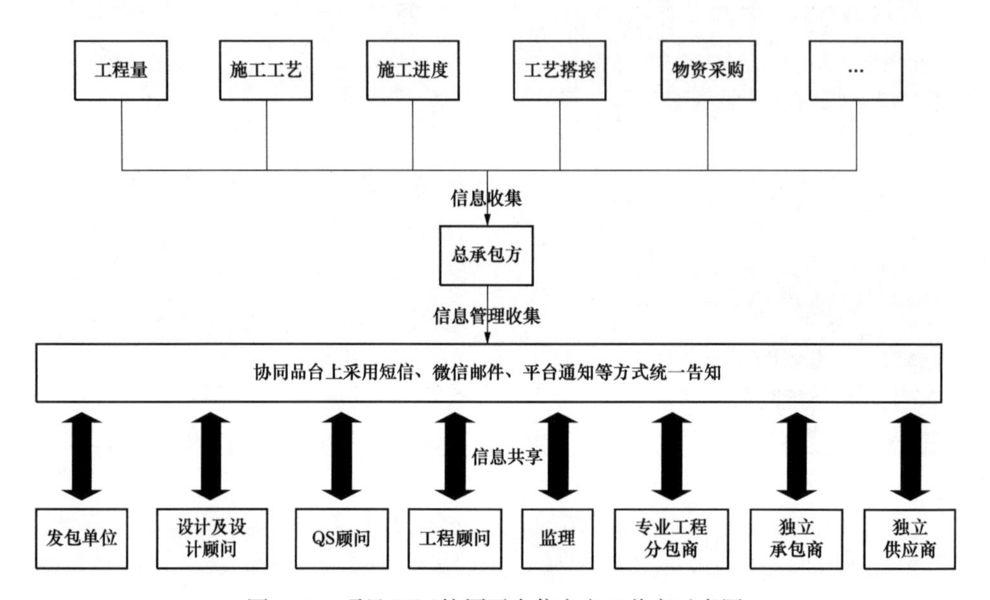

图 5-77　项目 BIM 协同平台信息交互共享示意图

另外，施工总承包单位应组织召开工程 BIM 协调会议，由 BIM 专职负责人与项目总工每周定期召开 BIM 例会，会议将由甲方、监理、总包、分包、供应商等各相关单位参加。会议将生成相应的会议纪要，并根据需要延伸出相应的图纸会审、变更洽商或是深化图纸等施工资料，由专人负责落实。例会上应协调以下内容：

（1）进行模型交底，介绍模型的最新建立和维护情况。

（2）通过模型展示，实现对各专业图纸的会审，及时发现图纸问题。

（3）随着工程的进度，提前确定模型深化需求，并进行深化模型的任务派发、模型交付以及整合工作，对深化模型确认后出具二维图纸，指导现场施工。

（4）结合施工需求进行技术重难点的 BIM 辅助解决，包括相关方案的论证、施工进度的 4D 模拟等，让各参与单位在会议上通过模型对项目有一个更为直观、准确的认识，并在图纸会审、深化模型交底、方案论证的过程中，快速解决工程技术重难点。

5.13.2　协同设计

随着建筑工程复杂性的不断增加，学科的交叉与合作成为建筑设计的发展趋势，这就需要协同设计。而在二维 CAD 时代，协同设计缺少统一的技术平台。虽然目前也有部分集成化软件能在不同专业间实现部分数据的交流和传递（比如 PKPM 系列软件），但设计过程中可能出现的各专业间协调问题仍然无法解决。

基于 BIM 技术的协同设计，可以采用三维集成设计模型，使建筑、结构、给排水、暖通空调、电气等各专业在同一个模型基础上进行工作。建筑设计专业可以直接生成三维实体模型；结构设计专业则可以提取其中的信息进行结构分析与计算；设备专业可以据此进行暖通负荷分析等。不同专业的设计人员能够通过中间模型处理器对模型进行建立和修改，并加以注释，从而使设计信息得到及时更新和传递，更好地解决不同专业间的相互协作问题，从而大大提高建筑设计的质量和效率，实现真正意义上的协同设计。BIM软件可视技术还可以动态地观察三维模型，生成室内外透视图，模拟现实创建三维漫游动画，使工程师可以身临其境地体验建筑空间，自然减少各专业设计工程师之间的协调错误，简化人为的图纸综合审核。

在此基础上，BIM协同设计实施计划项目规划书也能够加快协同工作效率，包括项目评估（选择更优化的方案）、文档管理（如文件、轴网、坐标中心约定）、制图及图签管理、数据统一管理、设计进度、人员分工及权限管理、三维设计流程控制、项目建模、碰撞检测、分析碰撞检测报告、专业探讨反馈、优化设计等内容。

5.13.3 进度和工程资料变更的动态管理

面对工程专业复杂、体量大，专业图纸数量庞大的工程，利用BIM技术，将所有的工程相关信息集中到以模型为基础的协同平台上，依据图纸如实进行精细化建模，并赋予工程管理所需的各类信息，确保出现变更后，模型及时更新。

职责管理：为保证本工程施工过程中BIM的有效性，对各参与单位在不同施工阶段的职责进行划分，让每个参与者明白自己在不同阶段应该承担的职责和完成的任务，与各参与单位进行有效配合，共同完成BIM的实施。某工程项目实施不同阶段各参与方职责划分见表5-15。

表5-15　　项目实施不同阶段各参与方职责划分

<table>
<tr><th>施工阶段</th><th>甲方</th><th>设计方</th><th>总包BIM</th><th>分包</th></tr>
<tr><td>低区（1～36层）结构施工阶段</td><td rowspan="2">监督BIM实施计划的进行；签订分包管理办法</td><td rowspan="2">与甲方、总包方配合，进行图纸深化，并进行图纸签认</td><td rowspan="2">模型维护，方案论证，技术重难点的解决</td><td rowspan="2">配合总包BIM对各自专业进行深化和模型交底</td></tr>
<tr><td>高区（36层以上）结构施工阶段</td></tr>
<tr><td>装饰装修机电安装施工阶段</td><td>监督BIM实施计划的进行；签订分包管理办法，进行模型确认</td><td>与甲方、总包方配合，进行图纸深化，并进行图纸签认</td><td>施工工艺模型交底，工序搭接，样板间制作</td><td>按照模型交底进行施工</td></tr>
<tr><td>系统联动调试、试运行</td><td rowspan="2">模型交付</td><td rowspan="2">竣工图纸的确认</td><td rowspan="2">模型信息整理、模型交付</td><td rowspan="2">模型确认</td></tr>
<tr><td>竣工验收备案</td></tr>
</table>

5.13.4 总包各专业工作面动态管理

对于引入机施、水电、装修、钢构、幕墙等多个分包单位的工程，在基于BIM的分包管理方面，既要考虑到图纸深化的精准度，又要考虑到各个专业之间的工序搭接。基于BIM能够将各专业的深化结果直接反映到BIM模型当中，直观明确地反映出深化结果，并能展示出各工序间的搭接节点，从而整体考虑施工过程中的各种问题。为了保证对各分包的管理效果，制定《分包管理办法》，与各分包单位签署后有效执行，对分包实行规范化管理。

依据《BIM模型标准》《Revit模型交底》，设计院提供的蓝图、版本号和模型参数内容，制定《模型计划》。施工总包单位与专业分包以书面形式签署《BIM模型协议》和《模型应用协议》，或委托BIM团队依据一线提供的资料，建立全专业模型，由施工总承包负责管理模型的更新和使用权，专业分包负责进行模型的深化、维护等工作。

BIM原始模型建立完成后，工程管理部组织BIM模型应用动员会，要求专业分包和供货商必须参加会议。依据签署的《BIM模型应用协议》，总包单位有权要求分包和供应商提供模型应用意见和建议，支持、协助和监督专业分包完成BIM模型深化工作。

全专业模型建立完成后，总包单位组织各专业汇总各自模型中发现的图纸问题，形成图纸问题报告，统一由设计院进行解答，完善施工模型。组织本工程模型整合，对应专业单位检查碰撞。分工情况如下：土建分包负责结构模型与建筑模型的校核、结构与机电管综的碰撞，机电专业单位负责本专业之间的碰撞和管综专业之间的碰撞。

某项目基于BIM模型总包管理流程如图5-78所示。

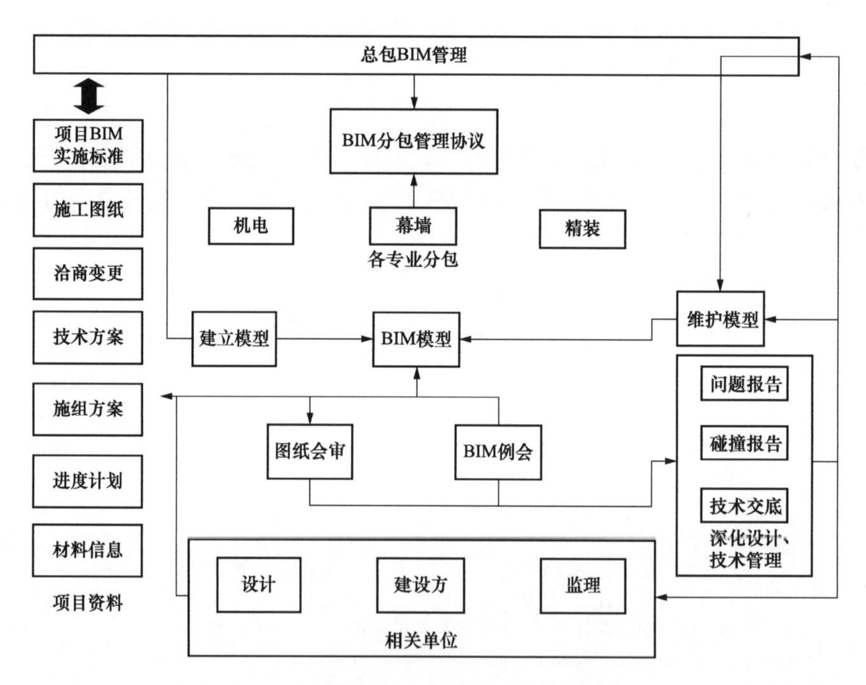

图5-78　项目基于BIM模型总包管理流程

5.14　竣工交付

在工程建设的交界阶段，前一阶段BIM工作完成后应交付BIM成果，包括BIM模型文件、设计说明、计算书、消防、规划二维图纸、设计变更、重要阶段性修改记录和可形成企业资产的交付及信息。项目的BIM信息模型所有知识产权归业主所有，交付物为纸质表格图纸及电子光盘，加盖公章。

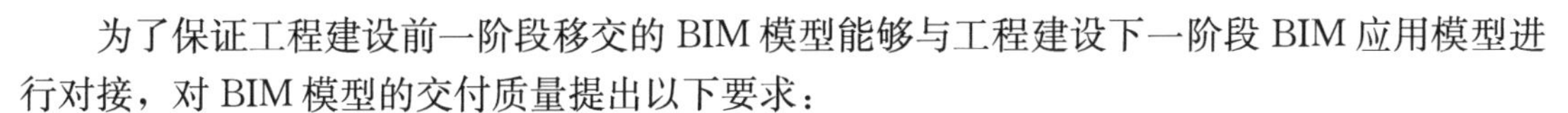

为了保证工程建设前一阶段移交的BIM模型能够与工程建设下一阶段BIM应用模型进行对接，对BIM模型的交付质量提出以下要求：

(1) 提供模型的建立依据，如建模软件的版本号、相关插件的说明、图纸版本、调整过程记录等，方便接收后的模型维护工作。

(2) 在建模前进行沟通，统一建模标准：如模型文件、构件、空间、区域的命名规则，标高准则，对象分组原则，建模精度，系统划分原则，颜色管理，参数添加等。

(3) 所提交的模型，各专业内部及专业之间无构件碰撞问题的存在，提交有价值的碰撞检测报告，含有硬碰撞和间隙碰撞。

(4) 模型和构件尺寸形状及位置应准确无误，避免重叠构件，特别是综合管线的标高、设备安装定位等信息，保证模型的准确性。

(5) 所有构件均有明确详细的几何信息以及非几何信息，数据信息完整规范，减少累赘。

(6) 与模型文件一同提交的说明文档中必须包括模型的原点坐标描述及模型建立所参照的CAD图纸情况。

(7) 针对设计阶段的BIM应用点，每个应用点分别建立一个文件夹。对于3D漫游和设计方案比选等应用，提供avi格式的视频文件和相关说明。

(8) 对于工程量统计、日照和采光分析、能耗分析、声环境分析、通风情况分析等应用，提供成果文件和相关说明。

(9) 设计方各阶段的BIM模型（方案阶段、初步设计阶段、施工图阶段）通过业主认可的第三方咨询机构审查后，才能进行二维图正式出图。

(10) 所有的机电设备办公家具有简要模型，由BIM公司制作，主要功能房设备房及外立面有渲染图片，室外及室内各个楼层均有漫游动画。

(11) 由BIM模型生成若干个平面立面剖面图纸及表格，特别是构件复杂，管线繁多部位应出具详图，且应该符合《建筑工程设计文件编制深度规定》。

(12) 搭建BIM施工模型，含塔吊、脚手架、升降机、临时设施、围墙、出入口等，每月更新施工进度，提交重点难点部位的施工建议，作业流程。

(13) BIM模型生成详细的工程量清单表，汇总梳理后与造价咨询公司的清单对照检查，出结论报告。

(14) 提供IPad平板电脑随时随地对照检查施工现场是否符合BIM模型，便于甲方、监理的现场管理。

(15) 为限制文件大小，所有模型在提交时必须清除未使用项，删除所有导入文件和外部参照链接，同时模型中的所有视图必须经过整理，只保留默认的视图和视点，其他都删除。

(16) 竣工模型在施工图模型的基础上添加以下信息生产信息（生产厂家、生产日期等）、运输信息（进场信息、存储信息）、安装信息（浇铸、安装日期，操作单位）和产品信息（技术参数、供应商、产品合格证等），如有在设计阶段还没能确定的外形结构的设备及产品，竣工模型中必须添加与现场一致的模型。

某工程BIM交付成果样例如图5-79所示。

长沙世茂广场项目BIM技术应用

北京建工集团有限责任公司
BIM技术中心

-1-

建模时间:		
建模人员:	北京建工集团有限责任公司BIM中心	
建模内容:	结构专业:	剪力墙、结构板、结构柱、梁
	建筑专业:	建筑墙、柱、幕墙
	给排水专业:	给排水管道、阀门、附件、等设备
	暖通风专业:	暖通风管道、暖通水管道、管件、附件等设备
	强弱电专业:	强弱电桥架
建模依据	图纸依据	依据《广场CAD(13.11.15)》-233MB,《长沙世茂广场图纸20131022》19.5MB等图纸建模
	标准依据	1、本项目各专业根据《六建BIM建模标准(1.2)》 2、机电碰撞原则根据《机电碰撞调整规则》
成果内容:	各专业模型、工程量统计、问题报告、碰撞报告等。	

-2-

一、 Revit模型设计说明

1. 模型基本信息

序号	名称	内容
01	模型名称	南京证大B3层工程
02	地理位置	
03	建模单位	北京六建集团有限责任公司企业技术中心BIM课题组
04	模型应用单位	
05	模型面积	5500 m²
06	模型 专业	结构、建筑、暖通、给排水、喷淋、弱电

2. 建模依据

2.1依据《六建BIM建模标准(1.2)》

2.2各专业系统命名及颜色显示

2.2.1 通风系统命名及颜色显示

序号	系统名称	颜色编号(红/绿/蓝)
1	排风	[illegible]

2.2.2 空调水系统命名及颜色显示

序号	系统名称	颜色
1	空调冷水回水管	[illegible]
2	空调冷却水供水管	
3	空调冷水供水管	[illegible]

-3-

2.2.3 给排水系统命名及颜色显示

序号	系统名称	颜色
1	消火栓系统给水管	青色 RGB 000/255/255
2	自动喷洒系统给水管	[illegible]
3	生活供水管	浅绿色 RGB 128/255/128

2.2.4 2.2.4、电气的工作集划分、系统命名及颜色显示:

序号	系统名称	工作集名称	颜色编号(红/绿/蓝)
1	弱电	弱电	粉红色 RGB255/127/159

2.3模型LOD标准

序号	模型	详细等级(LOD)	内容
结构专业			
1	板	200	类型属性,材质、二维填充表示
2	梁	200	类型属性,具有异形梁表示详细轮廓,材质,二维填充表示
3	柱	200	类型属性,具有异形柱表示详细轮廓,材质,二维填充表示
建筑专业			
1	建筑墙	200	增加材质信息,含粗略面层划分
2	门	200	按实际需求插入门、窗
弱电专业			
1	线管	300	基本路由、导线根数
给排水专业			
1	管道	200	有支管标高
2	阀门	300	按阀门的分类绘制
3	附件	300	按类别绘制
4	设备	300	具体的形状及尺寸
暖通专业			
1	暖通水管道	200	按着系统只绘主管线,标高可自行定义,按着系统添加不同的颜色

-4-

图5-79 BIM交付成果样例(一)

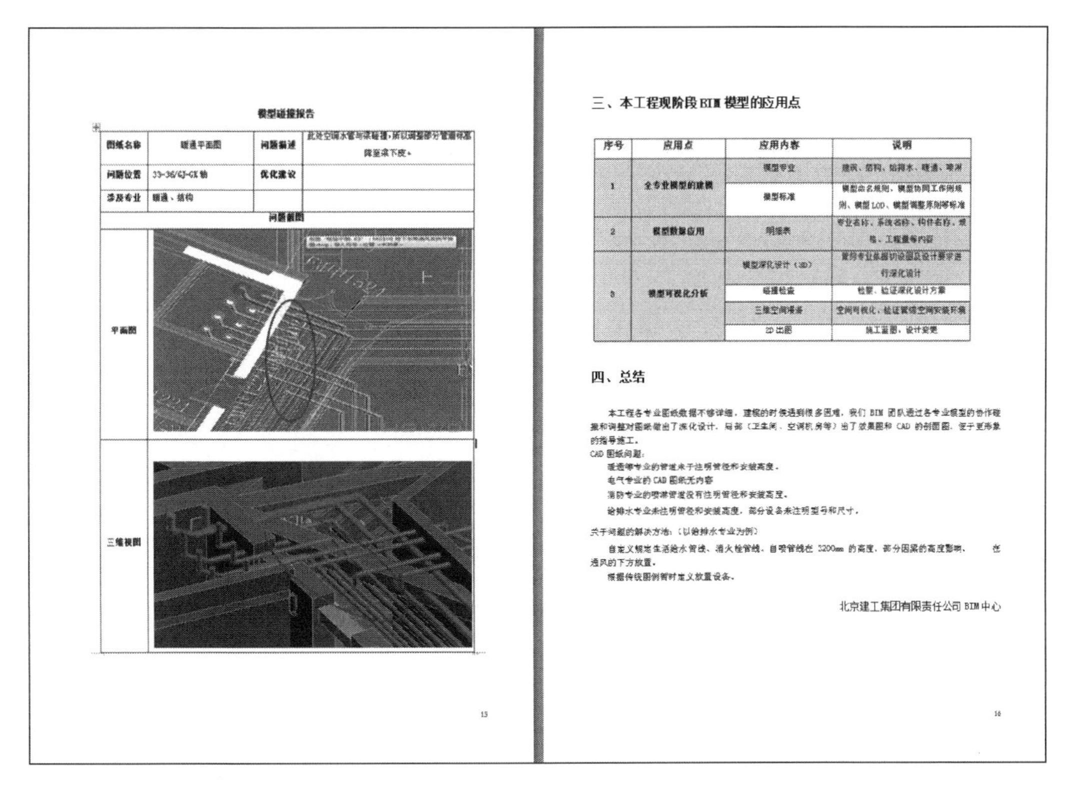

模型碰撞报告

图纸名称	暖通平面图	问题描述	此处空调水管与梁碰撞，所以调整部分管道标高降至梁下皮。
问题位置	33-36/GJ-GK 轴	优化建议	
涉及专业	暖通、结构		
问题截图			
平面图			
三维视图			

13

三、本工程现阶段 BIM 模型的应用点

序号	应用点	应用内容	说明
1	全专业模型的建模	模型专业	建筑、结构、给排水、暖通、喷淋
		模型标准	模型命名规则、模型协同工作规则、模型 LOD、模型调整原则等标准
2	模型数据应用	明细表	专业名称、系统名称、构件名称、规格、工程量等内容
3	模型可视化分析	模型深化设计（3D）	按各专业依据切设图及设计要求进行深化设计
		碰撞检查	检查、验证深化设计方案
		三维空间漫游	空间可视化，验证管线空间安装环境
		2D 出图	施工蓝图，设计变更

四、总结

本工程各专业图纸数据不够详细，建模的时候遇到很多困难，我们 BIM 团队通过各专业模型的协作碰撞和调整对图纸做出了深化设计。局部（卫生间、空调机房等）出了效果图和 CAD 的剖面图，便于更形象的指导施工。

CAD 图纸问题：

暖通等专业的管道未予注明管径和安装高度。

电气专业的 CAD 图纸无内容

消防专业的喷淋管道没有注明管径和安装高度。

给排水专业未注明管径和安装高度，部分设备未注明型号和尺寸。

关于问题的解决方法：（以给排水专业为例）

自定义规定生活给水管线、消火栓管线、自喷管线在 3200mm 的高度，部分因梁的高度影响，在通风的下方放置。

根据待线图例暂时定义放置设备。

北京建工集团有限责任公司 BIM 中心

16

图 5-79　BIM 交付成果样例（二）

6 工 程 实 例

6.1 北京市政务服务中心

6.1.1 工程概况

北京市政务服务中心工程位于北京市丰台区六里桥西南角，总建筑面积为 206 247m²，地下 3 层，地上最高 23 层，最大檐高为 100m，结构形式为框架—剪力墙结构。其效果图如图 6-1 所示。

6.1.2 BIM 应用标准

为了能有效地利用 BIM 技术，就必须在项目开始阶段建立规范的 BIM 标准，使参与各方都能以统一标准中建立并应用 BIM 模型，避免因个人习惯不同带来的理解误差。根据美国 NBIMS 标准、新加坡 BIM 指南、英国 Autodesk BIM 设计标准、我国 CBIMS 标准（草稿），结合 BIM 实践应用经验，形成了企业级 BIM 标准。此标准规范了模型建立、信息交底、模型指导施工、总包分包 BIM 管理、三维交付等施工过程 BIM 应用内容，如图 6-2 所示。

图 6-1 北京市政务服务中心效果图

图 6-2 BIM 标准

6.1.3 BIM 应用计划

BIM 在工程中的应用需要依靠切实可行的工作计划来明确工作内容及应用效果。结合BIM 应用总体目标、项目实际工期要求、项目施工难点及特点，制订了本工程 BIM 应用计划，详见表 6-1。

表 6-1 BIM 项目应用计划

序号	项目名称	项目分层	项目内容
1	BIM 模型建立	(1) 土建专业模型	按模型建立标准创建包含结构梁、板、柱截面信息、厂家信息、混凝土等级的 BIM 模型
		(2) 钢结构专业模型	按模型建立标准创建叶子大厅部分钢结构 BIM 模型
		(3) 机电专业模型	按模型建立标准创建机电专业 BIM 模型
2	深化设计	(1) 管线综合深化设计	对全专业管线进行碰撞检测并提供优化方案
		(2) 复杂节点深化设计	对复杂钢筋混凝土节点的配筋、钢结构节点的焊缝、螺栓等进行深化设计
		(3) 幕墙深化设计	明确幕墙与结构连接节点做法、幕墙分块大小、缝隙处理，外观效果，安装方式
3	施工方案规划	(1) 周边环境规划方案	对施工周边环境进行规划，合理安排办公区、休息区、加工区等的位置，减少噪声等环境污染
		(2) 场地布置方案	解决现场场地划分问题，明确各项材料、机具等的位置推放
		(3) 专项施工方案	直观地对专项施工方案进行分析对比与优化，合理编排施工工序及安排劳动力组织
4	4D 施工动态模拟	(1) 土建施工动态模拟	给三维模型添加时间节点，对工程主体结构施工过程进行 4D 施工模拟
		(2) 钢结构施工动态模拟管理	对叶子大厅钢结构部分安装过程进行模拟
		(3) 关键工艺展示	制作部分复杂墙板、配筋关键节点的施工工艺展示动画，用于指导施工
5	施工管理平台开发	(1) 平台开发准备	整合创建的全部 BIM 模型、深化设计、施工方案规划、施工进度安排等平台开发所需资料，建立施工项目数据库
		(2) 平台架构制定	根据项目自身特点及总承包管理经验，制定符合本项目的施工管理平台架构
		(3) 平台开发关键技术	利用计算机编程技术，开发相应的数据接口，结合以上数据库及平台架构，完成平台开发
6	总承包施工项目管理	(1) 施工人员管理	将施工过程中的人员管理信息集成到 BIM 模型中，通过模型的信息化集成来分配任务
		(2) 施工机具管理	包括机具管理和场地管理，具体内容包括群塔防碰撞模拟、脚手架设计等
		(3) 施工材料管理	包括物料跟踪、算量统计等，利用 BIM 模型自带的工程量统计功能实现算量统计
		(4) 施工工法管理	将施工自然环境及社会环境通过集成的方式保存在模型中，对模型的规则进行制定以实现对环境的管理
		(5) 施工环境管理	包括施工进度模拟、工法演示、方案比选，利用数值模拟技术和施工模拟技术实现施工工法的标准化应用

续表

序号	项目名称	项目分层	项目内容
7	施工风险预控	（1）施工成本预控	自动化工程量统计及变更修复，并指导采购，快速实行多维度（时间、空间、WBS）成本分析
		（2）施工进度预控	利用管理平台提高工作效率，实现施工进度模拟控制，校正施工进度安排
		（3）施工质量预控	复杂钢筋混凝土节点施工指导，移动终端现场管理
		（4）施工安全预控	施工动态监测、危险源识别

6.1.4 BIM 应用流程

在 BIM 应用计划的基础上，需要明确各计划实施的起始点及结束点，各应用计划间的相互关系，以确定工作程序、人员的安排。结合以往工程施工流程与 BIM 工作计划制定了符合 BIM 应用目标的 BIM 应用流程，如图 6-3 所示。

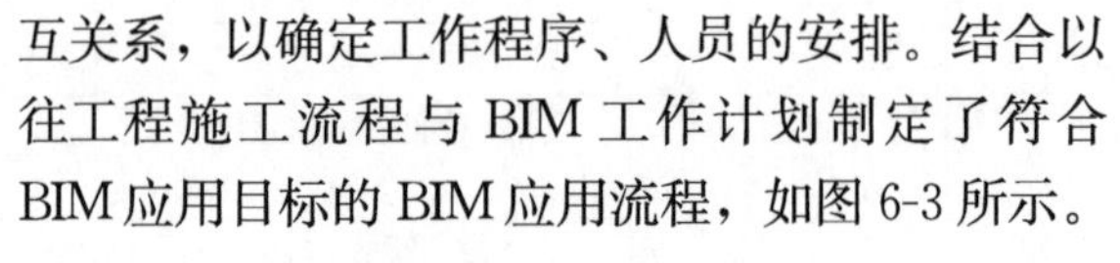

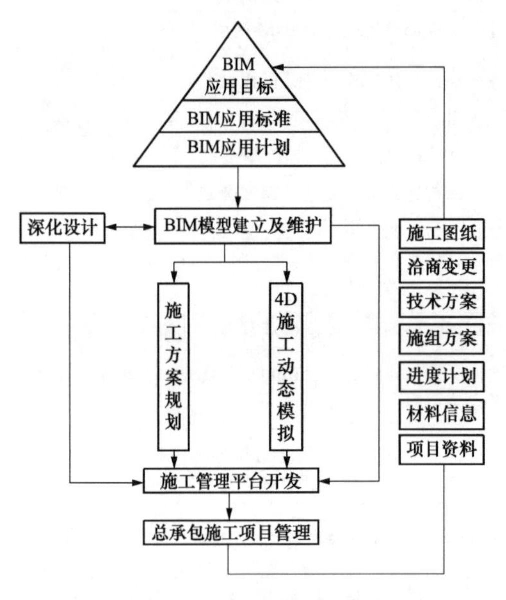

图 6-3 BIM 应用流程

6.1.5 BIM 模型建立及维护

建立 BIM 模型可以提供对建筑的可视化展示，在建模过程中发现设计漏洞并及时修改，模型可作为后期深化设计、施工模拟及施工控制的依据。本项目根据设计单位提供的设计图纸、设备信息和其他相关数据，利用 Revit 建模软件在工程开始阶段建立建筑专业、结构专业及机电专业 BIM 模型，在建模过程中对图纸进行仔细核对和完善，根据设计和业主的补充信息，完善 BIM 模型。所建立的北京市政务服务中心 BIM 模型如图 6-4 和图 6-5 所示。

图 6-4 整体结构 BIM 模型

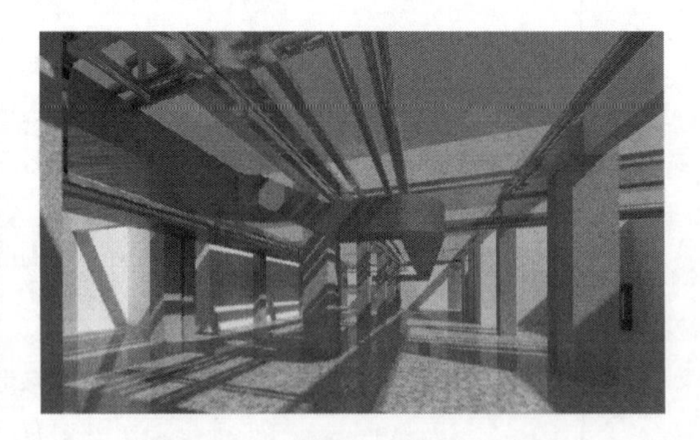

图 6-5 机电室内局部 BIM 模型

6.1.6 深化设计

由于设计院提供的施工图细度不够，与现场施工往往有诸多冲突，不具备指导实际复杂节点施工的条件，这就需要对其进行细化、优化和完善。北京市政务服务中心采用基于 BIM 技术的施工深化设计手段，提前确定模型深化需求，对土建专业、机电管线综合进行

了碰撞检测及优化，对叶子大厅钢结构、幕墙及复杂节点钢筋布置进行了深化设计，并在深化模型确认后出具用于指导现场施工的二维图纸。其碰撞检测及优化效果、钢筋深化设计效果如图 6-6 和图 6-7 所示。

图 6-6　碰撞检测优化前后对比

6.1.7　施工方案规划

北京市政务服务中心施工难度大，施工前对各项施工方案进行提前规划、预演尤为重要。利用 BIM 模型的可视性进行三维立体施工方案规划，可以合理安排生活区、钢结构加工区、材料仓库、现场材料堆放场地、现场道路等的布置。另外，利用 BIM 模型模拟一些危险性大的专项施工方案，可以直观的反映施工现场情况，辅助专家论证，降低施工危险性。北京市政务服务中心基于 BIM 的施工周边环境规划、施工场地布置如图 6-8 和图 6-9 所示。

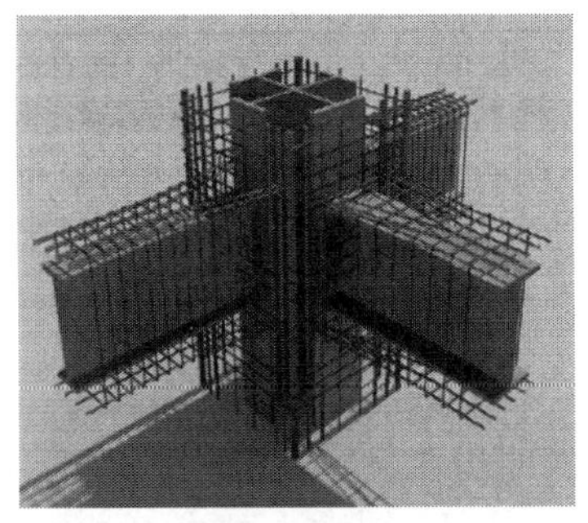

图 6-7　某复杂节点钢筋布置深化设计模型

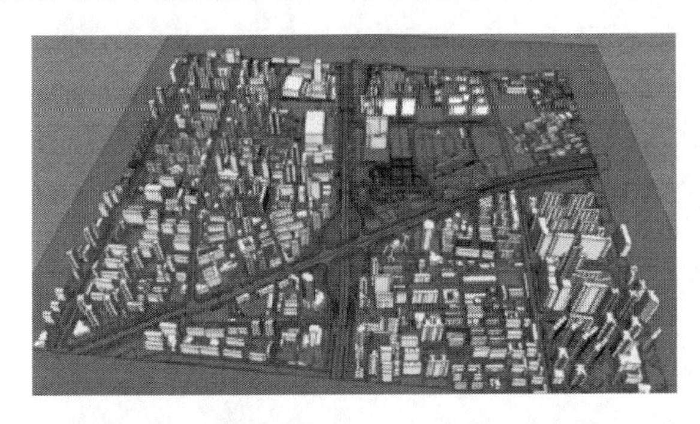

图 6-8　BIM 模型周边环境规划模型与二维图纸下的周边环境对比

图 6-9　BIM 施工场地布置模型与实际施工现场场地照片对比

6.1.8　4D施工动态模拟

北京市政务服务中心工程规模大、复杂程度高、工期紧，为了寻找最优的施工方案，给施工项目管理提供便利，采用了基于BIM的4D施工动态模拟技术对土建结构、叶子大厅钢结构及部分关键节点的施工过程进行模拟并制定多视点的模拟动画。施工模拟动画为施工进度、质量及安全的管理提供了依据。北京市政务服务中心4D施工模拟动画截图如图6-10所示。

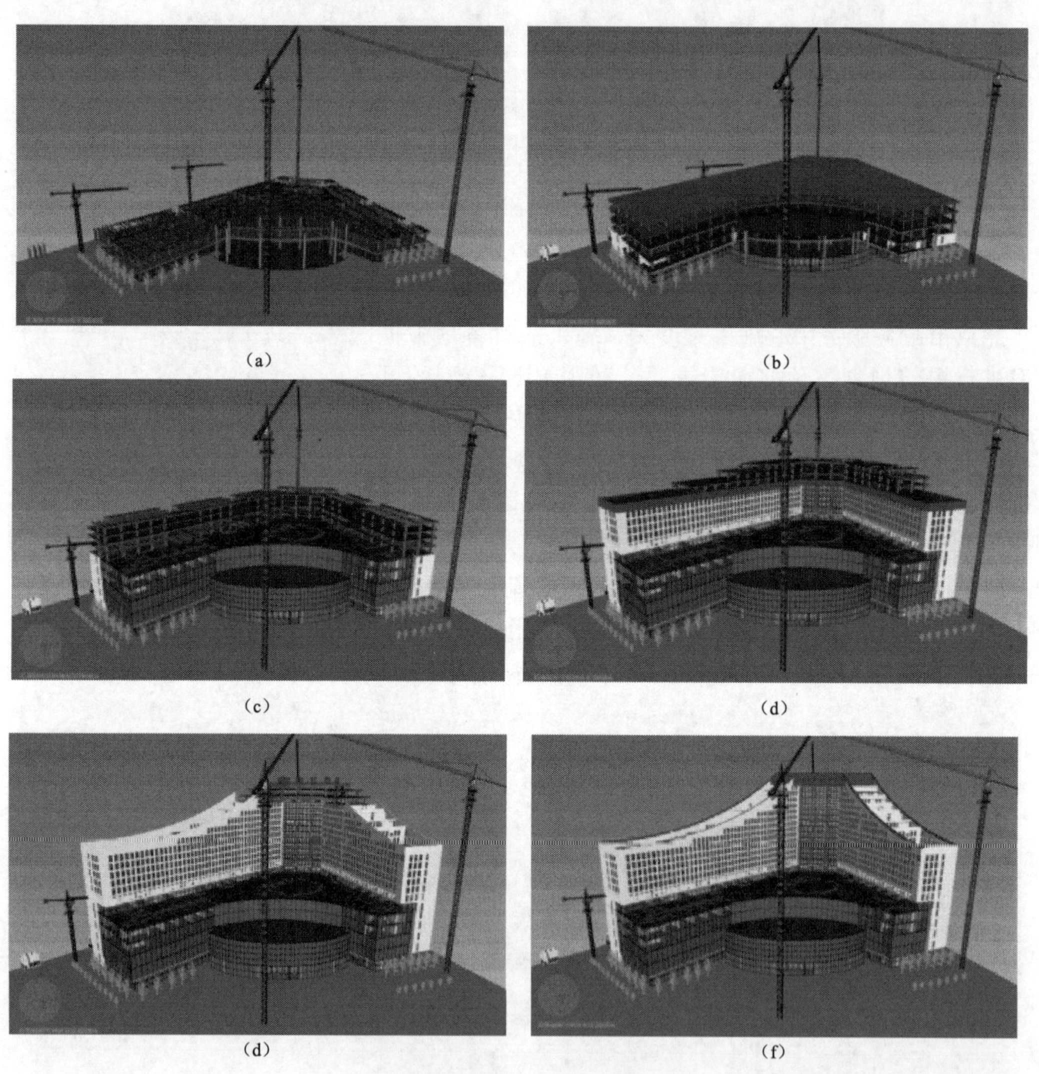

(a)　(b)　(c)　(d)　(d)　(f)

图6-10　施工模拟动画截图

(a) 地上3层施工动画模拟截图；(b) 地上5层施工动画模拟截图；(c) 地上8层施工动画模拟截图；(d) 地上14层施工动画模拟截图；(e) 地上19层施工动画模拟截图；(f) 地上22层封顶施工动画模拟截图

6.1.9　施工管理平台开发

目前，BIM技术在施工项目管理中的应用已有较多工程实例，但其应用还局限于零散的点的管理，缺乏全过程施工控制手段。在北京市政务服务中心项目中，根据BIM模型构

建项目数据库，开发相应二次接口，搭建项目模型信息管理平台，实现了施工过程的全过程一体化控制，达成了项目的施工目标。

该平台提供了发包方、设计及设计顾问、QS 顾问、监理、专业分包、独立承包商和供应商的协同工作平台，各分包方将变更内容及施工信息及时更新、保存至 BIM 模型。通过 BIM 模型统一进行信息管理，一旦某个部位发生变化，与之相关联的工程量、施工工艺、施工进度、工艺搭接、采购单等相关信息都自动发生变化，且在协同平台上采用短信、微信、邮件、平台通知等方式统一告知各相关参与方，实现了信息的动态反馈。搭建的平台具体示例图如图 6-11 和图 6-12 所示。

图 6-11　北京市政务服务中心施工信息管理平台界面

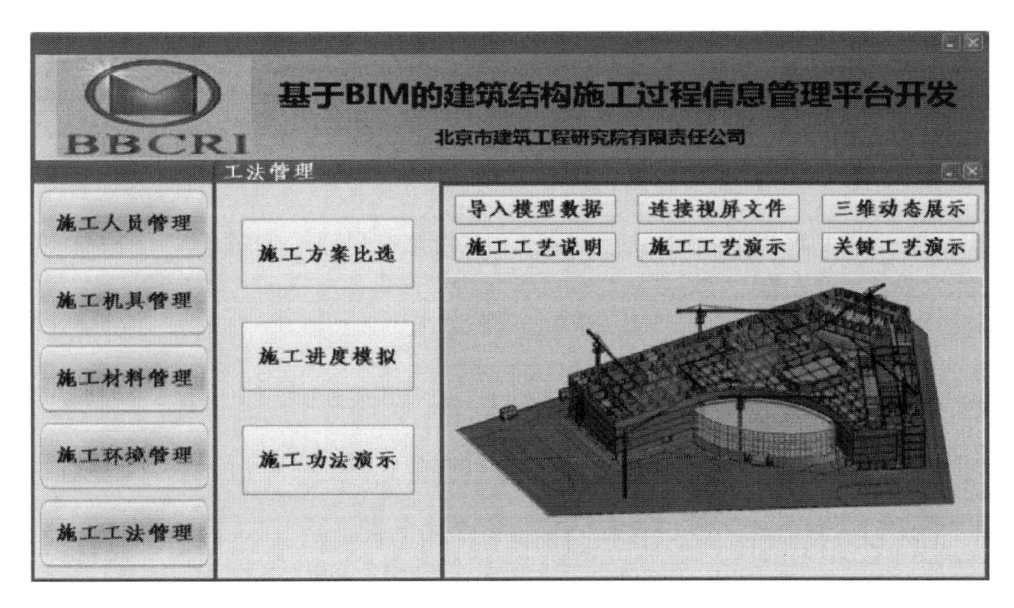

图 6-12　北京市政务服务中心施工信息管理平台示例图

6.1.10 总承包施工项目管理

施工总承包单位在施工阶段处于主导地位，总承包管理的好坏直接影响工程的收益。传统项目管理主要分为技术管理、工程管理、质量管理、商务管理和安全管理等内容，管理比较分散，协同效率低下。

基于BIM的施工信息管理平台对工程项目的管理主要分为协同工作的管理、BIM模型的管理、数据交互的管理和信息共享管理四个部分，并将常规的工作管理分解到其中，通过BIM模型及其深化应用成果对施工人员、机具、材料、工法及环境进行集成化管理，以达到对施工成本、进度、质量及安全的管控，避免经济损失及人员伤亡。基于BIM技术工程管理与常规工程管理的区别如图6-13所示。

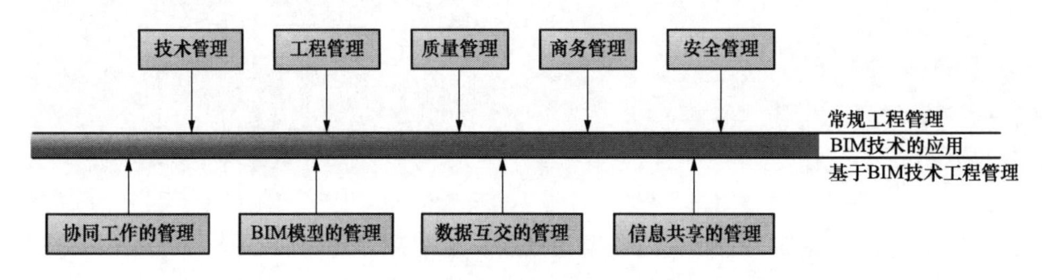

图6-13 基于BIM技术工程管理与常规工程管理的区别

6.1.11 施工风险预控

施工风险预控主要包括施工成本、进度、质量和安全的风险预控。为了有效实现对工程的风险预控，基于BIM模型、施工信息管理平台及自主研发的健康监测平台来深入探讨高层建筑的施工成本、进度、质量、安全监测。

通过平台的BIM模型综合管理，实现对工程成本、进度、质量的数据关联、分析与监测；通过研究建筑结构健康监测系统设计和监测数据的处理方法，集合BIM模型建立高层建筑施工监测系统，进行高层建筑施工安全性能分析和评价，两者结合，共同打造具有本项目特色的高层BIM风险预控方法，最大程度降低项目建造阶段的风险。

6.1.12 小 结

BIM技术在北京市政务服务中心项目施工中的应用，达到了BIM的应用目标，实现整个项目的参数化、可视化，有效控制风险，提高施工信息化水平和整体质量。通过对BIM技术在北京市政务中心项目施工中的应用研究可以得出以下结论：

（1）BIM模型的建立应符合BIM建模标准的要求，BIM模型的应用需严格遵照BIM标准中的规定。

（2）基于BIM的深化设计方法可以有效辅助施工，对复杂钢筋混凝土节点的施工具有指导意义。

（3）通过BIM模型对施工方案进行前期规划，实现绿色施工。

（4）基于BIM技术的施工管理平台，能更好地指导建筑结构施工和项目管理，可以有效地拓宽业务领域，有很好的市场前景。

（5）BIM辅助总承包施工项目管理效果明显，其提供的协同工作平台可以提高工作效率、实现数据共享。

（6）BIM技术的应用可以对施工成本、进度、质量及安全进行风险预控，有效降低项目风险。

6.2 盘锦体育场

6.2.1 工程概况

盘锦体育场属于超大跨度空间张拉索膜结构工程，屋盖建筑平面呈椭圆环形长轴方向最大尺寸约270m，短轴方向最大尺寸约238m，最大高度约57m。屋盖主索系包括内环索和径向索，其中内环索1道，径向索包括吊索144道、脊索72道和谷索72道；膜面布置在环索和外围钢框架之间的环形区域，形成波浪起伏的曲面造型。超大跨度张拉索膜结构在国内外同类结构中是最大的。实拍图如图6-14所示。

图6-14 盘锦体育场实拍图

6.2.2 索膜结构找形

1. 索膜结构及其找形方法

索膜结构由于造型自由、美观、质轻、阻燃等特点而被广泛应用到各大工程中。索膜结构设计包括找形分析、剪裁分析和荷载分析。找形分析是指结构工程师运用计算软件对建筑的概念设计进行分析模拟，寻找是否存在合理膜曲面以及索膜形态的一个过程，这需要建筑师和结构师之间的紧密配合、协同工作。

找形分析的方法主要是依靠计算机模拟技术，采用动力密度法、动力松弛法和小模量几何非线性分析方法等。本文主要介绍张拉膜结构的找形分析，依照原有的设计方法，通过对参数化设计的探索，来对索膜结构找形方法进行研究，并通过BIM技术实现索膜结构设计的高度参数化和精确性。

2. 基于BIM参数化索膜找形优势

对于索结构设计，传统的方式是通过Ansys建模计算找形，然后在CAD中建模进行深化。后期深化建模需要很长时间，而且手动建模容易出错。所以，为了降低后期建模的困难程度及出错率，采用参数化辅助建模是具有十分明显的优势的。

不管是在Ansys中找形还是在Rhino中建模，使用“命令流＋脚本”的方式，可以将每一步骤的操作记录在案，后期方案修改时，可以直接在文本中修改，省去在模型中修改的繁琐步骤，而且避免了手动建模的误操作；并且文本的方式比较直观，便于和其他工程师交流意见；同时无论在建模上，还是在计算上，通过写命令流和脚本，都有一劳永逸的特点，当遇到相同类型的项目时，可以直接调用文本修改参数，而直接得到结果，相比原有方式，可明显提高工作效率。

参数化分很多种。最原始的图板不具备参数化特性，属于零参数化工具；CAD二维图纸只具备有限的参数化特性，属于低参数化工具；面向3到n维的BIM技术具备适当的参数化特性，属于参数化工具；而通过计算机辅助设计（也称参数化辅助设计）具备高度的参数化特性。本文中用到的是运用高度参数化工具来辅助参数化工具，即通过参数化辅助BIM设计。

3. 技术方案

本文进行参数化辅助BIM建模的具体过程如下（图6-15）：

（1）基于Ansys编制的APDL语言进行索膜找形分析，导出找形后的节点坐标及单元节点号。

（2）处理后的数据插入RhinoScript脚本中，在Rhino中直接生成参数化三维模型。

（3）导出到Revit中去进行结构深化设计。

（4）将设计模型导入Ansys进行节点分析。

（5）将Ansys分析结果导出到Revit中建模（在特殊情况下需要RhinoScript辅助）。

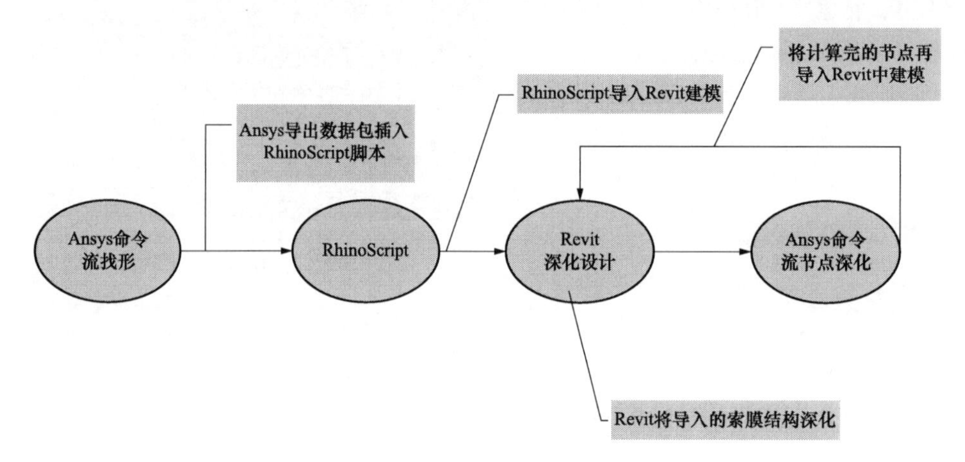

图6-15　技术方案流程图

4. 工程实践

（1）基于Ansys命令流的索膜找形。步骤见表6-2。

Ansys索膜模型如图6-16所示。

表6-2　基于Ansys命令流的索膜找形

步骤	内容
一	定义索膜物理参数
二	输入索膜找形前位置坐标
三	加预应力、加荷载
四	计算
五	输出找型后坐标

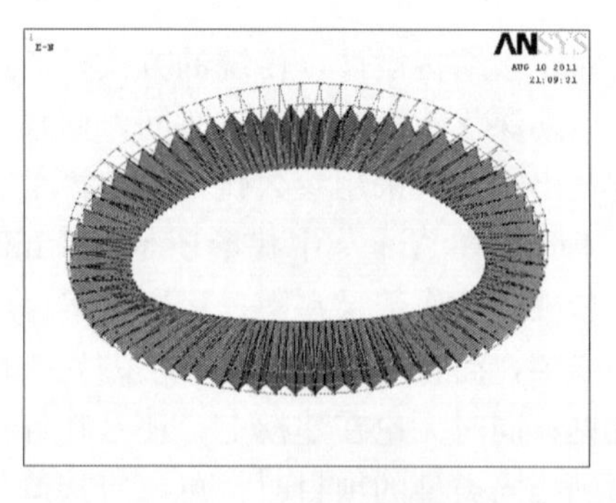

图6-16　Ansys索膜模型

（2）RhinoScript进行找形后建模。步骤见表6-3。

表 6-3　　RhinoScript 找形后建模

步骤	内容
1	定义索形状控制点，根据精度需要，在脚本中定义相应数量的控制点，该项目选取首尾两点
2	入找形后索形状控制点坐标，提取 Ansys 找形后 UpGeom 出来的若干个控制点数据包中的坐标值，以索为单位将索节点组合成若干数组
3	定义索半径并生成索，通过控制点生成相应曲线，给定一个半径生成索。当项目中存在多个索的时候，可以通过一个 For…循环语句来生成，具体应用如图 6-17 和图 6-18 所示

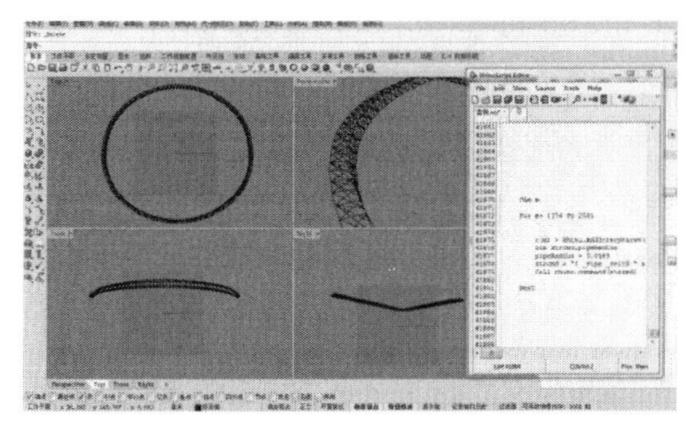

图 6-17　钢结构脚本建模

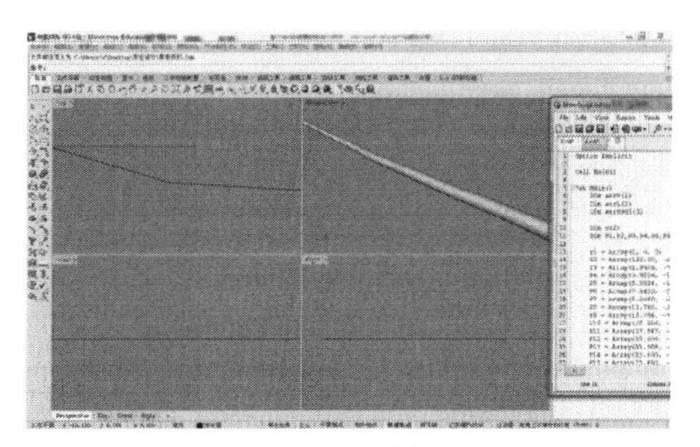

图 6-18　单索找形脚本建模

（3）膜结构找形后建模及 BIM 模型的搭建。

1）膜结构找形后建模。步骤见表 6-4。

表 6-4　　膜结构找形后建模

步骤	内容
1	定义膜形状控制点，定义控制点 P ()，定义一个三维数组 arrPoints () 用来表示膜单元，j ()、k ()、l () 分别表示膜单元三角面的节点序号，i 为循环变量
2	输入找形后膜结构形状控制点坐标。将找形后的膜单元划分成若干个三角面，提取坐标值和单元节点号，插入 RhinoScript 中
3	生成膜通过一个 For…To 循环语句，生成所有三角面，即生成所建膜结构，如图 6-19 所示

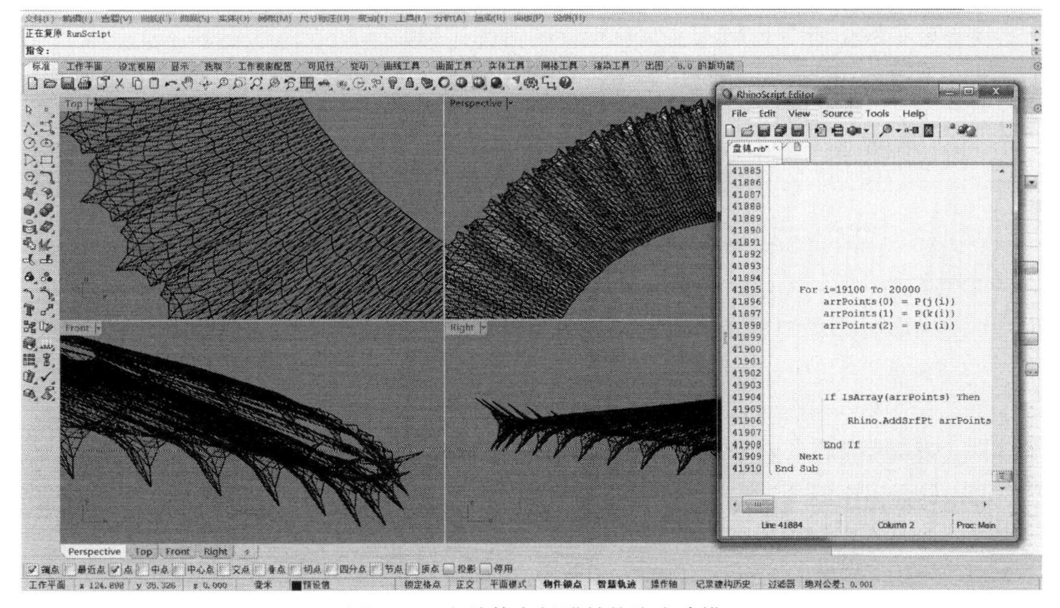

图 6-19　盘锦体育场膜结构脚本建模

2）BIM模型搭建。将找完形的Rhino模型导入Revit进行BIM模型搭建，如图6-20和图6-21所示。在Revit中进行深化设计的节点可以以.SAT格式导出到Ansys里面进行二次分析，再通过RhinoScript脚本进行参数化建模，最后导入Revit出节点详图。

图6-20　索膜结构BIM模型

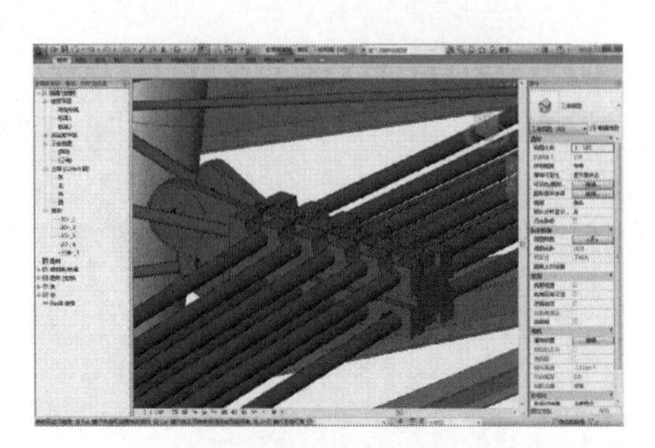

图6-21　索节点BIM模型

本工程采用Ansys命令流方式建立计算模型，通过RhinoScript脚本将三维模型数据包在Rhino中生成三维模型，再导入Revit搭建BIM模型。通过这个流程，合理高效地将空间结构数据打通，将BIM模型与计算用途紧紧联系到一起，节省了建模的时间，同时为后期碰撞检测、施工模拟等提供了便利条件。

6.2.3　参数化建模

1. 技术优势

参数化是BIM的一大优势，而将参数化发挥到极致的参数化辅助工具更是使设计锦上添花。高度参数化的模型不仅便于前期方案的比选，轻易地修改方案，及时地更新模型，而且能在一定程度上实现优化设计。

2. 技术方案

本文进行参数化辅助BIM节点深化设计的具体过程如下：

（1）在Rhino中，通过Grasshopper可视化编程插件进行节点逻辑设计，并将节点赋予高度的参数化。

（2）Bake后导出.sat格式到Ansys中，通过Ansys编制的APDL语言进行节点受力分析。

（3）通过Grasshopper不断调整参数，并结合Ansys实现对节点的优化控制。

（4）将经过计算、优化后的节点在Revit中建立族库。

（5）在找形后的BIM模型基础上，添加节点族，完成BIM模型的搭建。

3. 工程实践

本文以马鞍形索网结构的环索、脊索和谷索的索夹为例展开研究，索夹形状如图6-22所示。

（1）环索索夹建模。在Grasshopper中对环索索夹进行逻辑建模，参变其中重要设计参数和空间坐标及其空间角度（图6-22～图6～25），这样就可以通过既定的空间坐标尺寸来批量生成索夹。本工程中用到的变量有索夹长度、索面1边长、索面2边长、索夹定位坐标、平面1旋转角度和平面2旋转角度等。

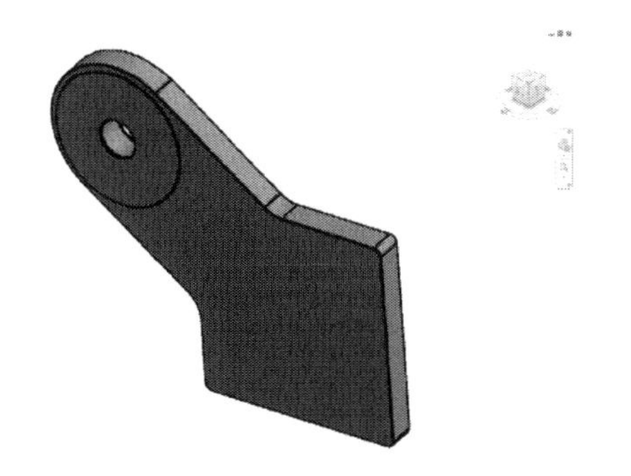

图 6-22 盘锦体育场索夹 Revit 族模型

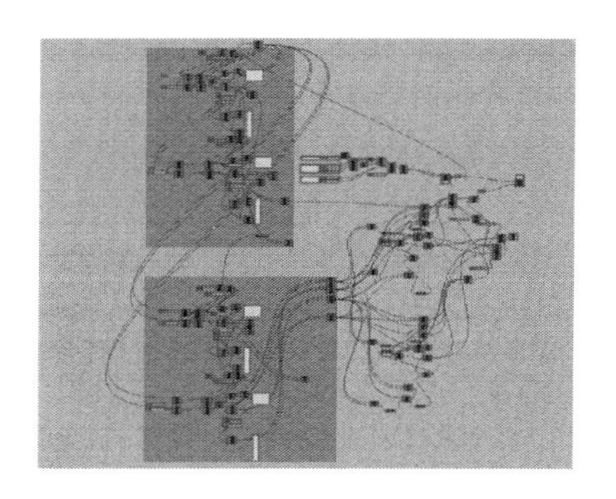

图 6-23 盘锦体育场环索逻辑电池图

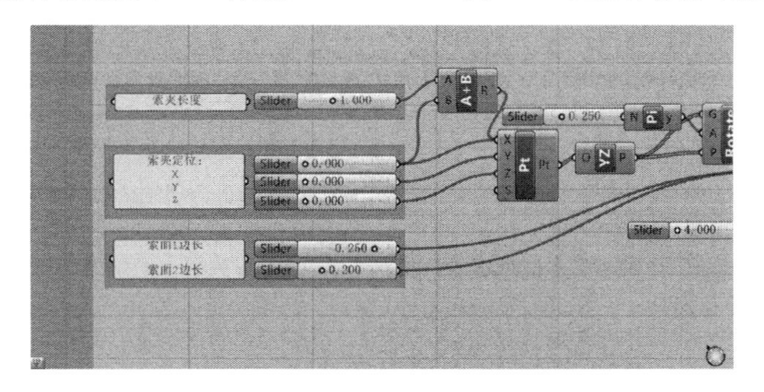

图 6-24 盘锦体育场环索逻辑控制参数

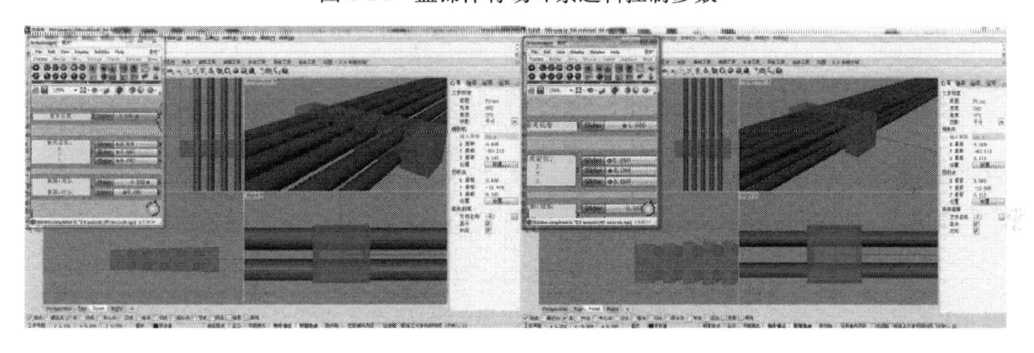

图 6-25 盘锦体育场环索索夹长度参变图

该索夹由于具有高度参数化，可以通过拖动相应拖杆改变设计参数，便于后期 CAE 的优化：通过拖动“索夹长度”来动态改变索夹长度；通过拖动控制索夹三维坐标的拉杆来动态改变索夹空间位置（图 6-26）；拖动控制索夹截面尺寸的拉杆改变设计形状（图 6-27）。

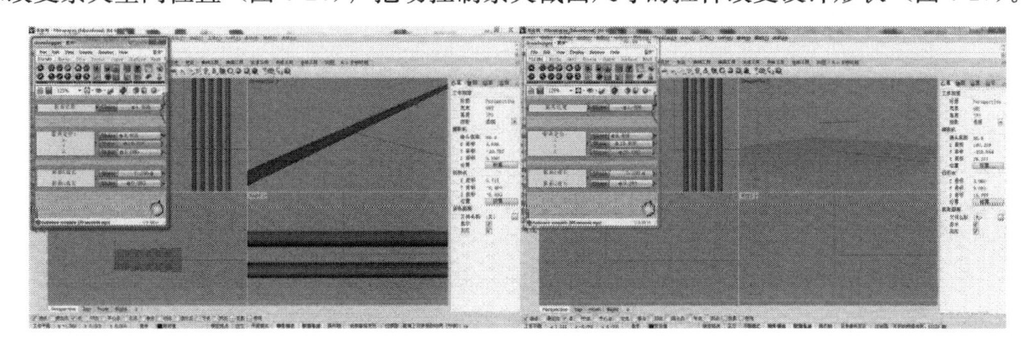

图 6-26 盘锦体育场环索索夹位置参变图

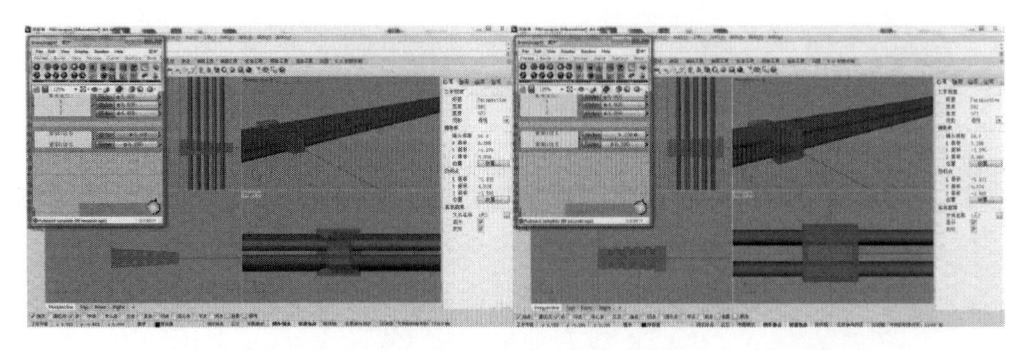

图 6-27　盘锦体育场环索索夹形状参变图

（2）谷索及脊索建模。由于谷索和脊索形状相似，可以通过参变的方式转换得到，所以只需在 Grasshopper 中对其进行一次逻辑建模，参变其中重要设计参数和空间坐标及其空间角度，这样就可以通过既定的空间坐标尺寸来批量生成脊索；并通过转化一部分参数而生成谷索（图 6-28～图 6-30）。本工程中用到的变量有长度 1、长度 2、倒角、折线定位 1、折线定位 2、圆周半径、厚度等。

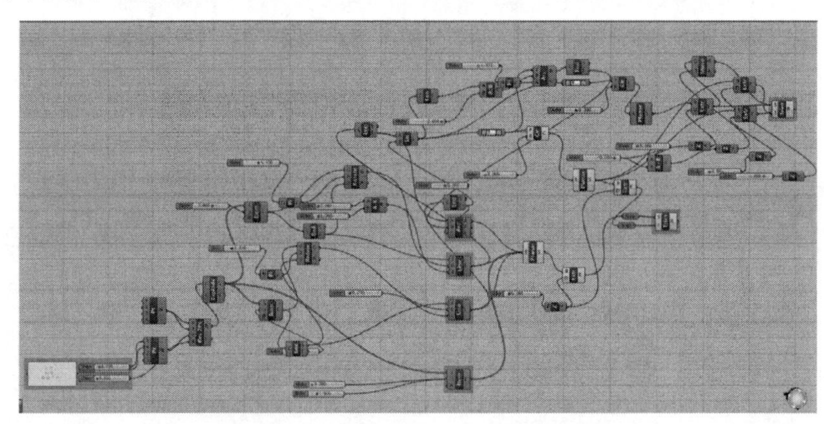

图 6-28　盘锦体育场谷索逻辑电池图

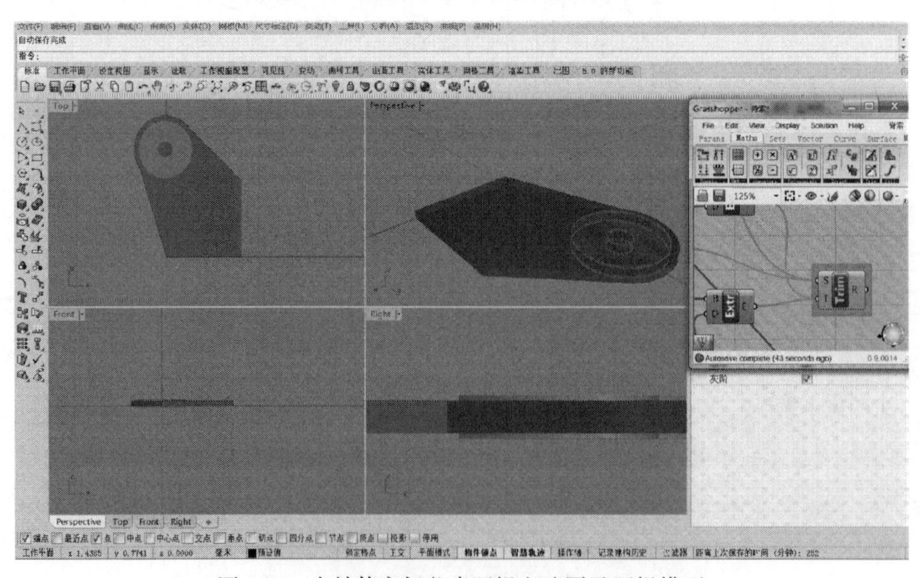

图 6-29　盘锦体育场谷索逻辑电池图及逻辑模型

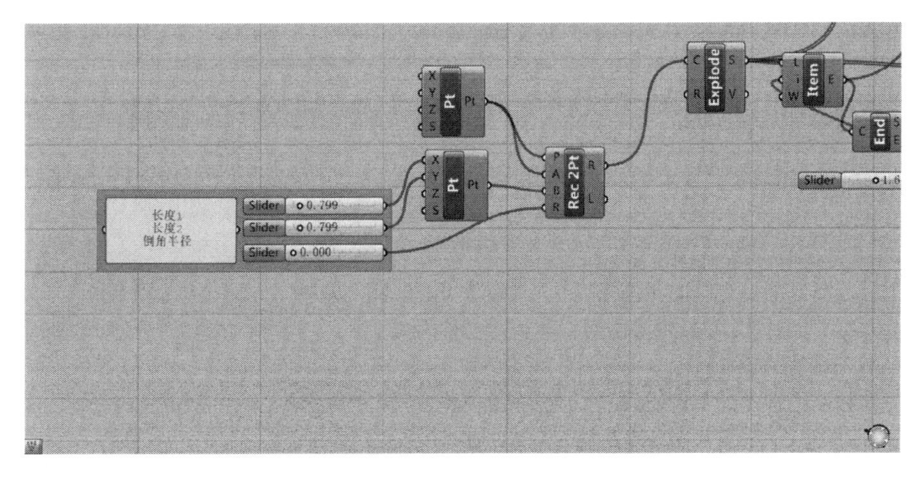

图 6-30　盘锦体育场谷索逻辑控制参数

6.2.4　节点计算

采用参数化辅助 BIM 技术对整个工程和所有节点进行详细建模，以保证拉索下料长度及节点加工制作的精确性，并对关键节点进行有限元分析，对节点构造和外形进行优化，以保证节点受力的安全性。

6.2.5　图纸可施工性与模型试验

由于欠缺施工经验，设计师在设计中对于结构实施施工的难易性难以考虑周全，从而导致施工难度的增加，按照设计图纸，施工人员很难进行施工。利用 BIM 技术，让施工人员提前参与到设计阶段，与设计人员加强交流，及时交互设计信息，对施工方案进行预演，从而降低施工难度，使得图纸的可施工性大大加强，这也改变了传统的设计模式。

对于盘锦体育场这种复杂的结构，其施工难度很大，需要的施工技术不同于现有的预应力施工技术，结构施工方案的合理性与施工技术的安全可靠性都需要验证，为此利用 BIM 技术建立试验模型，对施工方案进行动态展示，从而为试验提供模型基础信息，建立的缩尺模型如图 6-31 所示。

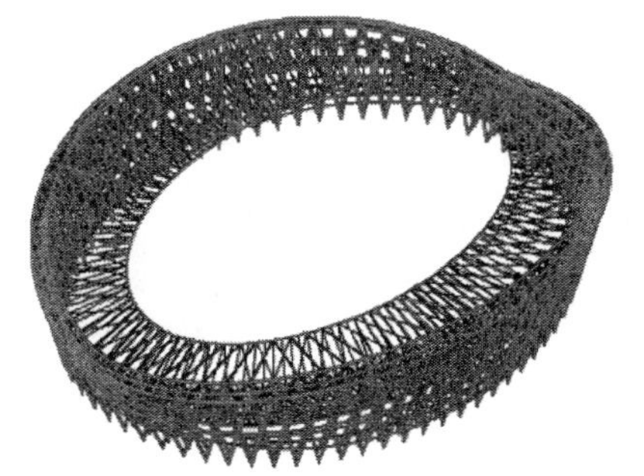

图 6-31　缩尺模型图

6.2.6　方案比选与预演

预应力钢结构的关键构件及部位的安装相对比较复杂，合理的安装方案很重要，正确的安装方法能够省时省费，传统方法只有在工程实施时才能得到验证，这就造成了二次返工等问题。同时，传统方法是施工人员在完全领会设计意图之后，再传达给建筑工人，相对专业性的术语及步骤对于工人来说难以完全领会。基于BIM技术，能够提前对重要部位的安装进行动态展示，提供施工方案讨论和技术交流的虚拟现实信息（图6-32）；同时，也能对关键部位进行施工方案预演和比选，实现三维指导施工，从而更加直观化的传递施工意图（图6-33）。

图6-32　关键部位施工信息提示

图6-33　节点安装方案比选

6.2.7　施工动态模拟

1. 基于BIM技术的施工动态模拟流程

Autodesk Navisworks软件是BIM软件中的一种，被广泛应用与施工动态模拟中。本文选用Autodesk Navisworks软件，结合工程实例，对其施工过程的模拟进行具体研究，旨在加深BIM技术在施工动态模拟中的应用，具体流程如下：

（1）使用Autodesk Revit软件建立工程实体模型，并导出NWC或DWF格式文件。

（2）使用Microsoft Office Project软件制定详细施工计划，生成mpp文件。

在前两步准备工作完成后，开始对施工过程进行动态模拟，过程如下：

（3）将NWC或DWF格式文件导入Navisworks中，并通过Presentor进行材质赋予，以使其外观达到项目要求。

（4）在Timeliner中以数据源的形式添加mpp施工计划文件，并生成相应任务层次。

（5）根据施工方案，将Timeliner任务列表中的任务与相应模型构件相附着。

（6）对任务列表中信息进行完善，如添加人工费、材料费等。

至此，即完成了施工过程动态模拟的各项步骤，下面开始施工模拟动画的制定：

（7）通过Animator对相应构件进行动画编辑，例如生长动画、平移动画、抬升动画等。

（8）调整观察视角，录制视点动画。

（9）选择渲染方式，并导出施工模拟动画。

基于BIM技术的整个施工动态模拟流程如图6-34所示。

2. 工程实践

（1）BIM模型建立与施工计划制订

1）创建工程实体模型。工程实体模型的创建是完成施工模拟动画的基础，使用Autodesk Revit 软件建立工程实体模型。盘锦体育场的 Revit 模型如图 6-35 所示。

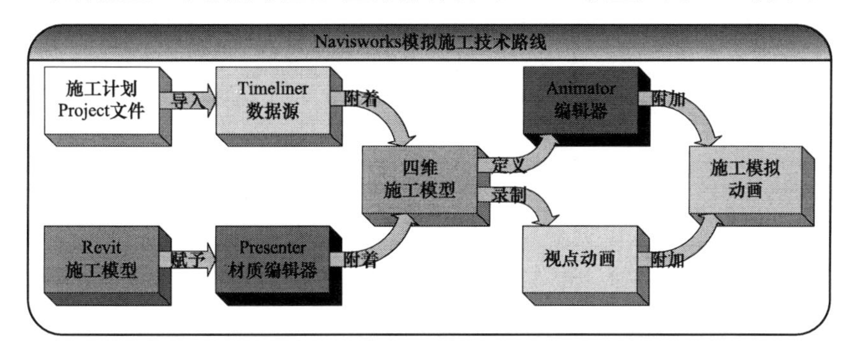

图 6-34 基于 BIM 技术的施工动态模拟流程

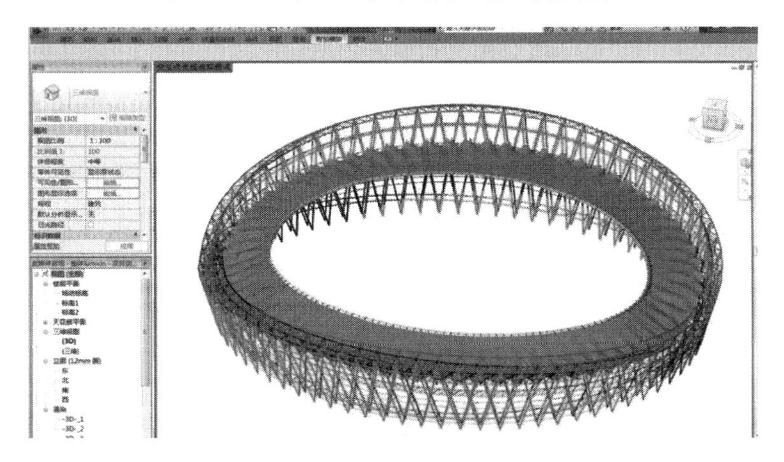

图 6-35 盘锦体育中心体育场 Revit 模型

2）制订施工计划。根据盘锦体育中心体育场的施工方案，结合当前施工进度以及现场施工条件，制订详细施工流程计划，并使用 Project 软件制作施工计划书。图 6-36 为 Project 编写的盘锦体育中心体育场施工计划。

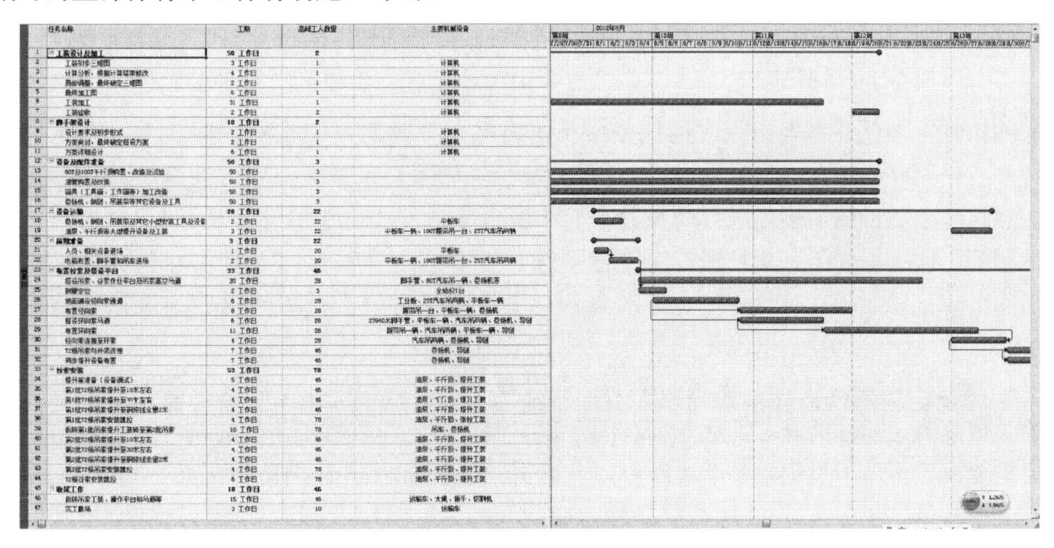

	任务名称	工期	高峰工人数量	主要机械设备
1	工装设计及加工	50 工作日	2	
2	工装初步三维图	3 工作日	1	计算机
3	计算分析，根据计算结果修改	4 工作日	1	计算机
4	局部调整，最终确定三维图	2 工作日	1	计算机
5	最终加工图	6 工作日	1	计算机
6	工装加工	31 工作日	1	计算机
7	工装验收	2 工作日	2	计算机
8	脚手架设计	10 工作日	2	
9	设计要求及初步形式	2 工作日	1	计算机
10	方案商讨，最终确定搭设方案	2 工作日	1	计算机
11	方案详细设计	6 工作日	1	计算机
12	设备及配件准备	50 工作日	3	
13	60T及100T千斤顶购置、改造及试验	50 工作日	3	
14	油管购置及改造	50 工作日	3	
15	锚具（工具锚、工作锚等）加工改造	50 工作日	3	
16	卷扬机、钢丝、吊装带等其它设备及工具	50 工作日	3	
17	设备运输	28 工作日	22	
18	卷扬机、钢丝、吊装带及其它小型安装工具及设备	2 工作日	22	平板车
19	油泵、千斤顶等大型提升设备及工装	3 工作日	22	平板车一辆、100T履带吊一台、25T汽车吊两辆
20	前期准备	3 工作日	22	
21	人员、相关设备进场	1 工作日	20	平板车
22	电箱布置、脚手管和吊车进场	2 工作日	20	平板车一辆、100T履带吊一台、25T汽车吊两辆
23	布置拉索及搭设平台	33 工作日	46	
24	搭设吊索、谷索作业平台及吊索高空马道	20 工作日	28	脚手管、80T汽车吊一辆、卷扬机等
25	测量定位	2 工作日	3	全站仪1台
26	地面铺设径向索通道	6 工作日	28	工业板、25T汽车吊两辆、平板车一辆
27	布置径向索	8 工作日	28	履带吊一台、平板车一辆、卷扬机
28	搭设环向索马道	6 工作日	28	23940米脚手管、平板车一辆、汽车吊两辆、卷扬机、导链
29	布置环向索	11 工作日	28	履带吊一辆、汽车吊两辆、平板车一辆、导链
30	径向索连接至环索	4 工作日	28	汽车吊两辆、卷扬机、导链
31	72根吊索与外环连接	7 工作日	46	卷扬机、导链
32	同步提升设备布置	7 工作日	46	卷扬机、导链
33	拉索安装	53 工作日	78	
34	提升前准备（设备调试）	5 工作日	46	油泵、千斤顶、提升工装
35	第1批72根吊索提升至10米左右	4 工作日	46	油泵、千斤顶、提升工装
36	第1批72根吊索提升至30米左右	4 工作日	46	油泵、千斤顶、提升工装
37	第1批72根吊索提升至钢绞线余量2米	4 工作日	46	油泵、千斤顶、提升工装
38	第1批72根吊索安装就位	4 工作日	78	油泵、千斤顶、张拉工装
39	拆除第1批吊索提升工装转至第2批吊索	10 工作日	78	吊车、卷扬机
40	第2批72根吊索提升至10米左右	4 工作日	46	油泵、千斤顶、提升工装
41	第2批72根吊索提升至30米左右	4 工作日	46	油泵、千斤顶、提升工装
42	第2批72根吊索提升至钢绞线余量2米	4 工作日	46	油泵、千斤顶、提升工装
43	第2批72根吊索安装就位	4 工作日	78	油泵、千斤顶、提升工装
44	72根谷索安装就位	6 工作日	78	油泵、千斤顶、提升工装
45	收尾工作	18 工作日	46	
46	拆除吊索工装、操作平台和马道等	15 工作日	46	运输车、大锤、扳手、切割机
47	完工退场	3 工作日	10	运输车

图 6-36 盘锦体育中心体育场施工计划

（2）结构生长仿真模拟。

1）模型的渲染。打开通过 Revit 外部模块导出的 NWC 格式文件，可以使用“Presenter”将纹理材质、光源、真实照片级丰富内容（RPC）、效果、渲染、纹理空间和规则应用于模型。“Presenter”不仅可以用于真实照片级渲染，还可以用于 OpenGL 交互式渲染。在使用“Presenter”设置场景后，便可以在 Navisworks 中实时查看材质和光源。Presenter 编辑器如图 6-37 所示。

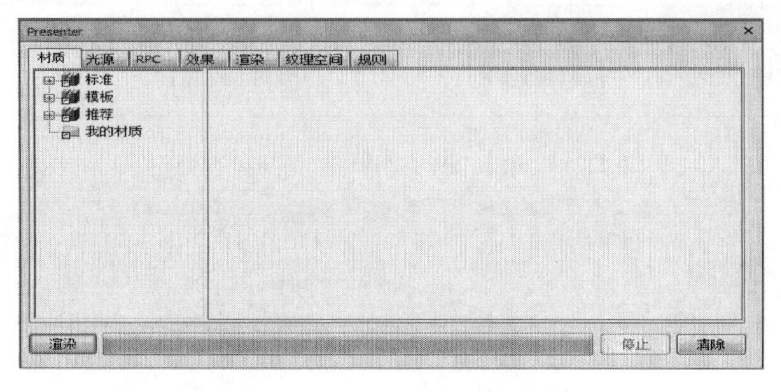

图 6-37　Presenter 编辑器

2）添加时间节点。Navisworks 中时间节点的添加变为任务列表的生成。生成任务列表有两种方式：逐个添加任务生成任务列表，或通过数据源直接生成任务列表。由于在施工模拟准备工作中已制订了详细的施工计划，本项目采用直接将已有 Project 施工计划书作为数据源来生成任务列表的方法。单击 Timeliner 操作界面上方的“数据源”添加已有的 Project 施工计划书。右键单击导入的数据源，选择重建任务层次，即可在 Timeliner 中生成任务列表。数据源导入的过程如图 6-38 所示。

图 6-38　数据源导入

3）赋予构件时间信息。为了将时间节点与相应的构件相关联，需要进行构件的附着。选中需要附着的构件，在任务列表相对应的任务中单击右键选择附着当前选项，即赋予了三维模型“时间”这一新的参数，完成了构件与时间的结合。然而，大型施工项目的施工计划非常详细，导致任务数量的增多，进行构件附着工作量非常之大。通过在创建 Revit 模型时对构件进行明确、详细的分类，并且保持构件名称与 Project 文件的一致性，即可对同类构件进行整体附着或自动附着，减少工作量。对盘锦体育中心体育场进行构件附着的过程如图 6-39 所示。

4）赋予构件施工类型。建筑的整个建造过程中，不同构件在不同阶段的施工类型是不同的，如混凝土梁柱的施工是从无到有的过程，而混凝土模板则属于临时构件，在浇筑混凝土后需要拆除。施工过程中各个构件出现及消失的过程通过定义“任务类型”来实现。软件内有 3 个自带的任务类型，“构造”开始为绿色（90%透明），结束为模型外观；“拆除”开始为红色（90%透明），结束为隐藏；“临时”开始为黄色（90%透明），结束为隐藏。设计

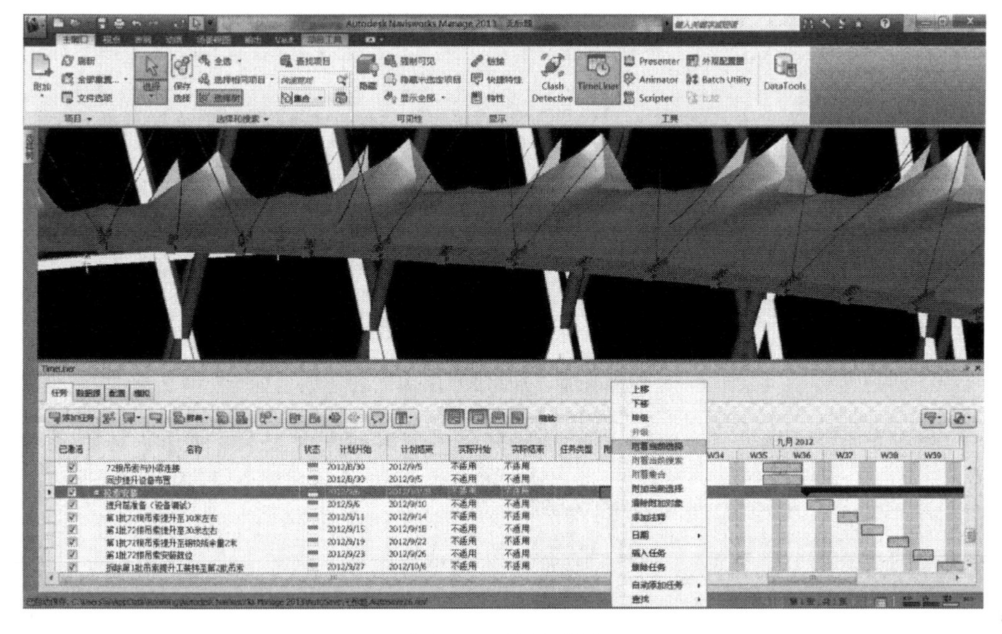

图 6-39 构件附着

者可以根据实际施工情况来添加任务类型。比如做混凝土模板退出工作的动画时，可以添加一个名为“拆除模板”的任务类型，该类型要求开始时为红色，结束时为隐藏。

5）赋予构件属性信息。Timeliner 中，除时间和任务类型外，还可以添加诸如材料费、人工费等其他属性信息。在 Timeliner 的列选项中选择自定义列，即可添加各种所需的关于该任务的属性信息。在最终模拟动画中通过相应设置，可以使这些属性信息随时间一并显示。

（3）施工动态模拟分析。上述对结构生长过程的动态模拟，只能表现出构件进场、出场的先后顺序，并不能完整的展示施工方案的整个实施过程，不具备真正的指导施工的作用，制作施工模拟动画才是施工动态模拟的关键。

1）Animator 动画编辑。Animator 编辑动画的原理是通过捕捉关键帧。此处以盘锦体育场索提升过程为例，讲解 Animator 的操作步骤。首先开启 Animator 操作界面，添加一个场景，在 Timeliner 任务列表中找到该索提升相对应的任务，点击“显示选择”选中该索，然后点击“添加动画集”下拉菜单中的“从当前选择”，开始对该索进行动画编辑。打开 Animator 操作界面左上角的坐标轴，移动坐标轴到使目标对象到初始位置，在 5 秒处捕捉一个关键帧，再把索移至目标位置，在 0 秒处捕捉另一个关键帧。这样就形成了一个时长为 5 秒的索的提升动画。图 6-40 和图 6-41 为体育场中 Animator 动画编辑界面。

2）视点动画编辑。在整个施工模拟动画过程中，如果视点一成不变，就很难突出重点。尤其在细小构件安装时，只有将视点聚焦在该构件上才能看清其拼装过程。因此，制作对应的视点动画凸显关键施工工艺也是十分重要的。

Navisworks 中的视点功能包括平移、缩放、环视、漫游、飞行等多视点变化效果。点击“动画”选项中的“录制”即可开始视点动画的录制，动画录制过程中可以根据视点需求进行试点变化，点击停止录制结束，生成一个视点动画。在 Timeliner“模拟”选项“设置”

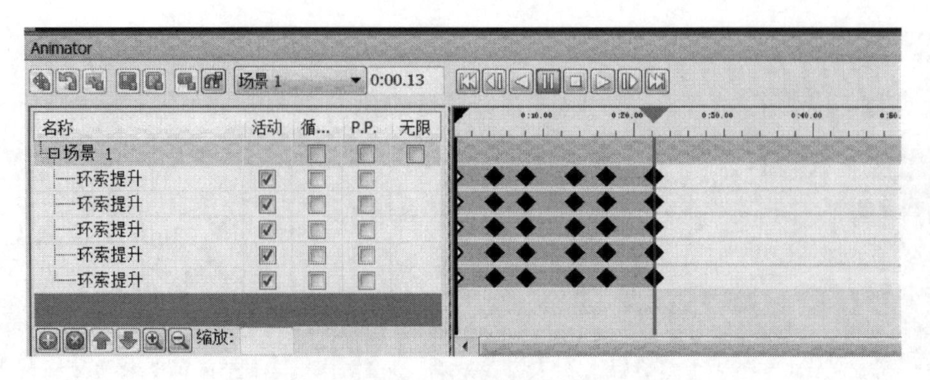

图 6-40 环索的动画集

中选择“保存的视点动画”即可将视点动画合并到已完成的施工模拟动画里。编辑视点动画时，可以同时在“模拟”中播放已完成的施工模拟动画，根据施工进度变换视点，从而达到更好的视觉效果。

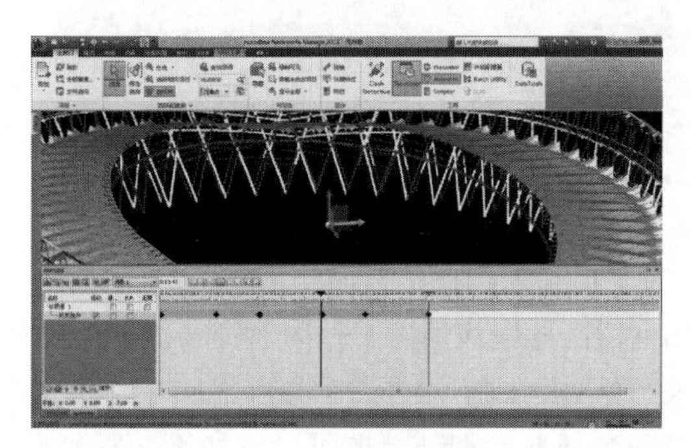

图 6-41 环索的动画编辑界面

3）施工模拟动画输出。动画编辑完成后，即可导出不同格式的视频动画。点击主操作界面“输出”选项中的“动画”。点击确定后开始动画渲染，渲染时间由文件大小及电脑配置决定。盘锦体育场最终四维动态施工模拟动画截图如图 6-42 所示，现场施工吊车布置场景如图 6-43 所示。

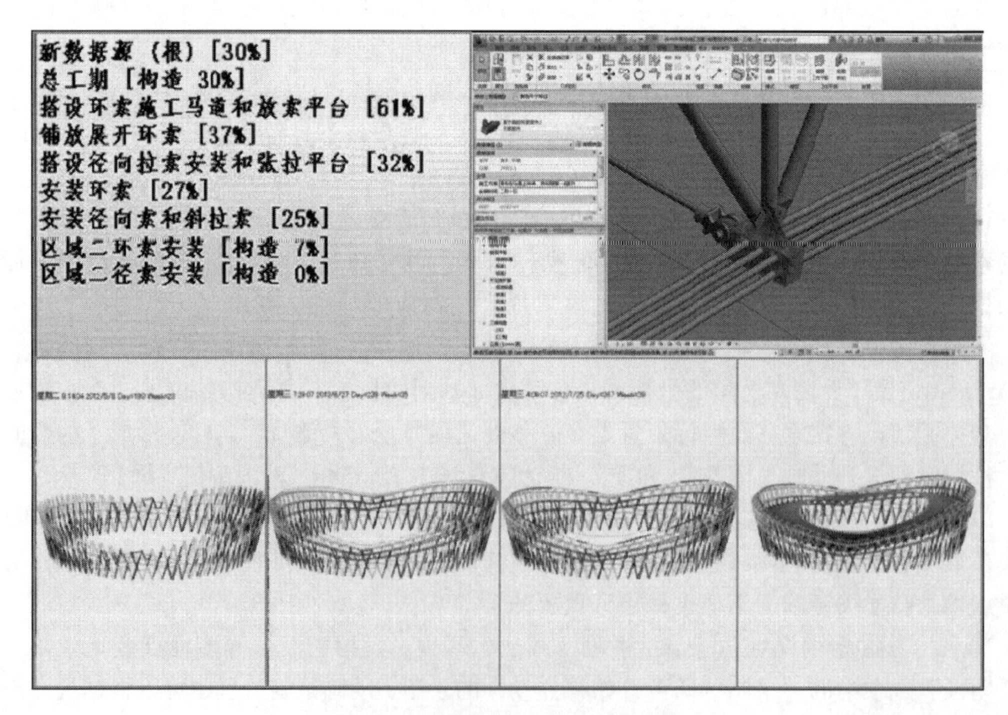

图 6-42 盘锦体育场导出动画界面

图 6-43 盘锦体育场施工现场吊车布置场景

6.3 徐州奥体中心体育场

6.3.1 工程概况

徐州奥体中心体育场集体育竞赛、大型集会、国际展览、文艺演出、演唱会、音乐会、演艺中心等功能于一体，是徐州市即将建设的奥体中心的 7 个单体建筑之一。奥体中心位于新城区汉源大道和峨眉山路交叉口，占地面积 591.6 亩，总建筑面积 20 万 m^2。奥体中心体育场是其中最大的单体建筑，可以容纳 3.5 万人观看比赛。体育场结构形式为超大规模复杂索承网格结构，平面外形接近圆形，结构尺寸约为 263m×243m，中间有椭圆形大开口，开口尺寸约为 200m×129m。

体育场结构最大标高约为 45.2m，雨篷共 42 榀带拉索的悬挑钢架，体育场雨篷最大悬挑长度约为 39.9m，最小悬挑长度约为 16m，下弦采用了 1 圈环索和 42 根径向拉索，环索规格暂定为 6ϕ121，长度约为 587m；径向索规格为 ϕ90、ϕ100 和 ϕ127 组成，另外在短轴方向中间各布置了 4 根斜拉索，斜拉索规格为 ϕ70，拉索采用锌-5%铝-混合稀土合金镀层钢索。其效果图和结构剖面图如图 6-44 和图 6-45所示。

图 6-44 徐州奥体中心体育场效果图

6.3.2 BIM 技术应用的必要性

徐州奥体中心体育场空间形体关系复杂、跨度大、悬挑长、体系受力复杂、预应力张拉难度大，在施工中存在以下难点和问题：由于施工过程是不可逆的，如何合理的安排施工和进度；安装工程多，如何控制安装质量；如何控制施工过程中结构应力状态和变形状态始终处于安全范围内等。这些都是传统的施工控制技术所难以解决的问题。

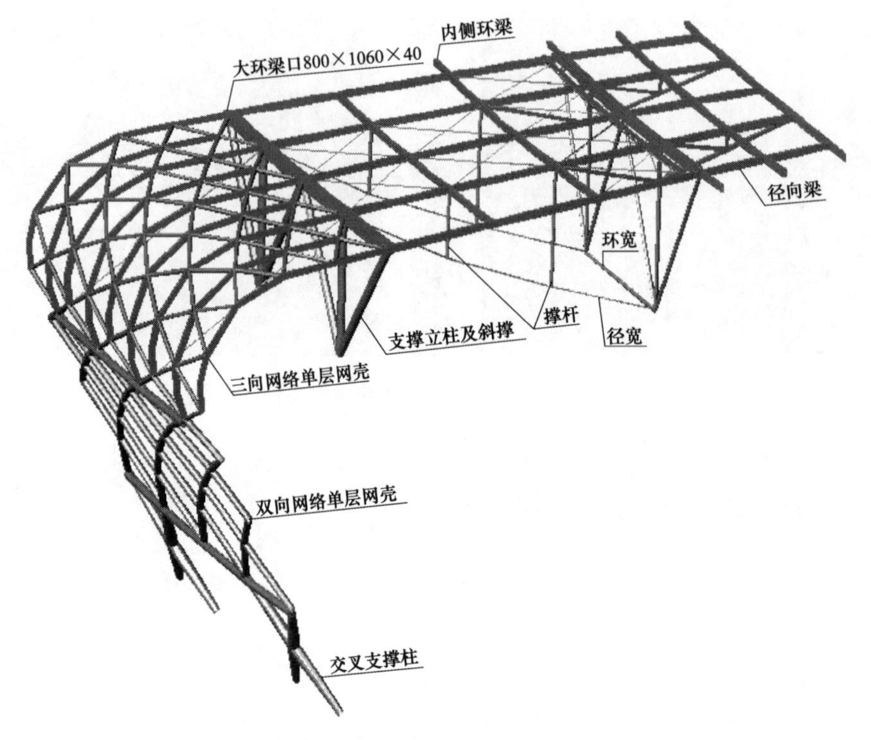

图 6-45 体育场钢结构剖面图

为了满足预应力空间结构的施工需求，把 BIM 技术、仿真分析技术和监测技术结合起来，实现学科交叉，建立一套完整的全过程施工控制及监测技术，并运用到徐州奥体中心的施工项目管理中，可以保证结构施工的质量、进度及安全。

6.3.3 BIM 族库开发

1. 族库标准

对于预应力钢结构来说，施工中构件的准确下料、各构件的施工顺序、索的张拉顺序严重影响着结构最后的成形及受力，决定着结构最后是否符合建筑设计与结构设计的要求。预应力钢结构的施工难度大，施工要求高，因此基于 BIM 软件技术进行项目模型的建立时族包含的信息就更多更大。

徐州奥体中心体育场的预应力钢结构相关族建立时主要考虑了施工深化图出图的需要、模型的参数驱动需求以及体现公司特色的目标，因此在建立预应力钢结构族库的时候，运用企业自定义的族样板，在 Revit Structure 的原有族样板的基础上结合公司深化的经验与习惯，创建了适应公司预应力结构施工及日后维护的族样板作为族库建立的标准样板，在此标准样板中包含了尺寸、应力、价格、材质、施工顺序等在施工中必需的参数。

2. 族库建立

徐州体育场结构复杂，预应力钢结构族库建立是至关重要的步骤。根据项目的需求主要建立了耳板族、索夹族、索头族、索体族及徐州体育场特有的复杂节点族，所建立的族如图 6-46～图6-52 所示。图中的所建立的族具有高度的参数化性质，可以根据不同的工程项目来改变族在项目中的参数，通用性和拓展性强。

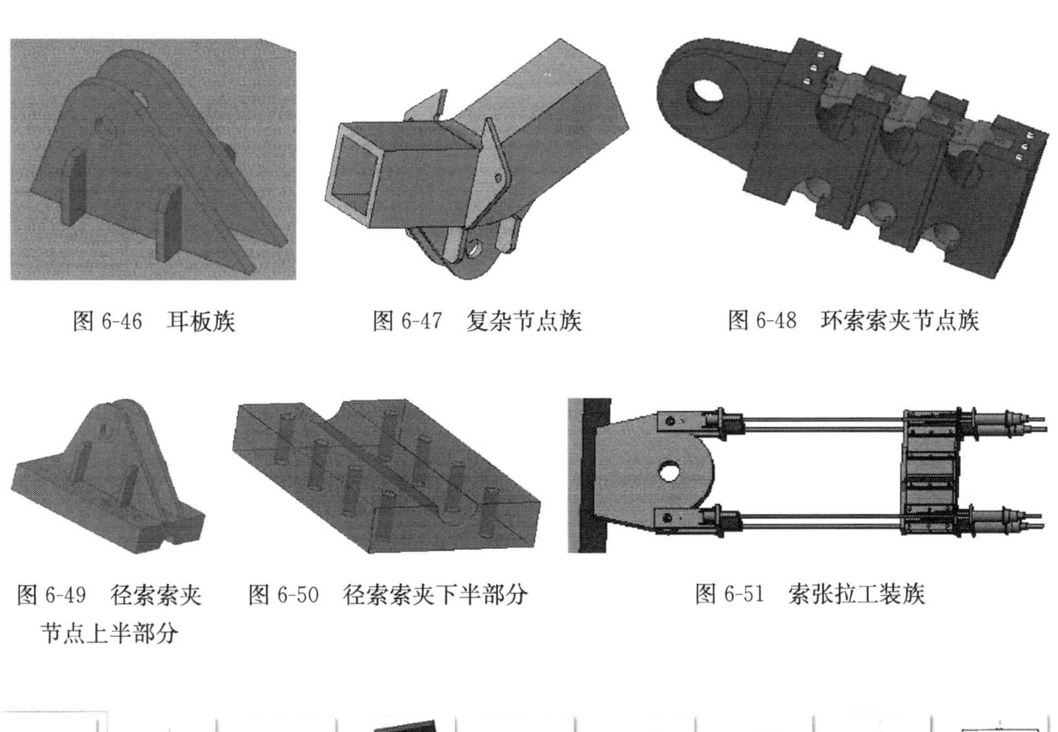

图 6-46　耳板族　　图 6-47　复杂节点族　　图 6-48　环索索夹节点族

图 6-49　径索索夹节点上半部分　　图 6-50　径索索夹下半部分　　图 6-51　索张拉工装族

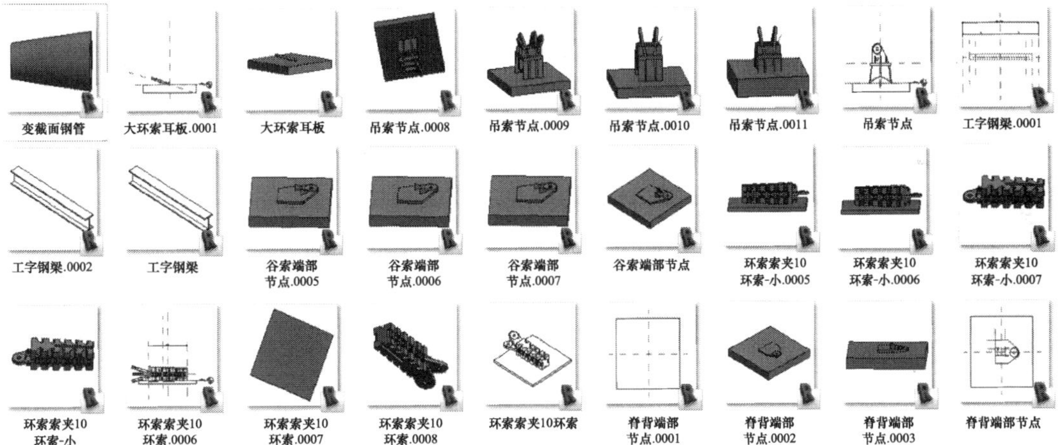

图 6-52　徐州奥体中心体育场预应力钢结构族库

6.3.4　BIM 三维模型建立

1. 模型定位技术

从结构的剖面图和平面图可看出，徐州奥体中心体育场结构形式复杂，而构件的准确安装定位是施工中最关键的一步，因此，如何准确地进行模型的定位也是 BIM 建模的关键技术。在徐州体育场的模型定位上有两种思路可以利用：根据计算分析软件 Midas 或 Ansys 中的节点和构件坐标在 Revit Structure 中进行节点的准确定位，这样比较费时；根据 AutoCAD 中的模型进行定位，将 CAD 中的模型轴线作为体量导入到 Revit Structure 中，导入前

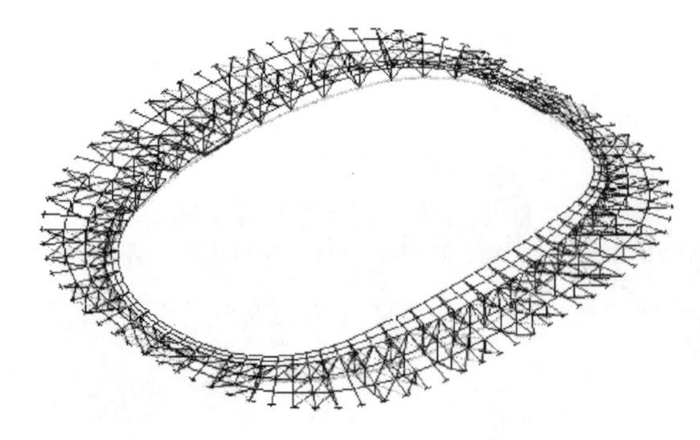

图 6-53 Revit Structure 中导入的轴线体量

在 Revit Structure 中定好所要导入的轴线体量的标高，所导入的轴线体量即是构件的定位线。徐州奥体中心体育场所用的方法为先在 Revit Structure 中定好标高，然后导入 AutoCAD 中的轴线，以导入的轴线作为定位线，这样既快捷又准确。导入的轴线体量如图 6-53 所示。

2. BIM 模型建立

三维建模要准确表达结构的三维空间形式，并关联所有的平面、立面和剖面图，只要建立三维模型即可很快生成平、立、剖面图，无需像二维画图那样费时费力。利用 BIM 软件中的 Revit Structure 可以很高效地出图，这是相对于以往传统出图的一大进步。

利用 Revit Structure 建立曲梁是难点，但是根据已经导入的 AutoCAD 的轴线定位线却可以很好地解决曲梁或曲线拉索的绘制。徐州奥体中心体育场 BIM 模型的建立就是基于导入的 AutoCAD 轴线和已经创建的族来建立的，模型建立的思路如下：

(1) 先用拾取的方式将钢网格的轴线绘制出来，然后绘制索体，索体也采用拾取的方式绘制，在绘制钢网格和索体时可以利用参数化的作用来改变钢梁或索体的截面。

(2) 对拉索和钢网格的连接节点进行绘制，此时的连接节点都是基于面创建的预应力构件族，由公司绘制的习惯和经验来制定的族样板。

(3) 待绘制完所有构件后就加入最后的连接构件，即销轴和螺栓，这样整体模型就搭建完成了。搭建整体模型的重点在于定位和族的选取建立，选取合适的族才能高效地建立模型。徐州奥体中心体育场的 BIM 模型整体图、平面图、立面图和详图如图 6-54～图 6-60 所示。

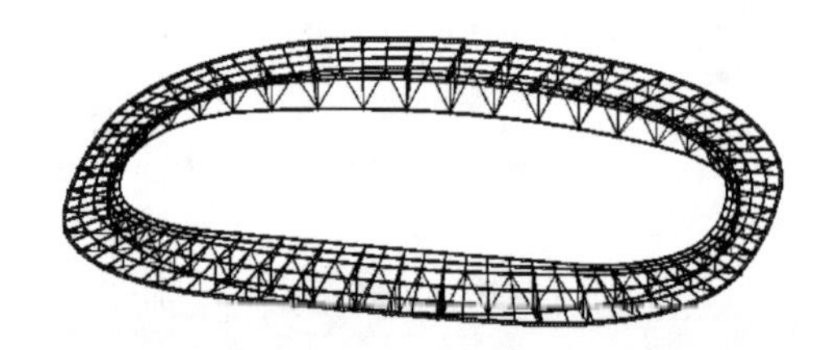

图 6-54 屋盖结构整体模型

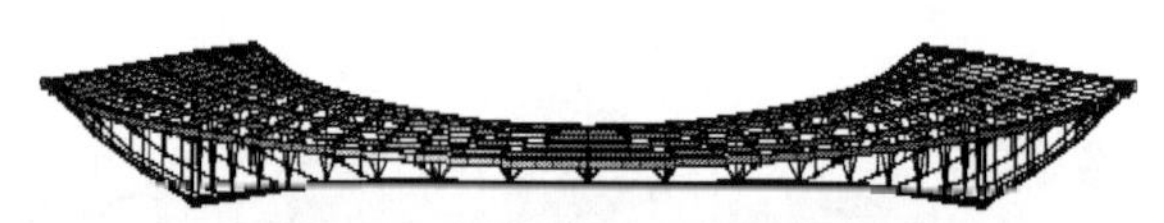

图 6-55 屋盖里面图

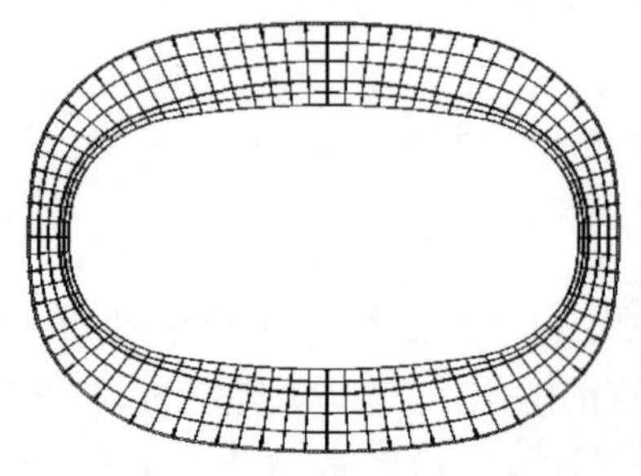

图 6-56 屋盖结构平面图

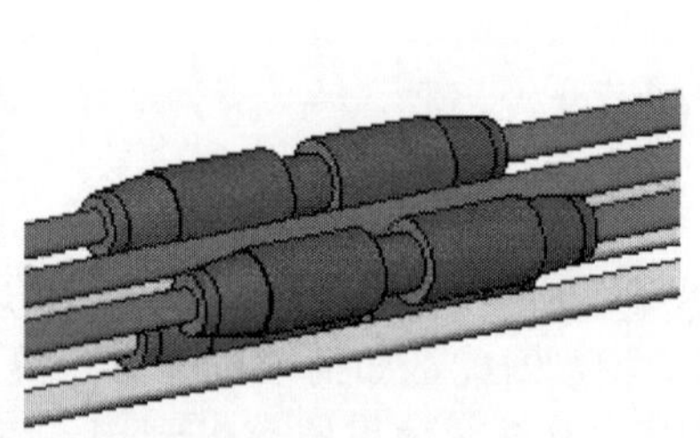

图 6-57 环索对接后示意图

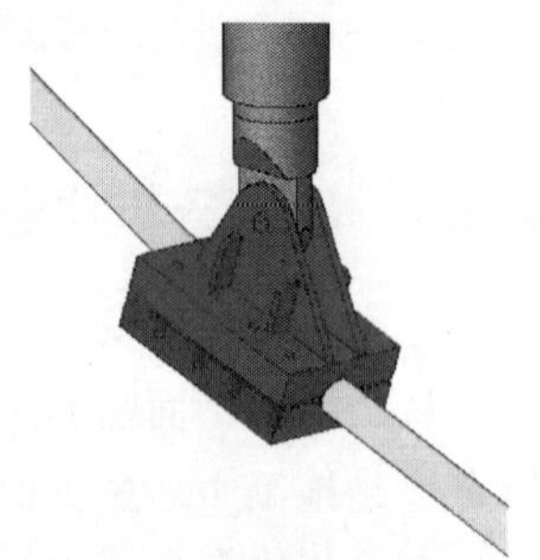

图 6-58 径索索夹安装后示意图

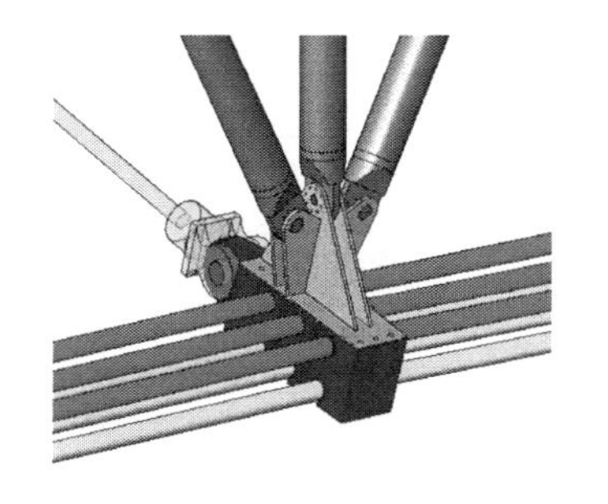

图 6-59　环索安装后示意图

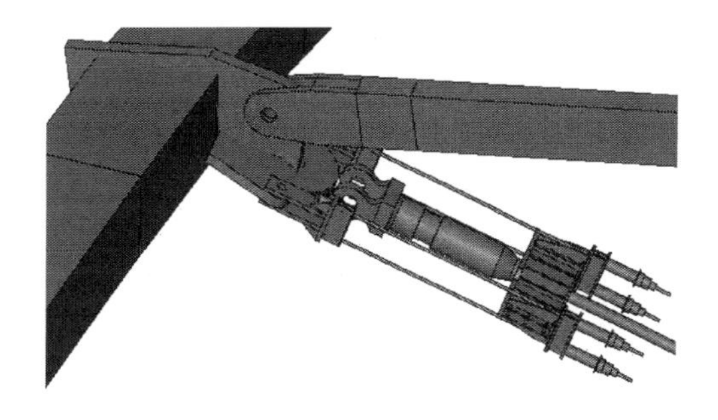

图 6-60　径索张拉工装安装后示意图

6.3.5 施工场地布置

徐州奥体中心体育场施工难度大，施工前对现场机械等施工资源进行合理的布置尤为重要。利用 BIM 模型的可视性进行三维立体施工规划，可以更轻松、准确地进行施工布置策划，解决二维施工场地布置中难以避免的问题，如大跨度空间钢结构的构件往往长度较大，需要超长车辆运送钢结构构件，因而往往出现道路转弯半径不够的状况；由于预应力钢结构施工工艺复杂，施工现场需布置多个塔吊同时作业，因塔吊旋转半径不足而造成的施工碰撞也屡屡发生。

基于建立好的徐州奥体中心体育场整体结构 BIM 模型，对施工场地进行科学的三维立体规划，包括生活区、钢结构加工区、材料仓库、现场材料堆放场地、现场道路等的布置，可以直观地反映施工现场情况，减少施工用地，保证现场运输道路畅通，方便施工人员的管理，有效避免二次搬运及事故的发生。

徐州奥体中心体育场某施工过程场地布置模型图与实际场地对比如图 6-61 和图 6-62 所示。

图 6-61　BIM 模型施工场地布置图

图 6-62　实际施工现场场地

6.3.6 施工深化设计

徐州奥体中心体育场钢结构存在的预应力复杂节点多，加之设计院提供的施工图细度不够且与现场施工有诸多冲突，这就需要对其进行细化、优化和完善。采用基于 BIM 技术的施工深化设计手段，根据深化设计需要创建了一套包含大量信息，如构件尺寸、应力、材质、施工时间及顺序、价格、企业信息等各种参数的族文件，其中有耳板族、索夹族、索头族、索体族及徐州奥体中心特有的复杂节点族，根据创建的族文件可以自动形成各专业的详细施工图纸，同时对各专业设计图纸进行集成、协调、修订与校核，满足了现场施工及管理的需要。所建立的部分族如图 6-63 所示。

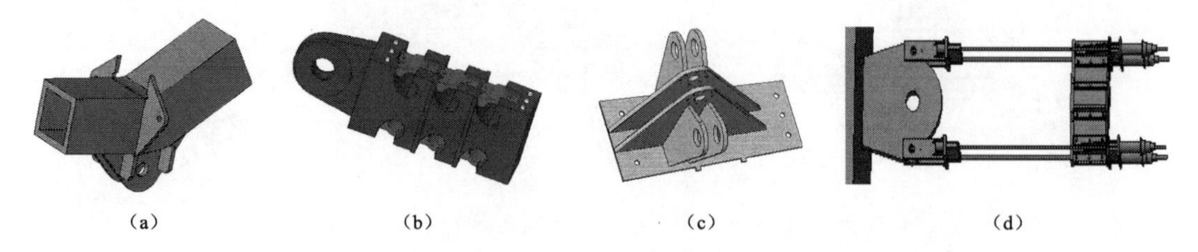

(a)　(b)　(c)　(d)

图 6-63　徐州奥体中心体育场部分节点族
(a) 复杂节点族；(b) 环索索夹节点族；(c) 索张拉工装族；(d) 环索索夹节点上盖板族

预应力是通过索夹节点传递到结构体系中去的，所以索夹节点设计的好坏直接决定了预应力施加的成败。徐州市奥体中心体育场的钢拉索索力较大，需对其进行二次验算以确保结构的安全。将已建立好的环索索夹模型导入 Ansys 有限元软件中对其进行弹塑性分析，可以在保证力学分析模型与实际模型相一致的同时节省二次建模的时间。Ansys 分析结果如图 6-64 所示。

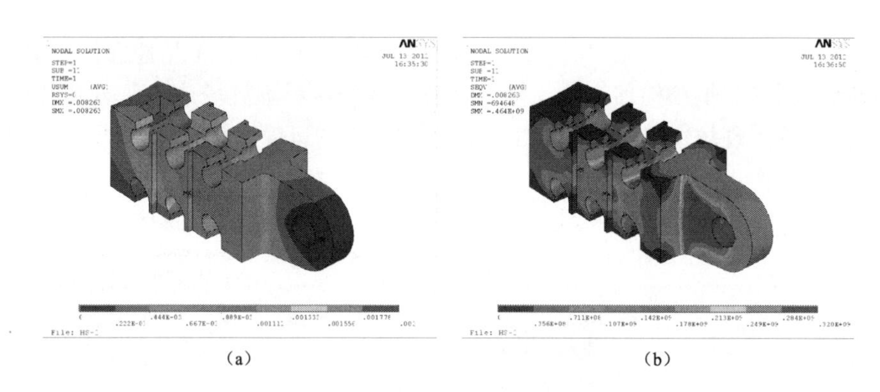

(a)　(b)

图 6-64　环索索夹弹塑性分析结果
(a) 位移云图；(b) 应力云图

6.3.7　施工动态模拟

徐州奥体中心体育场工程规模大、复杂程度高、预应力施工难度大，为了寻找最优的施工方案、为施工项目管理提供便利，采用了基于 BIM 技术的 4D 施工动态模拟，测试和比较不同的施工方案并对施工方案进行优化，可以直观、精确地反映整个建筑的施工过程，有效缩短工期，降低成本，提高质量。

实现施工模拟的过程就是将 Project 施工计划书、Revit 三维模型与 Navisworks 施工动态模拟软件加以时间（时间节点）、空间（运动轨迹）及构件属性信息（材料费、人工费等）相结合的过程，其相互关系如图 6-65 所示。徐州奥体中心体育场最终四维动态施工模拟动画截图如图 6-66 所示。

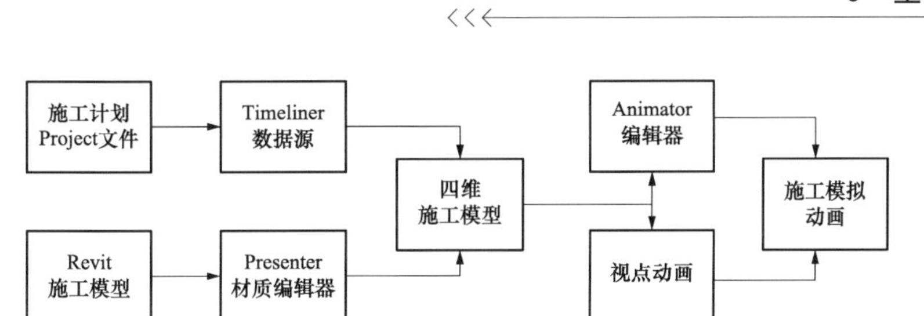

图 6-65　Navisworks 模拟施工技术路线

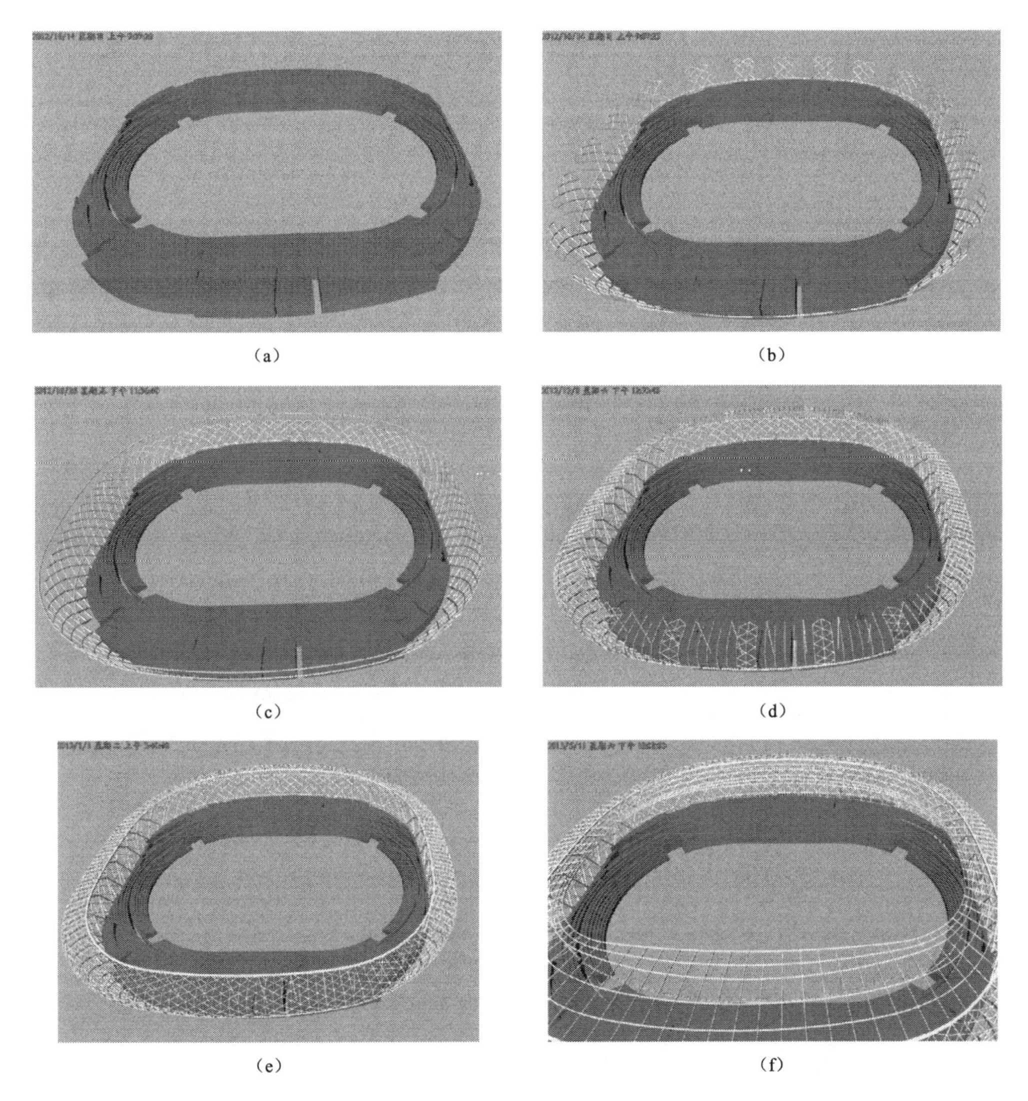

图 6-66　施工模拟动画截图

(a) 看台施工；(b) 钢结构柱安装；(c) 外环梁安装施工；(d) 上部钢结构安装；(e) 外环梁安装施工；(f) 拉索张拉施工

环索与径索的提升过程模拟可以利用 Animator 来实现，可以很详细直观地显示提升的整个过程。提升过程如图 6-67～图 6-69 所示。

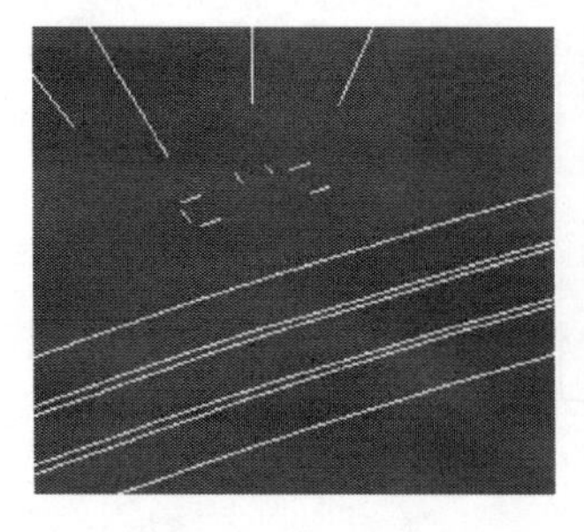
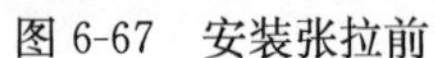

图 6-67　安装张拉前

图 6-68　下排环索与索夹提升过程中

图 6-69　销轴安装过程中

6.3.8　安装质量管控

对预应力钢结构而言，预应力关键节点的安装质量至关重要。安装质量不合格，轻者将造成预应力损失、影响结构受力形式，重者将导致整个结构的破坏。

BIM 技术在徐州奥体中心体育场工程安装质量控制中的应用主要体现在以下两点：一是对关键部位的构件，如索夹、调节端索头等的加工质量进行控制；二是对安装部位的焊缝是否符合要求、螺丝是否拧紧、安装位置是否正确等施工质量进行控制。

将关键部位的族文件与工厂加工构件进行对比，检查加工构件的外形、尺寸等是否符合加工要求。固定端索头的 BIM 模型与实际构件对比如图 6-70 和图 6-71 所示。

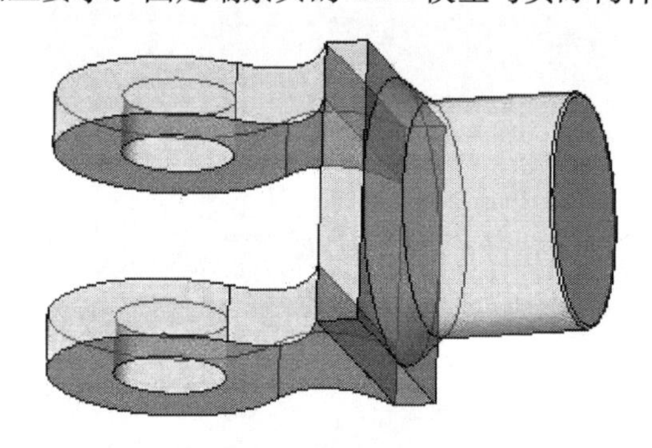

图 6-70　固定端索头族

图 6-71　固定端索头实际构件

徐州奥体中心体育场预应力关键节点安装复杂，采用 BIM 模型或关键部位安装动画来指导安装工作，可以对安装质量进行很好的管控。环索及径索索夹节点处安装模型与现场实际安装对比如图 6-72 和图 6-73 所示。

图 6-72　环索及径索索夹节点处安装模型图

图 6-73　环索及径索索夹节点处施工现场实际安装图

环索对接处安装模型与现场实际安装对比如图 6-74 和图 6-75 所示。

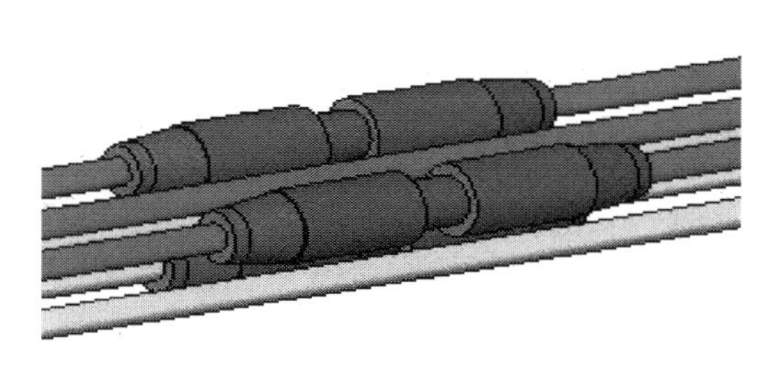

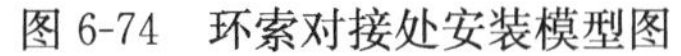

图 6-74 环索对接处安装模型图

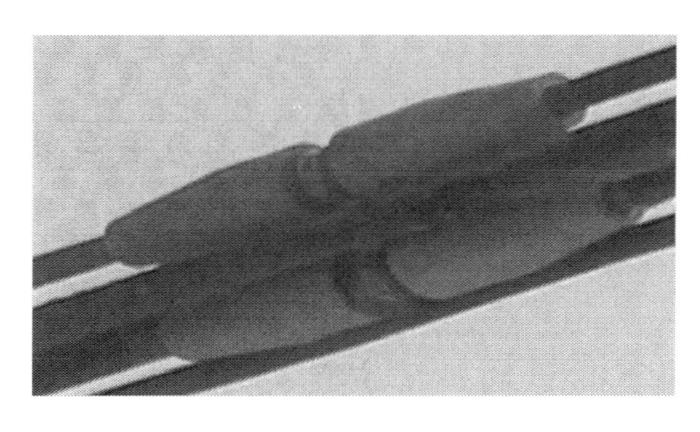

图 6-75 环索对接处施工现场实际安装图

6.3.9 施工进度控制

以往工程中协同效率低下是造成工程项目管理效率难以提升的最大问题。某研究表明，工程项目进度超过 20%在协同当中损失。徐州奥体中心体育场采用基于 3D 的 BIM 沟通语言、协同平台，采用施工进度模拟、现场结合 BIM 和移动智能终端拍照相结合的方法来提升问题沟通效率，进而在最大程度上确保施工进度目标的实现。

在对施工进度进行模拟的过程中，一来可以直观的检查实际进度是否按计划要求进行；二来如果出现因某些原因导致工期偏差，可以分析原因并采取补救措施或调整、修改原计划，保证工程总进度目标的实现。

徐州奥体中心体育场某时刻的屋盖施工进度如图 6-76 所示。

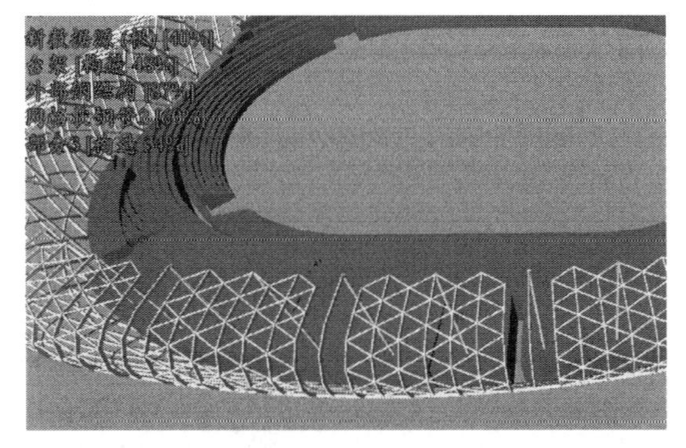

图 6-76 Timeliner 施工进度显示及模拟

采用无线移动终端、Web 及 RFID 等技术，全过程与 BIM 模型集成，可以做到对现场的施工进度进行每日管理，避免任何一个环节出现问题给施工进度带来影响。

6.3.10 施工安全控制

近年来建筑安全事故不断发生，人们的防灾减灾意识也有了很大提高，所以结构监测研究已成为国内外的前沿课题之一。徐州奥体中心在未施加预应力之前为瞬变体系，由于预应力的施加才成为结构体系。预应力钢结构施工的风险率很高，为了及时了解结构的受力和运行状态，徐州奥体中心项目针对项目自身特点开发一个三维可视化动态监测系统，对施工过程进行实时监测，保证施工过程中结构应力状态和变形状态始终处于安全范围内。

所开发的三维可视化动态监测技术较传统的监测手段具有可视化的特点，可以人为操作，在三维虚拟环境下漫游来直观、形象地提前发现现场的各类潜在危险源，提供更便捷的方式查看监测位置的应力应变状态，在某一监测点应力或应变超过拟定的范围时，系统将自动采取报警给予提醒。

徐州奥体中心体育场项目的变形监测点分布在 20 榀径向梁的梁端和跨中位置处，共有

40个监测点；应力监测点分布在环梁和径向梁上，共24个监测点，每个测点在梁的上下翼缘处各布置一个正弦应变计。其中变形起拱具体监测点布置如图6-77所示。

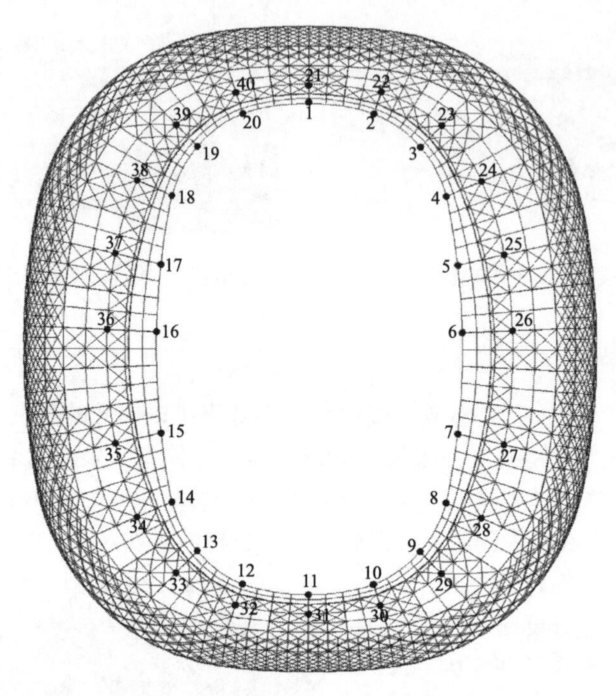

图6-77　变形起拱监测点布置图（黑点为监测点）

徐州奥体中心体育场数据采集系统与三维可视化动态监测系统界面如图6-78和图6-79所示。

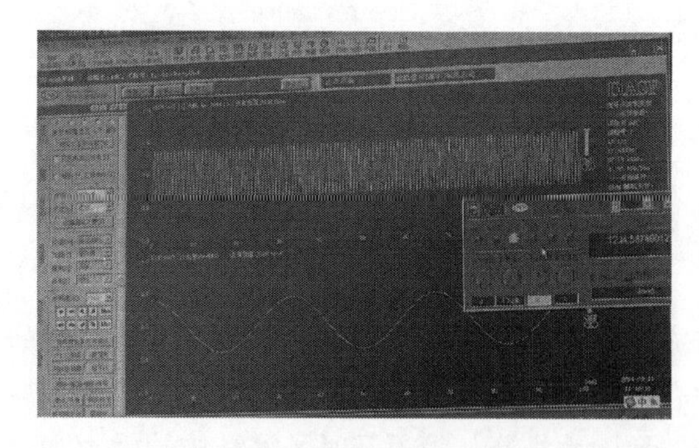

图6-78　徐州奥体中心体育场数据采集系统图

图6-79　徐州奥体中心体育场三维可视化动态监测系统

某时刻某环索的应力监测如图6-80所示。

6.3.11　小结

预应力钢结构的施工安全和质量管理一直是施工单位的难点，在传统的施工项目管理中结合BIM技术能为施工提供新的安全技术手段和管理工具，提高建筑施工安全管理水平，

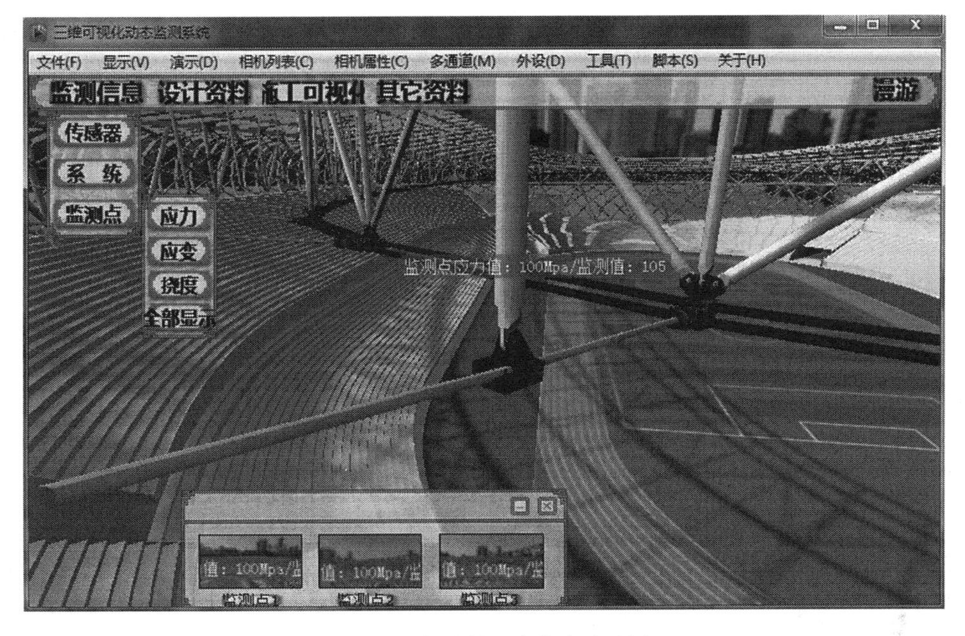

图 6-80 某时刻环索的应力监测

促进和适应新兴建筑结构的发展。BIM 技术已成功应用在徐州奥体中心施工项目管理上，在该项目中所创建的预应力钢结构构件族具有参数化的特点，可以反复应用在类似施工项目中；参数化预应力钢结构施工深化设计方法不但能提高效率，还能降低出错率；施工模拟的技术也给企业带来了效益；所开发的三维可视化动态监测系统具有很大的拓展空间，值得推广应用。总的来说，BIM 技术在徐州奥体中心施工项目管理上的成功应用，积累了预应力结构建模、深化设计、施工模拟和动态监测的宝贵经验，对以后预应力钢结构施工项目管理应用 BIM 技术具有参考价值。

6.4 多哈大桥

6.4.1 工程概况及模型搭建

1. 工程概况

卡塔尔东部高速项目在高架部分的箱梁内采用后张有粘结预应力技术。预应力工程量大，分布范围广。同时预应力单个孔道内钢绞线数量多，且多数为 4 跨、5 跨连续箱梁，总长度超过 150m 的占总箱梁数的近 60%。由于采用全预应力度设计，故预应力施工质量是整个工程控制的重点，也是现场施工、业主最为严格要求的施工技术内容。项目部需合理安排各个工序穿插作业，严格遵守施工技术交底，细致控制施工质量。同时预应力施工相关性、连续性强，前面工种的施工质量对后续施工有很大的影响，故需要确保每个施工作业按照相关的标准，严格检查，确保整个预应力施工的顺利进行。

2. 工程实施难点

该工程位于卡塔尔，投入的人力、物力、财力和技术装备数量巨大，而且工期很紧，如何在短时间内保质保量地完成施工，是需要解决的重要问题。

构件的运输、安装，人员和施工机械的安排，材料的入场、检验和出场，都是施工管理所面临的重大问题。由于该工程体型巨大、结构复杂、构件多，更加加剧了这一问题，因此在实际施工管理过程中，如何协调各个部门、工序、路线，以达到施工现场管理的最优化，也变得更加复杂。

该工程存在大量复杂节点，需要使用多种复杂的施工工艺，如波纹管临时安装施工工艺、穿筋施工工艺等，如果用传统的方法指导工人进行施工，很容易由于理解不当造成施工错误、返工等问题，必然会耽误工期。因此，如何能够正确、迅速地指导工人进行施工，是一个亟待解决的问题。

为解决该工程的各施工难点，利用BIM技术，对该项目进行模型的建立以及场地的模拟，以方便施工单位进行施工，并且对复杂的施工工艺进行动态施工模拟，使施工人员能够直观、清楚地了解施工工艺的过程，确保正确进行施工，提高效率，同时开发专项施工管理平台，进行交付。

3. BIM模型的搭建

利用Revit软件，根据二维图纸，对该项目进行建模。通过建立该桥梁的BIM模型，各构件尺寸、位置关系、表现材质都能在模型中直接反映出来，方便施工。Revit建立的模型如图6-81所示。

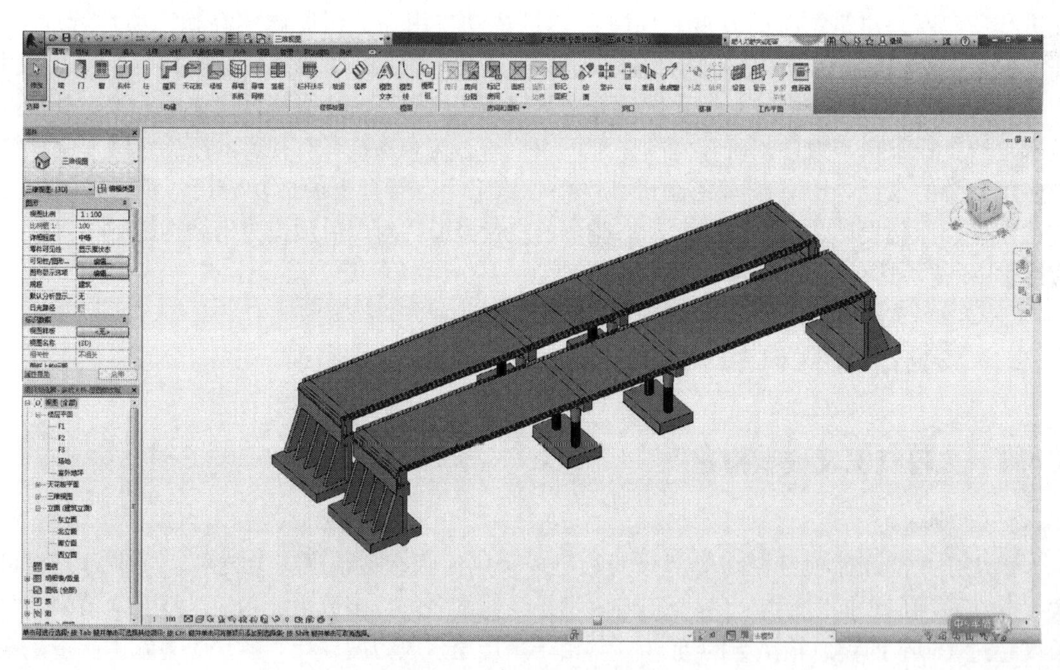

图6-81 多哈桥BIM模型

6.4.2 基于BIM技术的施工工艺的模拟

1. 施工前作业施工工艺模拟

主要包括基于BIM技术预应力箱梁两端柱子、预应力箱梁底部支撑脚手架搭设、预应力箱梁底模和两侧模板安装模拟。施工前模拟如图6-82所示。

图 6-82 施工前模拟

2. 预应力安装施工工艺模拟

基于 BIM 技术的波纹管临时安装施工工艺模拟：

(1) 在腹板内安装临时支撑，临时支撑（每隔 2m 设置一个）和腹板相应高度的腰筋连接固定。

(2) 将波纹管（4m 一段）从端部穿入到腹板内，并安放在临时支撑上，并用钢丝临时绑扎固定。

(3) 将波纹管用接头连接，并临时安装热缩带。最后用胶带（黄色表示）将接头临时绑扎。

(4) 在波纹管相应高点，最低点位置处使用热熔机在波纹管上打孔，并安装出气孔接头。波纹板安装施工工艺模拟如图 6-83 所示。

图 6-83 波纹板安装施工

3. 穿筋施工工艺模拟

(1) 在箱梁端部搭设预应力穿筋操作平台。

(2) 将穿束机和预应力穿筋架体用吊车放在操作平台上，并用吊车将成盘的钢绞线调至预应力穿筋架体里（用吊装带进行起吊）。

(3) 将钢绞线从架体里拉出并引入穿束机，用穿束机将单根钢绞线传至波纹管口时在钢绞线端部安装导帽。

(4) 继续运转穿束机，将预应力筋穿入临时支撑上的波纹管内。

(5) 当另一段预应力筋穿出波纹管一定长度后，停止穿筋施工，确定两端外露长度后，用砂轮锯将穿筋端的预应力筋切断。

(6) 根据上述 (1)～(5) 流程继续穿筋，完成 37 根钢绞线的穿筋施工。穿筋施工工艺模拟如图 6-84 所示。

图 6-84　穿筋施工工艺

4. 落位施工工艺模拟

(1) 落位前根据预应力波纹管的矢高，安装定位支撑钢筋（500 mm 间距）。

(2) 将临时支撑上波纹管的临时绑扎钢丝剪开。

(3) 在桥中间跨的临时支撑波纹管处用吊装带缠绕，准备起吊（4 个吊点）。

(4) 用两台吊车通过吊装带将临时支撑架上的波纹管吊起，脱离支撑即可。

(5) 将临时支撑拆除。

(6) 利用吊车缓慢将波纹管落位至相应的定位钢筋上。

(7) 解除波纹管处的吊装带，完成中间跨波纹管的落位施工。

(8) 根据 (2)～(6) 步骤将两端的预应力波纹管落位至相应矢高的定位钢筋上。落位施工工艺模拟如图 6-85 所示。

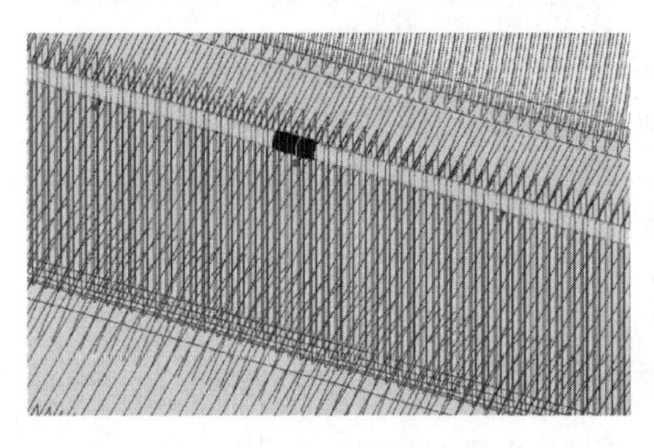
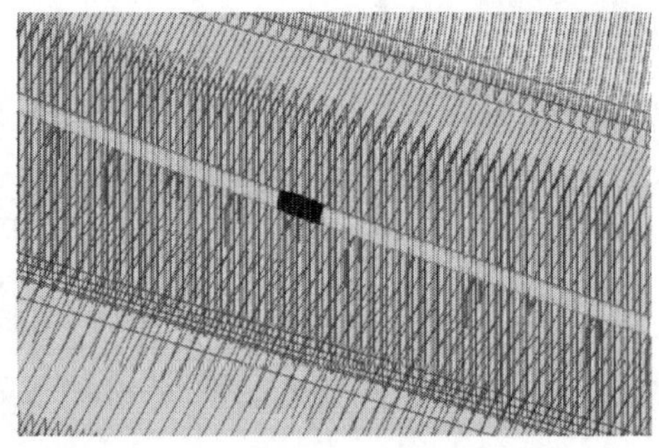

图 6-85　落位施工工艺模拟

5. 安装施工工艺模拟

(1) 用 U 形钢筋将波纹管固定在定位钢筋上。

(2) 拆除波纹管连接处的临时胶带，用喷枪将热缩带加热缩紧安装波纹管接头。

(3) 安装预应力张拉端处喇叭口（此处螺旋筋临时和喇叭口固定）：由于采用落位的施工方法，预应力外露出波纹管，故喇叭口用吊车吊起，将喇叭口从钢绞线端倒穿入喇叭口(张拉端为 3 个组装式，即 3 个喇叭口用端部模板即齿板组合一起)。

(4) 喇叭口就位后，将喇叭口和波纹管用接头连接，并用热缩枪将专用热缩管加热处理密实。

(5) 安装出气管配件，将出气管和热熔处的接头拧紧，并伸出梁顶面。安装施工工艺模拟如图 6-86 所示。

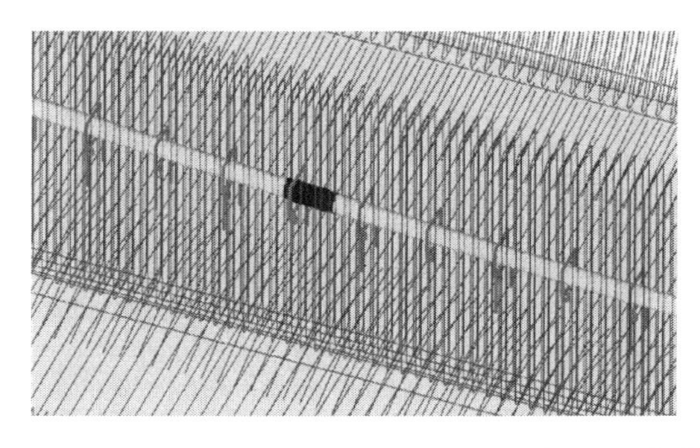

图 6-86 安装施工工艺

传统的施工，只能单纯的通过语言进行指导，工人在接受时必然会出现不同程度的问题，延长施工的工期，而利用 BIM 技术进行施工工艺的模拟，既方便了对施工人员的指导，同时，也使工人在了解施工工艺时更加的直观，不容易出错，大大地提高了指导施工的效率，缩短施工工期。

6.4.3 基于 BIM 技术的专项施工管理平台开发

由于利用 BIM 进行施工管理的工作量较大，在向业主进行交付的时候比较麻烦，而且业主在进行检查使用时也会有很多的不便，所以基于 BIM 和 BENTLY 平台，二次开发多哈大桥预应力专项施工管理平台，将该项目的多项内容整合到一起，以方便业主指导施工。该管理平台主要包括工程概况、资源配置、预应力系统、深化设计、施工方法、质量控制、进度控制、安全控制和成本控制九个模块，平台界面如图 6-87 所示。

图 6-87 平台界面

1. 工程概况模块

工程概况模块主要包括工程介绍、桥体预览、导游视角、视图显示、模型测量五个方面，工程介绍主要是介绍该工程的大致情况，如位置、结构形式、投资额等；桥体预览是在窗口处对大桥的模型进行观察，可以从各个角度详细地反映出桥体的全貌；导游视角是以第三人视角在桥上或桥下进行可操控的漫游，更加细致、直观地观察桥体结构；视图显示中包含桥体的平面、立面、剖面图纸；模型测量可以在模型中对任意两点进行距离的测量。管理平台中工程概况如图 6-88 所示。

该模块是整个管理平台中最为基础的模块，是进行项目管理的根本。在工程概况模块中，可以简单快速地对整个项目的相关信息进行预览，使相关人员迅速了解该工程，方便在后期的工程管理。

2. 资源配置模块

资源配置包括组织机构、人员、机具、材料和结构构件五个方面。组织机构中以表格形式体现工程组织，并可查看其中人员具体职责；在人员方面中可以查看工程所涉及的所有人

图 6-88　工程概况

员信息，包括姓名、人员数量、职务等方便工程管理；机具部分是对施工中所有机具进行开发；施工中所有材料，在材料部分进行管理，在平台中能够快捷地查询工程中的材料状况；结构构件能够对工程中所涉及的结构构件进行拆分显示，点击构件能够查询构件的细部节点详图（图 6-89）。

通过对资源配置模块的浏览，工作人员能够对该项目各个方面的情况进行了解，方便在后期的施工管理中对各种资源进行合理的调配，使工程更为科学地进行下去。

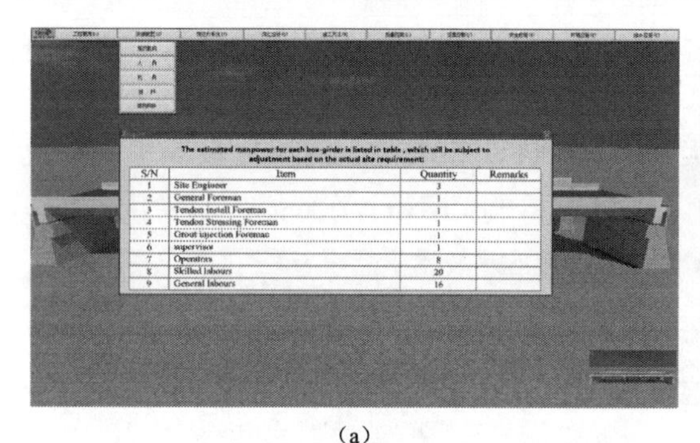

The estimated manpower for each box-girder is listed in table , which will be subject to adjustment based on the actual site requirement:

S/N	Item	Quantity	Remarks
1	Site Engineer	3	
2	General Foreman	1	
3	Tendon install Foreman	1	
4	Tendon Stressing Foreman	1	
5	Grout injection Foreman	1	
6	supervisor	1	
7	Operators	8	
8	Skilled labours	20	
9	General labours	16	

（a）

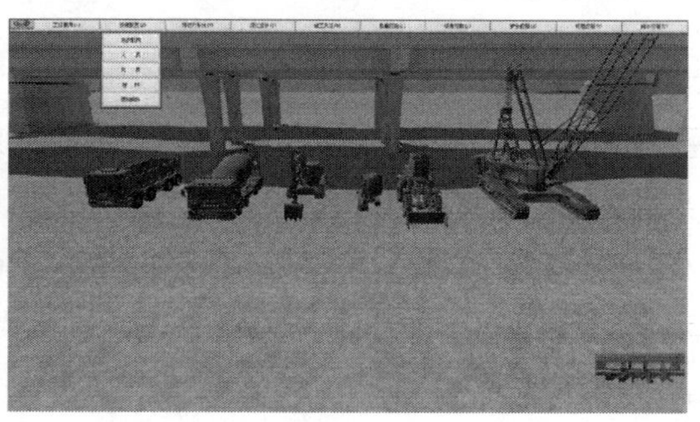

（b）

图 6-89　资源配置模块施工人员及机具的显示

（a）资源配置模块施工人员信息显示；（b）资源配置模块施工机具显示

3. 预应力系统模块

预应力系统包括后张拉系统、材料及储存、工程序列及详细方法。后张拉系统详细描述后张拉工艺的内容，方便施工方进行查看；材料及储存主要对工程材料的管理进行详细的说明；工程序列对工程的施工顺序进行说明；详细方法对预应力施工的方法进行详细的描述，并可以随时调出相关工艺的详图。

熟悉预应力系统模块后，可以随时对施工方法与施工顺序进行查看，更好地了解施工方案，方便指导工作人员进行施工。

4. 深化设计模块

深化设计主要包括工程图纸、计算以及深化详图三个方面。工程图纸中包括该工程的所有图纸，可以随时进行调取查看，方便查找；在计算菜单中，可以提取出相关联的 Excel 表格，直观的显示出计算的数据；深化详图可以查看深化后的详图，与施工图进行对比，能够对细部的节点进行直观的开发。

5. 施工动画模块

在施工动画模块中，将之前的制作好的各施工工艺展示进行链接，可以直接在平台中进

行查看，了解复杂工艺上的施工过程，指导施工。同时，还可以在平台构筑的三维场景中进行全方位的3D浏览以了解建筑各个复杂的施工过程，透彻了解施工工艺。

在管理平台中，还有质量控制、进度控制、安全控制、环境控制以及成本控制五个模块，在这五个模块中，可以随时对施工的各个方面进行管理，及时发现各种问题，提早和施工人员进行沟通，进行修正，使施工管理变得方便快捷。

管理平台的开发，一方面能够更好地完成交付，方便业主的管理，可以在平台中直接对各种信息进行查看阅览，不需要在多种交付内容中进行一一的搜索；另一方面，能够方便对施工阶段进行各个方面的管理控制，使施工人员能够高质量，高水准的完成该项目的施工，大大节约了施工时间与施工成本。

6.4.4 结论

BIM技术在多哈大桥施工管理中的应用，实现了桥梁工程中的信息化管理，大大提高了施工效率，节约了时间与成本，对桥梁工程是施工管理具有重要意义。

对于桥梁工程的施工管理，BIM技术的应用具有以下几点优势：

（1）工作人员能够直观的观察桥梁结构以及细部节点，及时发现问题并且解决，避免了在施工过程中出现麻烦。

（2）根据模拟的施工工艺进行施工，简单易懂，提高工作效率，节约时间成本。

（3）建立资料库，二次开发施工管理平台，便于管理工作成果，方便管理。

6.5 预制装配式住宅信息管理平台

预制装配式构件族相对复杂，而且国内采用的平法布筋规则束缚了BIM模型的二维表达。基于BIM技术，尝试参数化控制手段，结合脚本程序语言，对构件参数进行有效的参变，并在今后的项目中通过参变的形式得到，可以提高建造速率。将构件在三维环境下进行预拼装，将施工中遇到的问题提前展现，能够对后期工作减少错误、提高效率起到重要作用，所以基于BIM的预制装配式建筑建造技术研究已成为国内外的前沿课题之一。

为保证保障房的建造速率和质量，必须采用先进的全过程施工控制方法，建立信息管理控制系统。作者主要针对BIM技术在预制装配式住宅工程施工信息管理中的应用进行研究，并对预制装配式住宅工程建筑信息管理平台进行研发，旨在建立一套符合我国国情和市场需求的预应力装配式住宅标准化建造体系，推动我国住宅工程的信息化、标准化和产业化。

6.5.1 基于BIM技术的建筑信息管理平台介绍

1. 建筑信息管理平台概述

建筑信息管理平台以相似预制装配式住宅工程管理经验、建筑信息化管理框架为指导，基于PC工程的BIM模型中心数据库构建工程建筑信息管理系统，从工程设计、施工、材料、使用等全过程角度为工程提供全生命周期管理。建筑信息管理平台将建筑产业链各环节关联，进行集成化的管理，极大提高了工作效率。针对预制装配式住宅的标准化构件生产、施工现场只需进行拼装工作的特点，提供模块化的设计和构件的零件库，与产业化住宅建造过程的信息管理需求契合，具有投低、产出高的特点。

建筑信息管理平台的功能主要包括深化设计数据库的提供，PC构件生产阶段的进度、仓储、物流情况的模块化管理，现场施工阶段人员、机具、材料、工法、环境的一体化管理，施工进度的把控与矫正，及运维阶段数据库的移交等。针对不同的客户对象，包括政府机构、设计院、施工企业、房屋业主等，面向全社会提供建筑信息管理服务，为预制装配式住宅建筑设计、施工提供指导，为预防施工事故提供借鉴，为房屋的安全使用提供技术支持。

建筑信息管理平台旨在通过BIM技术的应用，以工业化的生产方式、集成化的管理方式促进住宅产业化、生产现代化，在降低成本的同时提高建筑质量并减少能源排放。

2. 建筑信息管理平台整体架构

结合BIM技术的特点、我国预制装配式住宅的建造特点与需求、建筑信息管理平台的目标，确定基于BIM的预制装配式住宅工程信息管理平台架构。

预制装配式住宅工程信息管理平台分为前台功能和后台功能。前台提供给大众浏览操作，核心目的是把后台存储的全部建筑信息、管理信息进行提取、分析与展示，包括深化设计节点选取功能、PC构件检索功能、施工方案演示与施工进度浏览功能及运维阶段人员、资金、物流管理等功能。

预制装配式住宅工程信息管理平台的后台功能，主要是建筑工程数据库管理功能、信息存储和信息分析功能。一是保证建筑信息的关键部分表达的准确性、合理性，将建筑的关键信息进行有效提取；二是结合科研成果，将总结的信息准确的用于工程分析，并向用户对象提出合理建议；第三，具有自学习功能，既通过用户输入的信息学习新的案例并进行信息提取。

预制装配式住宅工程信息管理平台的前台与后台的联系通过互联网以页面的形式进行互动和交流。因而本系统需进行相应的机房建设，并采购和租赁互联网设备及服务。为了本系统的拓展，需要进行社会推广工作，包括广告宣传、论文、会议等推介。

基于BIM的预制装配式住宅工程信息管理平台架构，其具体内容如图6-90所示。

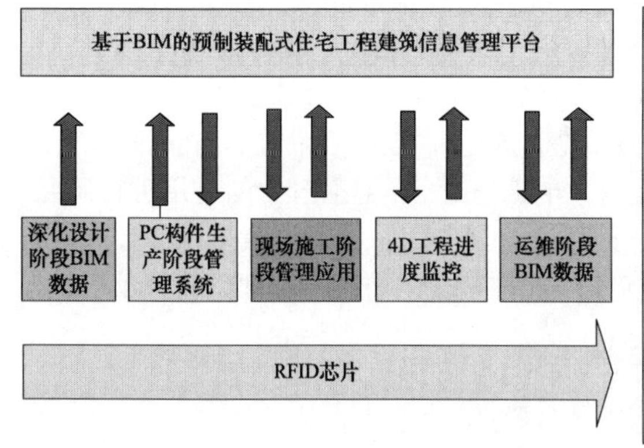

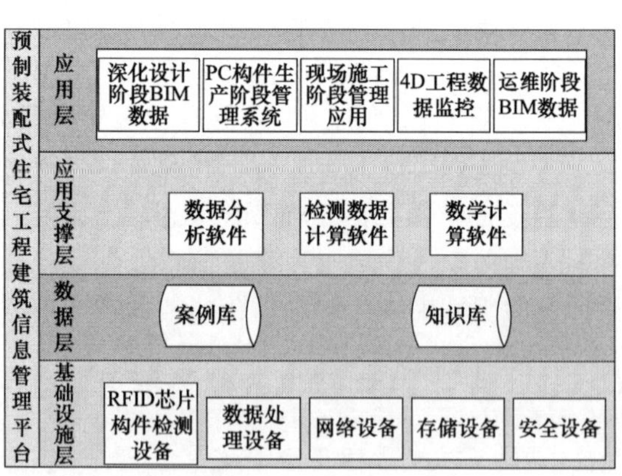

图6-90 基于BIM的预制装配式住宅工程信息管理平台架构

3. 建筑信息管理平台研发技术路线

平台的开发涉及多学科的交叉应用，融合了BIM技术、计算机编程技术、数据库开发技术及射频识别（RFID）技术。根据制定的建筑信息管理平台整体架构，面向建筑结构项目数据实际应用确定建筑信息管理平台研发技术路线，并制定相应idef0图，如图6-91所示。

（1）根据工程项目数据实际，结合 BIM 建模标准开发 BIM 族库与相应工程数据库。

（2）整合相关工程标准，并根据特定规则与数据库相关联。

（3）基于数据库和建筑信息管理平台架构，开发二次数据接口，进行信息管理平台开发。

（4）配合工程实例验证应用效果。

（5）完成平台开发。

BIM标准 → BIM模型建立 → 图纸信息录入 → 技术规程录入 → 工程信息数据库 → 二次开发程序 → 平台架构 → 开发完成

图 6-91 建筑信息管理平台研发技术路线图

6.5.2 基于 BIM 技术的建筑信息管理平台功能简介

1. 深化设计阶段信息管理平台

预制装配式混凝土住宅的构件均为工厂提前预制，现场组装成结构，其整体性较差。这就要求混凝土节点具有足够的承载力，并能满足结构抗震性能。因此混凝土的深化设计成为预制装配式住宅设计的一大难点。对预制装配式住宅混凝土结构而言，二维深化设计存在很多弊端，如缺乏三维概念；修改不便；不易处理孔道（波纹管）与梁柱节点钢筋冲突问题；无法进行施工模拟，施工出现问题多；缺乏与业主及其他专业的说服力，增加协调难度等。这就需要寻找新的深化设计方法，即深化设计阶段信息管理平台。

深化设计阶段管理平台的搭建主要包括梁、板、柱复杂节点 BIM 模型、结构碰撞检查优化后信息模型文件及二维施工图纸的创建。开发相应二次接口，使模型文件与设计、管理信息相关联，即完成了深化设计阶段管理平台的搭建。

（1）复杂节点 BIM 族库功能。对于装配式钢筋混凝土结构而言，梁、板、柱及墙体的交点（即节点）配筋是设计的难点，同时也是时间消耗长、出错率高的部分。BIM 模型集成了项目的大量数据信息，包括三维几何信息及各种非几何信息，如构件的材质、空间定位、时间属性、编码等。针对 BIM 模型信息化的特点，并考虑装配式住宅设计常用参数，开发了复杂节点 BIM 族库功能。该族库包含常见的构件节点族，点击相应的节点处便会出现属性信息对话框，对话框中包括钢筋等级、半径、长度、角度及保护层厚度等参数，如图 6-92 所示。根据实际工程需要调整相应参数数据，构件族会自动按照参数更新，形成新的构件用于生成深化设计图纸及三维施工指导。

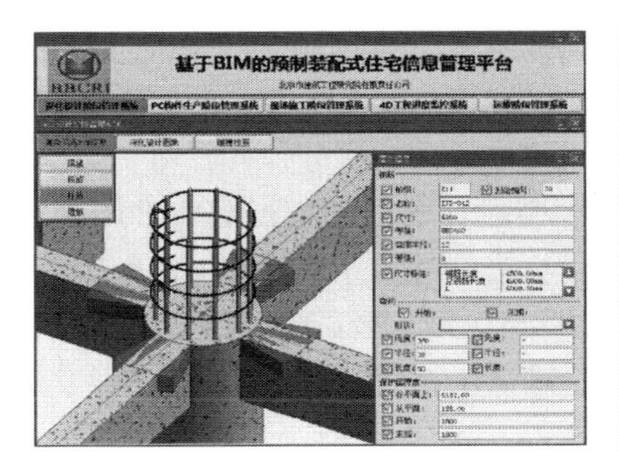

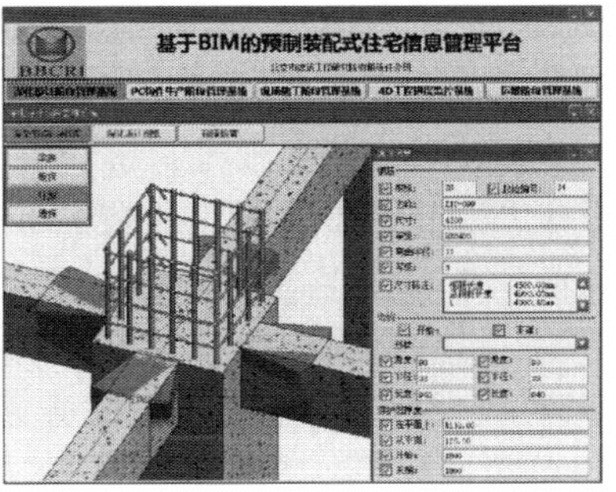

图 6-92 圆柱加腋、矩形柱加腋 BIM 族

另外，对于一些不常见的复杂节点，平台提供了基于BIM软件的族编辑功能，用户可以根据实际需求自定义节点参数来完成复杂族的创建。

（2）碰撞检查功能。对Revit软件进行二次开发，形成碰撞管理器插件植入建筑信息管理平台，开发平台智能碰撞检测功能。该功能可以检查出结构碰撞点，并进行相应方案调整，得到优化后的信息模型文件。碰撞检测功能可以及时排除项目施工环节中可能遇到的碰撞冲突，显著减少设计变更，提高生产效率，降低由于施工协调造成的成本增长和工期延误，从而给项目带来巨大的经济收益。在运行碰撞检查功能后，点击碰撞点显示按钮，系统将会局部放大碰撞点位置进行提醒，方便设计人员对碰撞处进行模型修改，利用平台对某工程实现碰撞检查功能及碰撞点显示如图6-93和图6-94所示。

图6-93　碰撞检测功能实现示意图

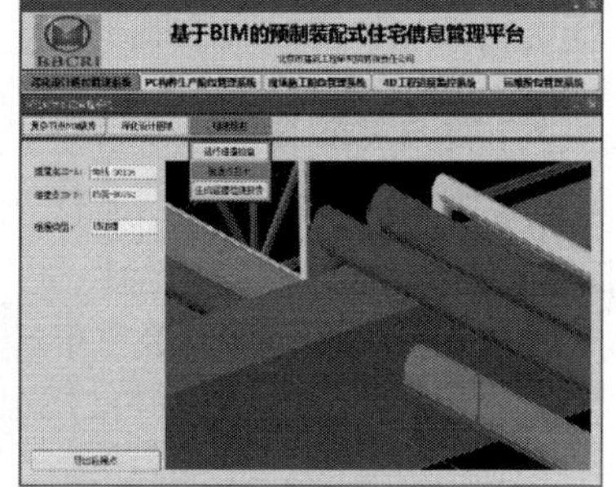

图6-94　碰撞点示意

（3）深化设计图纸自动生成功能。在生成深化设计图纸前，应保证模型的准确性且没有碰撞点。利用碰撞检查功能出具的碰撞检测报告及碰撞点显示功能，能够迅速确定构件间的空间关系。解决碰撞的方法有两种：第一种为直接修改碰撞点处构件参数，这种方便针对性强但在出现几十甚至几百个碰撞点的情况下比较费时；第二种为返回复杂构件BIM族库菜单进行参数修改，只需修改一种构件族，则整体模型中所有基于该构件族的构件都会自动更新。显然第二种方法更适用于装配式建筑。

当再次运行碰撞检查功能，出现的碰撞检测报告中提示碰撞点为0时，即可以利用BIM模型自动生成各平、立、剖面图以及构件深化详图。自动生成的图纸和模型动态链接，一旦模型数据发生修改，与其关联的所有图纸都将自动更新，省去手工绘图的时间。

2. PC构件生产阶段信息管理平台

(1) PC构件族库功能。预制装配式住宅具有房型简单、模块化等特点，采用BIM技术开发预制装配式构件族库，可以比较容易地实现模块化设计。基于设计详图，进行预制装配式构件族库开发，并将信息录入族库，族库内容包括梁族、板族、柱族、预留件族和附加构件族。一旦发生设计变更，可以再平台中找到相应构件族并修改参数，整个模型会随之更新。

在PC构件加工时，可以在构件族库功能窗口中找到对应的构件族，查看构件详细信息用于指导施工，控制施工质量。所创建的PC构件族库中的部分构件族如图6-95～图6-97所示。

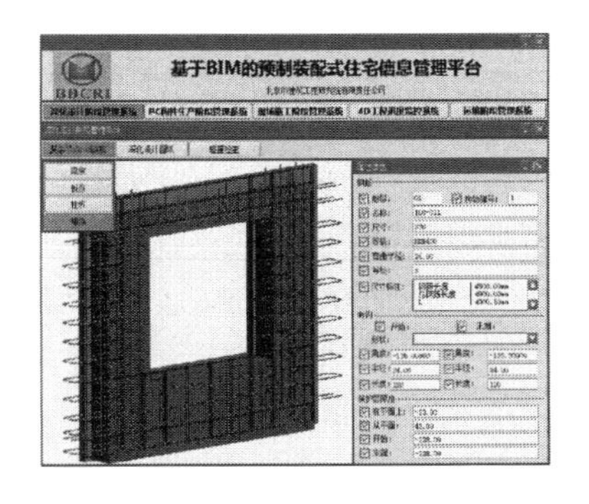

图6-95　墙体BIM族

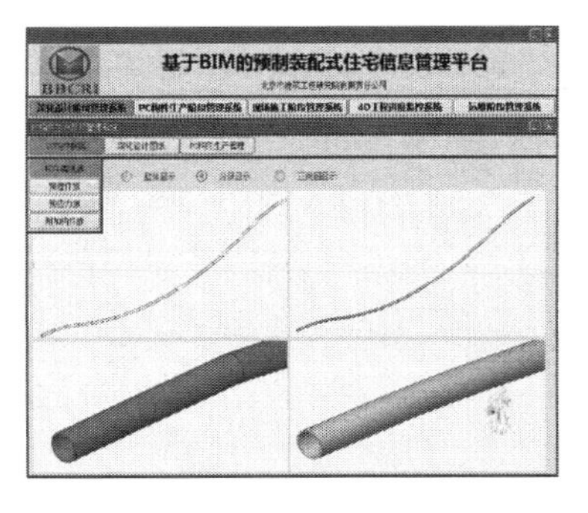

图6-96　Revit孔道（波纹管）族

另外，基于BIM技术开发的族库，建立预制装配式构件族样板文件，创建符合预制装配式结构设计习惯的项目样板，可为后期预制装配式结构BIM模型的建立提供依据。

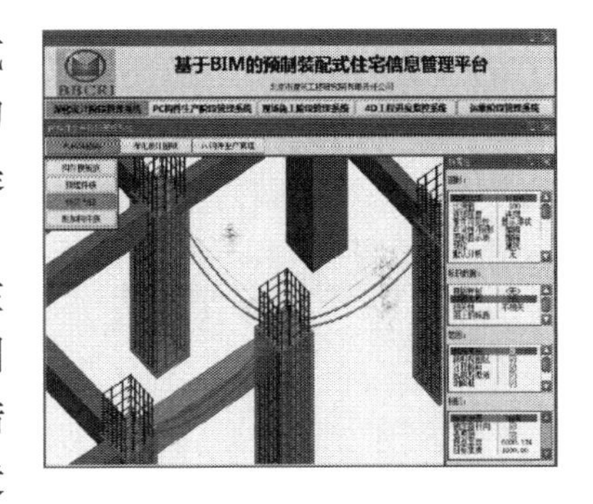

图6-97　Revit拉索族

(2) PC构件加工图纸自动生成功能。预制装配式住宅的各种预制件种类多，若针对每个预制件都手工绘制详细的构件加工图纸，工作量将非常巨大，且图纸出错率高，导致预制件加工精度不够或不满足生产要求，造成材料浪费。

在PC构件生产阶段，可以选择生成构件加工图纸指导工人施工；也可以选择基于PC构件族库，导出各构件尺寸、配筋、保护层厚度等信息，输入到构建数控加工机床，完成简单构件的加工制造。

(3) PC构件生产管理功能。在PC构件成产管理阶段，将PC构件族通过数据传递导入结构计算软件，可快速确定构件脱模、存放时的吊装和支撑位置，减少二次建模时间。

预制装配式住宅构件多，且规格相似难以分辨，对生产过程进行统一管理有利于保证加工质量、提高生产效率。参考发电站管理中的地理信息定位系统，平台结合BIM模型与RFID技术，实现构件生产过程中的集约型管理。

在每个预制构件加工前期，根据其属性信息、空间定位信息等生成该构件专有的电子编码及RFID标签。在构件加工的某一阶段，将RFID标签附着于目标构件，这样就将此构件与RFID标签相关联，关于该构件的一切信息就可以通过该RFID标签与RFID读写器来传递。RFID读写器类似于条形码扫描器，工作原理是利用频率信号将信息由RFID标签传送至RFID读写器，在读写器中输入相关信息（如加工、运输、吊装、损坏等），RFID读写器会通过网络信号将这些信息传送至计算机管理系统。这样，就实现了构件从加工、脱模、存放、运输到安装的全过程监控、控制及管理，为实现建筑的全生命周期管理提供了技术支持。另外，RFID标签与读写器在该项目结束后可以重复利用到其他项目，能够有效节约成本。

3. 现场施工阶段信息管理平台

在现场施工阶段，基于BIM模型开发了施工人员、机具、材料、工法、环境管理模块，现场施工阶段信息管理平台架构如图6-98所示。

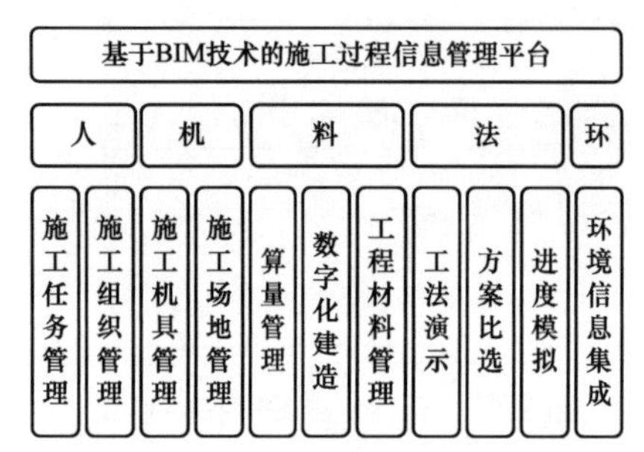

图6-98　基于BIM的预制装配式住宅施工阶段信息管理平台架构

其中，基于施工人员管理模块可以对施工任务进行合理分配，合理调用施工人员数量；基于施工机具管理模块能够对构件进行模拟吊装，指导现场构件的码放；基于施工材料管理模块能够编制生产材料供给计划，结合BIM模型进行可视化管理；基于施工工法管理模块能够给BIM模型的添加时间维度和现金流维度信息，模拟生产与施工流程；基于施工环境管理模块能够对施工现场进行场地布置，减少运输路程并避免对周围环境的噪声污染。

对于预制装配式结构而言，施工顺序、吊装方案则影响着结构的整体性，故对其进行优化尤为重要。目前国内施工方案的制定只能依靠项目经理及技术人员的施工经验，其合理性有待商榷。在管理平台的施工工法管理菜单下，可以查看不同的施工方案并对比其优缺点，能够及时发现实际施工中存在的问题或可能出现的问题，避免二次返工带来的工期滞后，如图6-99所示。

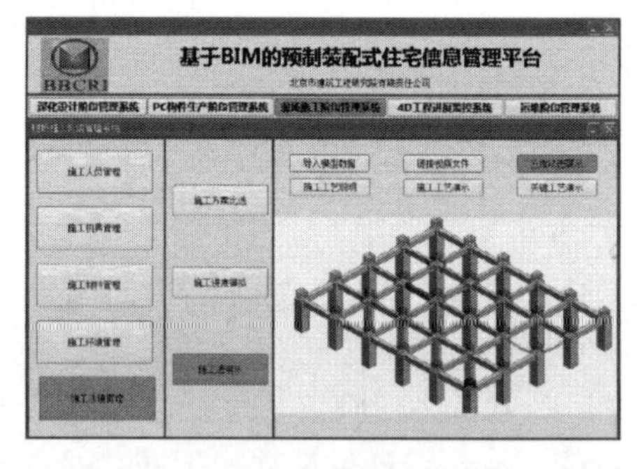

图6-99　基于BIM的预制装配式住宅施工阶段信息管理平台

另外，管理平台中包含与Revit软件的接口，打开接口可以直接在管理平台中修改Revit中创建的施工过程模拟文件，直到符合施工要求。

4. 进度监控阶段信息管理平台

协同效率低下是工程项目管理效率难以提升的最大问题为最大程度上确保施工进度目标的实现，基于3D的BIM沟通语言、协同平台，开发了进度监控阶段信息管理平台。平台中包含Project工程进度文件、施工进度模拟功能、施工进度查询功能。

利用施工进度进行模拟功能，一来可以直观的检查实际进度是否按计划要求进行；二来如果出现因某些原因导致工期偏差，可以分析原因并采取补救措施或调整、修改原计划。

平台支持施工进度的查询与施工进度计划的调整，可以在4D施工模拟下的进度查询对话框中输入一个指定的日期，便可以查看当天的施工情况及进度；如果发生工期滞后或意外情况导致施工停滞，则可以通过修改Project工程进度文件或在施工模拟页面直接拖动时间节点的方式来纠正施工进度。

5. 运营维护阶段信息管理平台

运营维护阶段管理平台包括设备的识别，构件及设备维护、维修信息的查询和应急仿真模拟功能，其具体组成如图6-100所示。

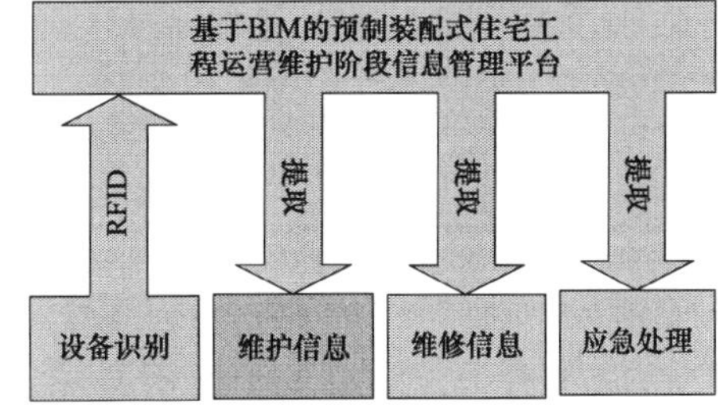

图6-100 基于BIM的预制装配式住宅运营维护阶段管理平台架构

(1) 设备识别功能。与PC构件生产阶段的构件追踪管理类似，在运营维护阶段，依然可以用RFID读写器扫描设备上的RFID标签，该设备相关信息便会出现在RFID读写器中，这样装修工人就可以参照这些信息进行施工，也可避免不必要事故的发生。

另外，扫描设备RFID标签后，在RFID读写器中按下相关按钮，该设备便会在远程计算机3D信息模型中闪烁，在模型中点击该设备系统将自动跳出该设备的所有信息，包括生产厂家、尺寸信息、安装日期等。这样，工作人员就可以迅速了解该设备的空间位置及属性信息，方便维修、维护工作的进展。

(2) 维护信息管理。平台中包含丰富的设备维护数据库，物业人员在3D模型中选定需要维护的设备或构件，选定设备类型添加至维护清单，平台会自动搜索数据库，制订适用于该设备或构件的维护计划并生成维护计划表。平台还可提供维护提醒功能，用户可以设置提前提醒时间，平台依据该时间差在维护日期来提前给予自动提醒。在维护人员进行维护工作后，可以再平台维修记录窗口中添加维修记录，以便后续维护工作的进行。

(3) 维修信息管理。当住户需要对设备进行维修时，物业人员将该楼层需要报修的项目进行统计，形成维修设备统计表，链接至管理平台中。平台会自动搜索与该设备相同型号的设备，提醒用户存放位置及数量，当备品库设备数量不足时，系统会自动提醒建议购买数量及购买厂家历史。在维修工作完成后，用户输入提取设备数量，则备品库中对应的备品减少，并录入维修日志。

(4) 应急处理功能。管理平台中的应急处理功能提供紧急事故发生后的处理方法，能够有效控制事故蔓延，迅速开展救援工作，减少因事故带来的损失。打开管理平台的应急处理窗口，选择事故模拟类型并定义事故发生点及严重情况，系统将会演示3D动画来模拟在事故现场怎样展开救援工作，包括：①对于火灾事故，选择事故发生点后，系统自动识别离事故点最近的安全出口，并高亮显示逃生路线；②对于水管泄露等事故，系统会给出建议的建筑设备和运送路线；③对于恶劣天气下设备损坏事故，系统将弹出对话框提示解决措施及预防措施，避免该类事故再次发生。

6.5.3 结论

基于BIM技术建立预制装配式住宅信息管理成套技术，可以满足装配式合理、安全的施工需要，对预制装配式住宅的建造效率和质量的提高具有重大意义。

对于预制装配式住宅的建造，基于BIM的预制装配式住宅工程建筑信息管理平台研发具有以下优势：

（1）降低结构施工期和运营期间的维护费用，实现节材、节能。

（2）能够实现四维效果的施工模拟、监控以及施工信息的集成。

（3）RFID技术的集成，可以方便后期构件的提取和位置信息的获得。

（4）深化设计方法的研究，可以为今后的“设计后BIM”转换成“BIM的设计”打好基础。

6.6 幕墙设计

6.6.1 基于BIM技术的结构参数化设计方法

参数化设计不仅包括几何模型的参数化，也包含结构设计数据的参数化。基于BIM模型的参数化设计通过开发二次接口将BIM几何模型转化为有限元模型导入Ansys有限元分析软件，结合Ansys提供的参数化设计语言（APDL）为其添加温度、材料、荷载等属性参数，以修改参数值的方式完成结构的分析优化。

基于BIM技术的结构参数化设计思路如下：

（1）初始化设计参数。确定设计中所涉及的几何参数及力学参数，如结构的几何尺寸、物理性质、约束条件、荷载值等参数。

（2）建立参数化BIM模型。根据前面确定的设计参数及业主提供的初始设计条件创建含有设计参数的BIM模型，BIM模型的修改可以通过修改参数值的方法实现。

（3）建立参数化有限元模型。通过开发相应的数据接口，实现三维模型的传递，结合APDL技术编写Ansys命令流，命令流编写过程中需对计算单元的选择、网格的划分、节点的位移约束以及荷载的施加进行详细的研究。

（4）结构有限元计算。对利用APDL语言建立起的参数化模型进行求解计算。

（5）设计结果后处理。输出结构的应力、应变、位移的数值及计算云图，判断运算结果是否满足设计要求。如不满足设计要求，则需修正设计参数并重复步骤（1）～(5)。

（6）绘制施工蓝图。利用BIM模型的可出图性，生成施工蓝图及关键部位三维节点详图。

上述过程的流程图如图6-101所示。

6.6.2 工程概况

某大厦位于哈尔滨市中心内，总建筑面积约114 968m^2，地上8层，地下2层，建筑立面采用玻璃幕墙，幕墙平面高约44m，宽约18m，其上边缘为斜线，斜线最高点44m，最低点34m，高差10m。建筑立面一层有四扇1.8m×3.6m的双开门、一扇3.6m×3.6m的旋转门。

玻璃幕墙支撑结构为一单榀抗风钢框架。钢框架立面形式与玻璃幕墙一致，由八根框架柱及每层框架梁、支撑结构组成，用来抵抗幕墙传来的风荷载。

点支式玻璃幕墙因其“光、薄、透”受到了人们的青睐，索网结构与其结合可以实现大跨度、大空间的玻璃幕墙。结合项目需要，幕墙的结构形式采用单层正交索网点支式玻璃幕墙。

玻璃幕墙的效果图如图 6-102 所示。

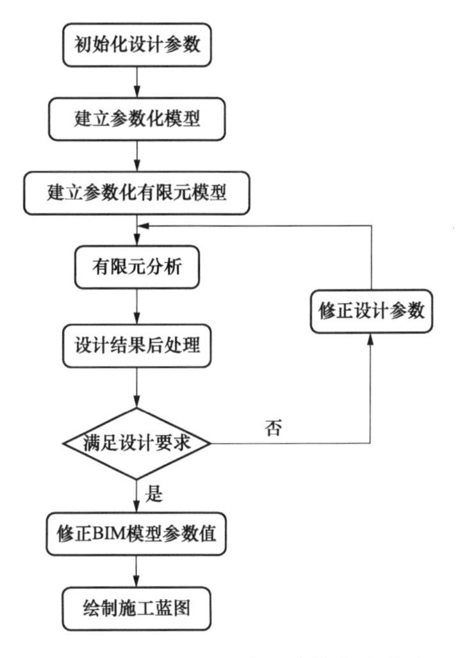

图 6-101　基于 BIM 技术的参数化设计流程

图 6-102　某项目玻璃幕墙效果图

6.6.3　初始化设计参数

参数化设计中，设计参数的定义非常关键，合理的参数可以使设计过程化繁为简，节省宝贵的设计时间。

本项目幕墙以钢框架作为主体结构，竖向索锚固在框架柱上，水平索锚固在框架梁上，恒荷载由竖向索承受，风荷载主要由幕墙中的短跨方向索承受。玻璃幕墙平面受外部荷载后通过驳接头转化成节点荷载作用在索网结构上，与索网中的预拉力及挠度满足力学平衡条件，因此作用在玻璃幕墙平面上的外荷载、预拉力、挠度是索网结构设计中重要的参数。

不锈钢拉索的线膨胀系数较一般碳素钢的线膨胀系数大，对温度作用比较敏感。温度变化会在钢拉索内部产生温度应力，其带来的主体结构变形也使钢拉索有支座位移，影响钢拉索预应力大小，设计时必须考虑温度对结构的影响。

主体结构承受钢拉索因预拉力的施加而产生的拉力，在风荷载作用下，钢拉索传给主体结构的拉力加大，因此应保证主体结构具有足够的刚度和强度，确保结构不产生大变形或受拉破坏；

综合以上各点，本工程定义了拉索的预拉力 P、挠度 f、温度 T、拉索抗拉强度值 F_p、拉索直径 ϕ 等设计参数，方便后续的参数化建模及结构设计。所创建的部分参数及其值见表 6-5。

表 6-5　某单层平面索网点支式玻璃幕墙设计参数

设计参数	参数值
拉索直径 ϕ/mm	26
钢拉索弹性模量 E_1/（N/m²）	1.25^{11}
Q235 钢材弹性模量 E_2/（N/m²）	2.06^{11}
拉索先膨胀系数 aspz（1/［C］）	1.59^{-5}
拉索预应力 P/N	200 000
拉索抗拉强度值 F_p/N	1860^{6}
最低温度 T/℃	−35
最高层风荷载 WL9/（N/m²）	1.6^{3}

6.6.4 参数化BIM模型的建立

建立BIM模型可以先创建项目级的BIM族库，然后将在CAD中创建的模型中心轴线以体量的形式导入Revit软件中，再将创建好的节点族及自适应构件族插入到模型相应位置，完成BIM模型的建立。

族是构成BIM模型的基本元素，模型中的图元均由各种族及其类型构成。该索网幕墙工程创建了包含了初始设计参数的构件族及节点族，为幕墙的参数化设计提供基础。所创建的耳板族、索头族、驳接头族如图6-103～图6-105所示。

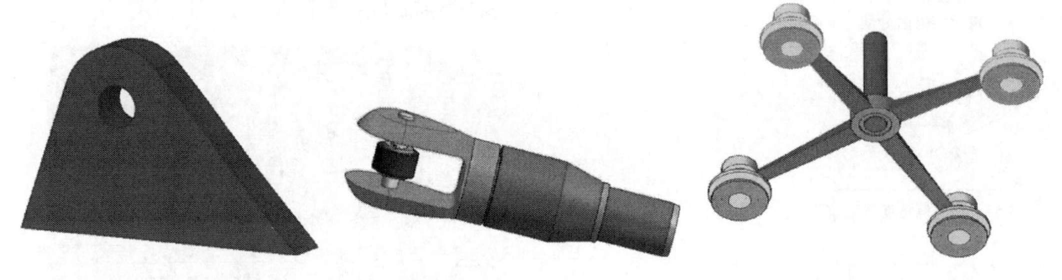

图6-103 耳板族　　图6-104 拉索族　　图6-105 驳接头族

对于预应力拉索来说，拉索的长度严重影响预应力的施加效果，不精确的长度会造成预应力损失，因此准确的定位非常关键。CAD与Revit软件的相互交接为模型的定位提供了便利条件，通过在CAD中建立模型中心线，导入Revit中的方法，实现了模型的快速定位。导入的轴线体量如图6-106所示。

根据导入的模型体量，将族库运用到模型相应节点上即完成了参数化BIM模型的建立。该项目的BIM模型整体图和部分详图如图6-107～图6-110所示。

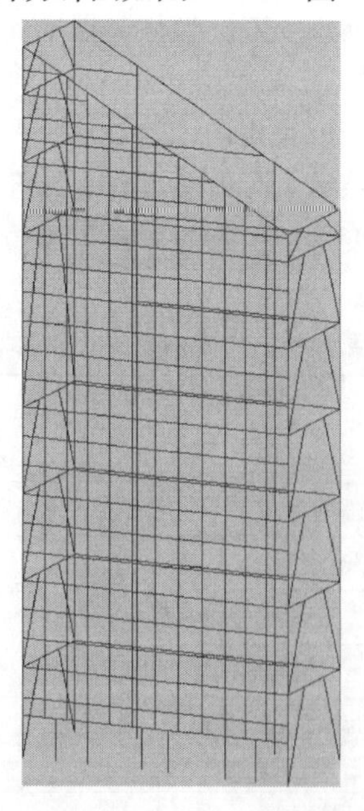

图6-106 Revit Structure中导入的轴线体量

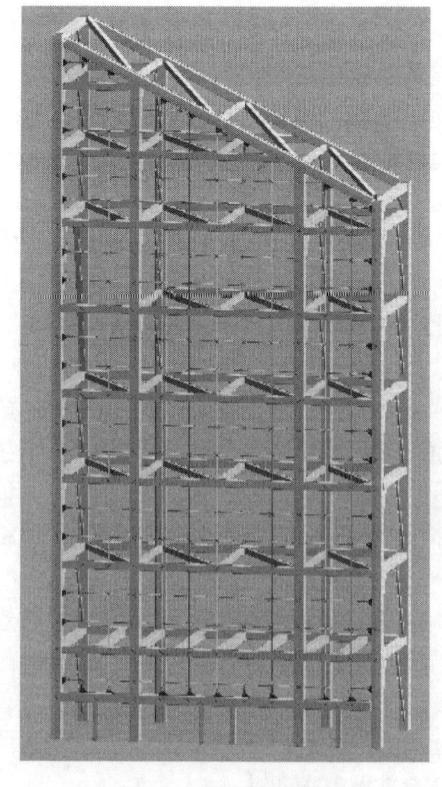

图6-107 幕墙整体模型

图 6-108 幕墙立面图

图 6-109 幕墙驳接爪

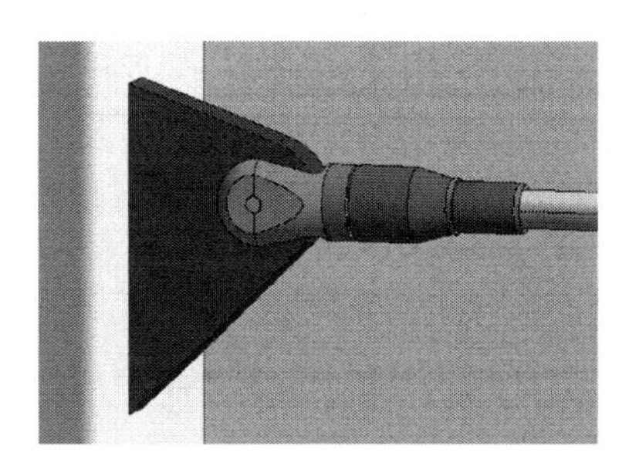

图 6-110 拉索与耳板连接示意图

6.6.5 玻璃分格方案比选

传统的幕墙工程对玻璃在立面上的分格往往没有推敲其与结构梁柱的关系，而是主观地随意划分，导致的问题很多，如因幕墙的开启窗靠在柱面上造成的无法使用。利用参数化BIM模型可以通过修改参数值的方法轻松建立不同玻璃分格方案的模型，将建筑效果直观地展示给业主，从而选择最优的玻璃分格方案。

结合索网幕墙整体受力特点、工厂现有玻璃规格、建筑立面效果及内部使用功能等因素，最终确定玻璃尺寸为1.5 m×(1.4～1.8) m，玻璃分格效果如图 6-111 所示。

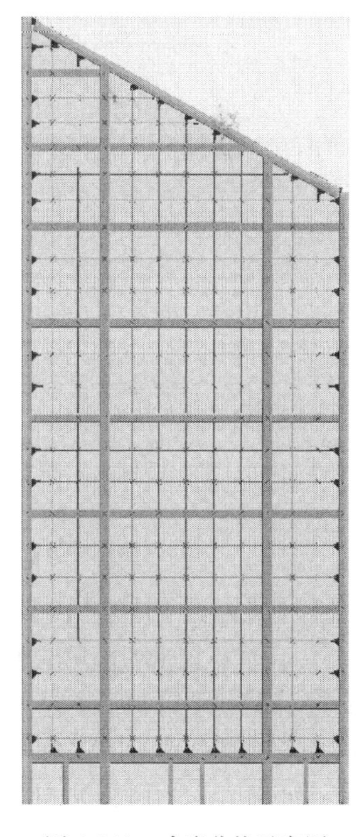

图 6-111 玻璃分格示意图

6.6.6 结构有限元分析

利用开发的数据接口将 BIM 模型以数据格式导入有限元分析软件，Ansys 中有限元模型如图 6-112 所示。

Ansys 中框架梁柱采用 beam188 单元，框架支撑采用 link8 单元，钢拉索采用 link10 单元，幕墙玻璃采用 surf154 单元。编写 APDL 语言对结构进行反复的参数值修改及计算分析，最终确定拉索直径 $\phi=26$mm；拉索的预拉力 $N=200$

kN，为钢索破坏力的11%；拉索最大挠度 f=17 mm，为钢拉索短跨的1/160；拉索的最大应力值 σ=366 MPa，为钢索抗拉强度值的20%。设计结果均满足设计要求并符合以往工程设计经验。钢框架、索网的应力云图及位移云图见图6-112～图6-116所示。

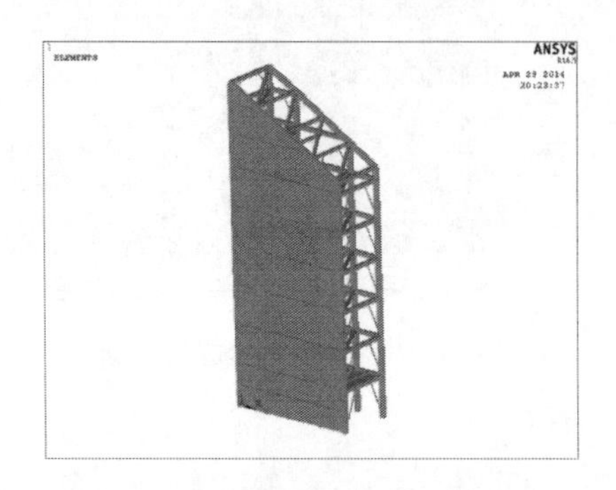

图6-112　玻璃幕墙ANSYS模型

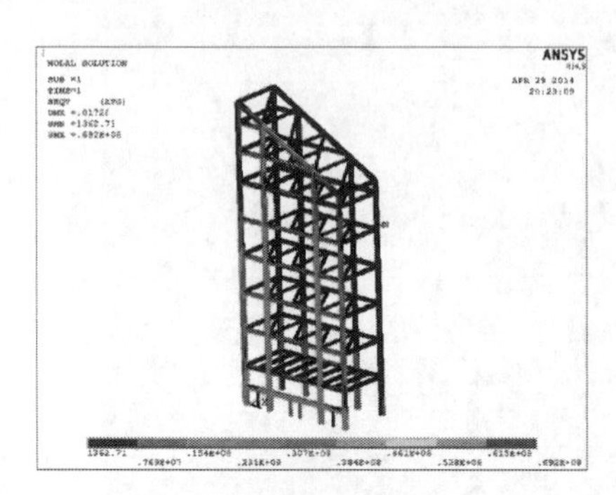

图6-113　钢框架应力云图

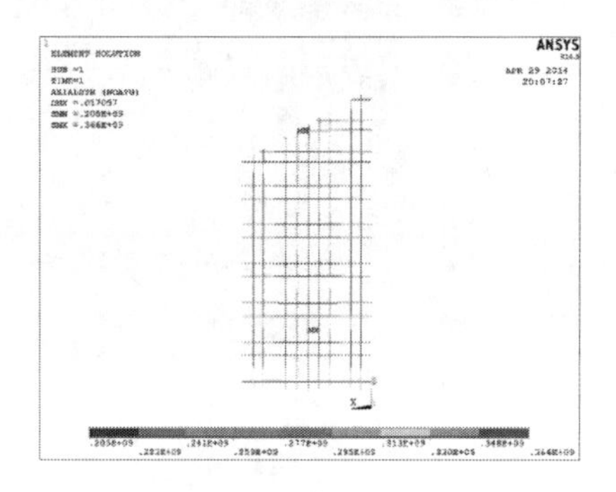

图6-114　索网应力云图

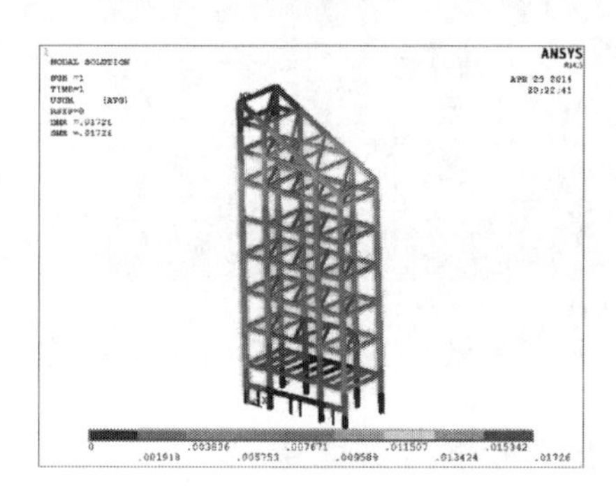

图6-115　钢框架位移云图

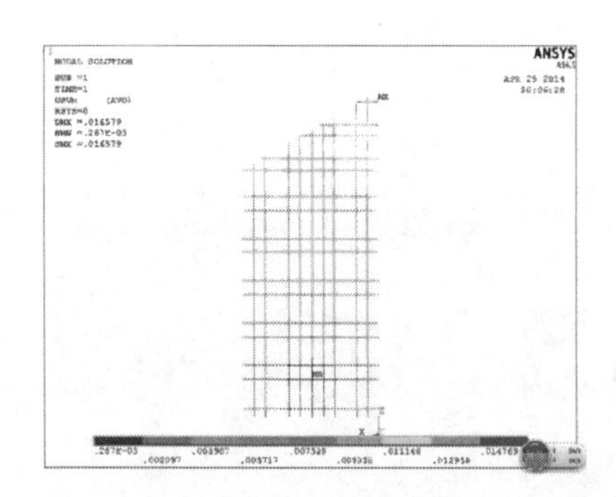

图6-116　索网位移云图

6.6.7　BIM模型与结构分析结果的融合

BIM模型的参数化可以实现模型的快速修改，根据上述的计算结果快速修改BIM模型，使模型与实际设计结果相吻合，便于后续自动生成施工设计图和深化设计等。BIM模型参数修改的过程如图6-117所示。

6.6.8　小结

BIM技术带来了建筑结构界的革命，利用BIM软件可以高效地建立参数化三维模型，结合Ansys中的APDL语言可以快速实现结构的参数化设计。BIM技术在该单层平面索网点支式玻璃幕墙工程的应用，为幕墙结构应用BIM技术进行参数化设计提供了宝贵的经验，所创建的拉索族等由于参数化的性质而具有很大的拓展空间，参数化设计方法值得推广应用。

总的来说，BIM技术在北京市政务中心施工项目管理上的成功应用，积累了高层结构建模、深化设计、施工模拟、平台开发及总承包管理的宝贵经验，所创建的企业级BIM标

准为相关企业 BIM 应用标准的编制提供了依据，所开发的基于 BIM 技术的施工项目管理平台可作为类似项目平台研究及开发的样板，对以后 BIM 技术在施工中的深入应用具有参考价值。

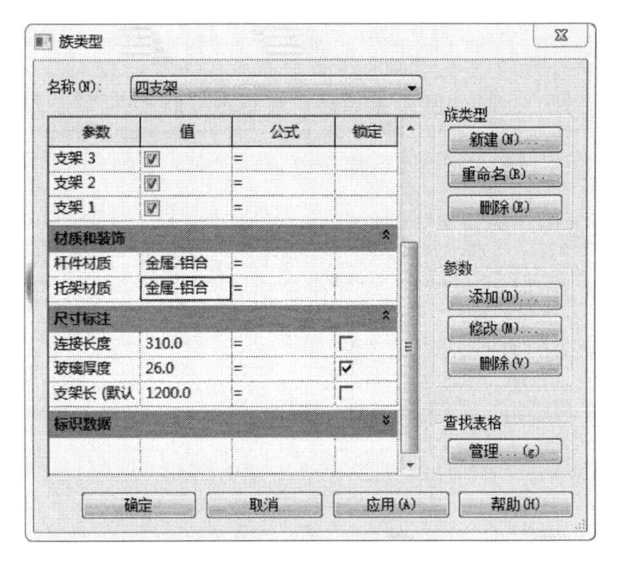

图 6-117　BIM 模型参数值修改

附录A BIM模型LOD标准

1. 建筑专业

建筑专业BIM模型LOD标准见附表A-1。

附表A-1　　建筑专业BIM模型LOD标准

详细等级（LOD）	100	200	300	400	500
场地	不表示	简单的场地布置。部分构件用体量表示	按图纸精确建模。景观、人物、植物、道路贴近真实	概算信息	赋予各构件的参数信息
墙	包含墙体物理属性（长度，厚度，高度及表面颜色）	增加材质信息，含粗略面层划分	包含详细面层信息，材质附节点图	概算信息，墙材质供应商信息，材质价格	产品运营信息（厂商，价格，维护等）
散水	不表示	表示	—	—	—
幕墙	嵌板+分隔	带简单竖挺	具体的竖挺截面，有连接构件	幕墙与结构连接方式，厂商信息	幕墙与结构连接方式，厂商信息
建筑柱	物理属性：尺寸，高度	带装饰面，材质	带参数信息	概算信息，柱材质供应商信息，材质价格	物业管理详细信息
门、窗	同类型的基本族	按实际需求插入门、窗	门窗大样图，门窗详图	门窗及门窗五金件的厂商信息	门窗五金件，门窗的厂商信息，物业管理信息
屋顶	悬挑、厚度、坡度	加材质、檐口、封檐带、排水沟	节点详图	概算信息，屋顶材质供应商信息，材质价格	全部参数信息
楼板	物理特征（坡度、厚度、材质）	楼板分层，降板，洞口，楼板边缘	楼板分层更细，洞口更全	概算信息，楼板材质供应商信息，材质价格	全部参数信息
天花板	用一块整板代替，只体现边界	厚度，局部降板，准确分割，并有材质信息	龙骨，预留洞口，风口等，带节点详图	概算信息，天花板材质供应商信息，材质价格	全部参数信息
楼梯（含坡道、台阶）	几何形体	详细建模，有栏杆	电梯详图	参数信息	运营信息，物业管理全部参数信息
电梯（直梯）	电梯门，带简单二维符号表示	详细的二维符号表示	节点详图	电梯厂商信息	运营信息，物业管理全部参数信息
家具	无	简单布置	详细布置+二维表示	家具厂商信息	运营信息，物业管理全部参数信息

2. 结构专业（混凝土）

结构专业BIM模型LOD标准见附表A-2。

附表A-2　　结构专业BIM模型LOD标准

详细等级（LOD）	100	200	300	400	500
板	物理属性，板厚、板长、宽、表面材质颜色	类型属性，材质，二维填充表示	材料信息，分层做法，楼板详图，附带节点详图（钢筋布置图）	概算信息，楼板材质供应商信息，材质价格	运营信息，物业管理所有详细信息
梁	物理属性，梁长宽高，表面材质颜色	类型属性，具有异形梁表示详细轮廓，材质，二维填充表示	材料信息，梁标识，附带节点详图（钢筋布置图）	概算信息，梁材质供应商信息，材质价格	运营信息，物业管理所有详细信息
柱	物理属性，柱长宽高，表面材质颜色	类型属性，具有异形柱表示详细轮廓，材质，二维填充表示	材料信息，柱标识，附带节点详图（钢筋布置图）	概算信息，柱材质供应商信息，材质价格	运营信息，物业管理所有详细信息
梁柱节点	不表示，自然搭接	表示锚固长度，材质	钢筋型号，连接方式，节点详图	概算信息，材质供应商信息，材质价格	运营信息，物业管理所有详细信息
墙	物理属性，墙厚、宽、表面材质颜色	类型属性，材质，二维填充表示	材料信息，分层做法，墙身大样详图，空口加固等节点详图（钢筋布置图）	概算信息，墙材质供应商信息，材质价格	运营信息，物业管理所有详细信息
预埋及吊环	不表示	物理属性，长宽高物理轮廓。表面材质颜色 类型属性，材质，二维填充表示	材料信息，大样详图，节点详图（钢筋布置图）	概算信息，基础材质供应商信息，材质价格	运营信息，物业管理所有详细信息

3. 地基基础

地基基础BIM模型LOD标准详见附表A-3。

附表A-3　　地基基础BIM模型LOD标准

详细等级（LOD）	100	200	300	400	500
基础	不表示	物理属性，基础长宽高物理轮廓。表面材质颜色 类型属性，材质，二维填充表示	材料信息，基础大样详图，节点详图（钢筋布置图）	概算信息，基础材质供应商信息，材质价格	运营信息，物业管理所有详细信息
基坑工程	不表示	物理属性，基坑长宽高物理轮廓。表面材质颜色	基坑围护，节点详图（钢筋布置图）	概算信息，基坑维护材质供应商信息，材质价格	运营信息，物业管理所有详细信息

续表

详细等级（LOD）	100	200	300	400	500
柱	物理属性，钢柱长宽高，表面材质颜色	类型属性，根据钢材型号表示详细轮廓，材质，二维填充表示	材料信息，钢柱标识，附带节点详图	概算信息，住材质供应商信息，材质价格	运营信息，物业管理所有详细信息
桁架	物理属性，桁架长宽高，五杆件表示，用体量代替，表面材质颜色	类型属性，根据桁架类型搭建杆件位置，材质，二维填充表示	材料信息，桁架标识，桁架杆件连接构造。附带节点详图	概算信息，桁架材质供应商信息，材质价格	运营信息，物业管理所有详细信息
梁	物理属性，梁长宽高，表面材质颜色	类型属性，根据钢材型号表示详细轮廓，材质，二维填充表示	材料信息，钢梁标识，附带节点详图	概算信息，钢梁材质供应商信息，材质价格	运营信息，物业管理所有详细信息
柱脚	不表示	柱脚长、宽、高用体量表示，二维填充表示	柱脚详细轮廓信息，材料信息，柱脚标识，附带节点详图	概算信息，柱材质供应商信息，材质价格	运营信息，物业管理所有详细信息

4. 给排水专业

给排水专业BIM模型LOD标准见附表A-4。

附表A-4　　给排水专业BIM模型LOD标准

详细等级（LOD）	100	200	300	400	500
管道	只有管道类型、管径、主管标高	有支管标高	加保温层、管道进设备机房1M	按实际管道类型及材质参数绘制管道（出产厂家、型号、规格等）	运营信息，物业管理所有详细信息
阀门	不表示	绘制统一的阀门	按阀门的分类绘制	按实际阀门的参数绘制（出产厂家、型号、规格等）	运营信息，物业管理所有详细信息
附件	不表示	统一形状	按类别绘制	按实际项目中要求的参数绘制（出产厂家、型号、规格等）	运营信息，物业管理所有详细信息
仪表	不表示	统一规格的仪表	按类别绘制	按实际项目中要求的参数绘制（出产厂家、型号、规格等）	运营信息，物业管理所有详细信息
卫生器具	不表示	简单的体量	具体的类别形状及尺寸	将产品的参数添加到元素当中（出产厂家、型号、规格等）	运营信息，物业管理所有详细信息
设备	不表示	有长宽高的体量	具体点形状及尺寸	将产品的参数添加到元素当中（出产厂家、型号、规格等）	运营信息，物业管理所有详细信息

5. 暖通专业

暖通专业BIM模型LOD标准见附表A-5。

附表A-5　　暖通专业BIM模型LOD标准

详细等级（LOD）	100	200	300	400	500
暖通水管道	不表示	按着系统只绘主管线，标高可自行定义，按着系统添加不同的颜色	按着系统绘制支管线，管线有准确的标高，管径尺寸。添加保温，坡度	添加技术参数，说明及厂家信息，材质	运营信息与物业管理
管件	不表示	绘制主管线上的管件	绘制支管线上的管件	添加技术参数，说明及厂家信息，材质	运营信息与物业管理
附件	不表示	绘制主管线上的附件	绘制支管线上的附件，添加连接件	添加技术参数，说明及厂家信息，材质	运营信息与物业管理
阀门	不表示	不表示	有具体的外形尺寸，添加连接件	添加技术参数，说明及厂家信息，材质	运营信息与物业管理
设备	不表示	不表示	具体几何参数信息，添加连接件	添加技术参数，说明及厂家信息，材质	运营信息与物业管理
仪表	不表示	不表示	有具体的外形尺寸，添加连接件	添加技术参数，说明及厂家信息	运营信息与物业管理

6. 电气专业

电气专业BIM模型LOD标准见附表A-6。

附表A-6　　电气专业BIM模型LOD标准

详细等级（LOD）	100	200	300	400	500
设备构件	不建模	基本族	基本族、名称、符合标准的二维符号，相应的标高	准确尺寸的族、名称、符合标准的二维符号、所属的系统	准确尺寸的族、名称、符合标准的二维符号、所属的系统、生产厂家、产品样本的参数信息
桥架	不建模	基本路由	基本路由、尺寸标高	具体路由、尺寸标高、支吊架安装、所属系统	具体路由、尺寸标高、支吊架安装、所属系统、生产厂家、产品样本的参数信息
电线电缆	不建模	基本路由、导线根数	基本路由、导线根数、所属系统	基本路由、导线根数、所属系统、导线材质类型	基本路由、导线根数、所属系统、导线材质类型、生产厂家

7. BIM建模详细等级建议

BIM建模详细等级建议详见附表A-7。

附表 A-7 BIM 建模详细等级建议

	方案阶段	初设阶段	施工图阶段	施工阶段	运营阶段
	LOD	LOD	LOD	LOD	LOD
建筑专业					
场地	100	200	300	300	300
墙	100	200	300	300	300
散水	100	200	300	300	300
幕墙	100	200	300	300	300
建筑柱	100	200	300	300	300
门窗	100	200	300	300	300
屋顶	100	200	300	300	300
楼板	100	200	300	300	300
天花板	100	200	300	300	300
楼梯（含坡道、台阶）	100	200	300	300	300
电梯（直梯）	100	200	300	300	300
家具	100	200	300	300	300
结构专业					
板	100	200	300	300	300
梁	100	200	300	300	300
柱	100	200	300	300	300
梁柱节点	100	200	300	300	300
墙	100	200	300	300	300
预埋及吊环	100	200	300	300	300
地基基础					
基础	100	200	300	300	300
基坑工程	100	200	300	300	300
柱	100	200	300	300	300
桁架	100	200	300	300	300
梁	100	200	300	300	300
柱脚	100	200	300	300	300
给排水专业					
管道	100	200	300	300	300
阀门	100	200	300	300	300
附件	100	200	300	300	300
仪表	100	200	300	300	300
卫生器具	100	200	300	400	400
设备	100	200	300	400	400
暖通专业					
风管道	100	200	300	300	300
管件	100	200	300	300	300
附件	100	200	300	300	300
末端	100	200	300	300	300
阀门	100	100	300	300	300

续表

		方案阶段	初设阶段	施工图阶段	施工阶段	运营阶段
		LOD	LOD	LOD	LOD	LOD
暖通专业						
机械设备		100	100	300	400	500
水管道		100	200	300	300	300
管件		100	200	300	300	300
附件		100	200	300	300	300
阀门		100	100	300	300	300
设备		100	100	300	400	500
仪表		100	100	300	400	500
机电专业（强电）						
供配电系统	配电箱	100	200	400	400	400
	电度表	100	200	400	400	400
	变、配电站内设备	100	200	400	400	400
电力、照明系统	照明	100	100	400	400	400
	开关插座	100	100	300	300	300
线路敷设及防雷接地	避雷设备	100	100	300	400	400
	桥架	100	100	300	400	400
	接线	100	100	300	400	400
机电专业（弱电）						
火灾报警及联动控制系统	探测器	100	100	300	400	400
	按钮	100	100	300	400	400
	火灾报警电话	100	100	300	400	400
	火灾报警	100	100	300	400	400
线路线槽	桥架	100	100	300	400	400
	接线	100	100	300	400	400
通信网络系统	插座	100	100	400	400	400
弱电机房	机房内设备	100	200	400	500	500
其他系统设备	广播设备	100	100	300	400	500
	监控设备	100	100	300	400	500
	安防设备	100	100	300	400	500

参考文献

[1] 赵明成. 建筑数字化设计与建造研究 [D]. 长沙：湖南大学，2013.

[2] GB/T 50314—2006. 智能建筑设计标准 [S]. 北京：中国计划出版社，2007.

[3] 黄春辉. 智能化建筑的建设项目管理研究 [D]. 长沙：中南大学，2006.

[4] 罗兴. 大型办公建筑的智能化先期策略研究 [D]. 泉州：华侨大学，2012.

[5] 刘占省，赵明，徐瑞龙. BIM技术在我国的研发及工程应用 [J]. 建筑技术，2013，44 (10)：893-897.

[6] National Building Information Modeling Standard [S]. National Institute of Building Sciences，2007.

[7] 陶敬华. BIM技术和BLM理念及其在海洋工程结构设计中的应用研究 [D]. 天津：天津大学，2008.

[8] 刘占省，赵明，徐瑞龙. BIM技术建筑设计、项目施工及管理中的应用 [J]. 建筑技术开发，2013，40 (03)：65-71.

[9] 刘占省，李占仓，徐瑞龙. BIM技术在大型公用建筑结构施工及管理中的应用 [J]. 施工技术，2012，41 (S1)：177-181.

[10] 刘占省，王泽强，张桐睿，等. BIM技术全寿命周期一体化应用研究 [J]. 施工技术，2013，43 (28)：85-91.

[11] 贺灵童. BIM在全球的应用现状 [J]. 工程质量，2013，31 (03)：12-19.

[12] 王婷，肖莉萍. 国内外BIM标准综述与探讨 [J]. 建筑经济，2014 (05)：108-111.

[13] 张春霞. BIM技术在我国建筑行业的应用现状及发展障碍研究 [J]. 建筑经济，2011 (09)：96-98.

[14] 陈花军. BIM在我国建筑行业的应用现状及发展对策研究 [J]. 黑龙江科技信息，2013 (23)：278-279.

[15] 祝连波，田云峰. 我国建筑业BIM研究文献综述 [J]. 建筑设计管理，2014 (02)：33-37.

[16] 庞红，向往. BIM在中国建筑设计的发展现状 [J]. 建筑与文化，2015 (01)：158-159.

[17] 柳建华. BIM在国内应用的现状和未来发展趋势 [J]. 安徽建筑，2014 (06)：15-16.

[18] 龚彦兮. 浅析BIM在我国的应用现状及发展阻碍 [J]. 中国市场，2013 (46)：104-105.

[19] 何清华，钱丽丽，段运峰，等. BIM在国内外应用的现状及障碍研究 [J]. 工程管理学报，2012，26 (01)：12-16.

[20] 赵源煜. 中国建筑业BIM发展的阻碍因素及对策方案研究 [D]. 北京：清华大学，2012.

[21] 徐迪. 基于Revit的建筑结构辅助建模系统开发 [J]. 土木建筑工程信息技术，2012，4 (03)：71-77.

[22] 张建平，韩冰，李久林，等. 建筑施工现场的4D可视化管理 [J]. 施工技术，2006，35 (10)：36-38.

[23] 陈彦，戴红军，刘晶，等. 建筑信息模型 (BIM) 在工程项目管理信息系统中的框架研究 [J]. 施工技术，2008，37 (02)：5-8.

[24] 曾旭东，谭洁. 基于参数化智能技术的建筑信息模型 [J]. 重庆大学学报，2006，29 (06)：107-110.

[25] Zarzycki，A. Exploring Parametric BIM as a Conceptual Tool for Design and Building Technology Teaching [Z]. SimAUD，2010.

[26] 邵韦平. 数字化背景下建筑设计发展的新机遇—关于参数化设计和BIM技术的思考与实践 [J]. 建筑设计管理，2011，03 (28)：25-28.

[27] 马锦姝，刘占省，侯钢领，等. 基于BIM技术的单层平面索网点支式玻璃幕墙参数化设计. 张可文. 第五届全国钢结构工程技术交流会论文集［C］. 北京：施工技术杂志社，2014，153-156.

[28] 黄诚，张宇，孔伟祥. 单层平面索网点支式玻璃幕墙设计与施工［J］. 施工技术，2003，32（07）：17-53.

[29] 刘正权，姜仁. APDL参数化有限元分析技术在点支式玻璃幕墙设计中的应用［J］. 建筑科学，2006，22（01）：23-26.

[30] 崔晓强，胡玉银，吴欣之，等. 广州新电视塔结构施工控制技术［J］. 施工技术，2009，38（04）：25-28.

[31] 张婷婷. 灵江大桥风险评估体系、方法及应用研究［D］. 杭州：浙江大学，2010.

[32] 曾志斌，张玉玲. 国家体育场大跨度钢结构在卸载过程中的应力监测［J］. 土木工程学报，2008，41（03）：1-6.

[33] 胡振中，张建平. 基于子信息模型的4D施工安全分析及案例研究［C］. 第六届全国土木工程研究生学术论坛论文集. 北京，2008：277-281.

[34] 刘占省，武晓凤，张桐睿，等. 徐州体育场预应力钢结构BIM族库开发及模型建立［C］. 2013年全国钢结构技术学术交流会论文集，北京：2013.

[35] 刘占省，马锦姝，陈默. BIM技术在北京市政务服务中心工程中的研究与应用［J］. 城市住宅，2014（232）：36-39.

[36] 胡玉银. 第十讲　超高层建筑结构施工控制（二）［J］. 建筑施工，2011，33（06）：509-511.

[37] 刘占省. 马鞍型索网结构设计与施工关键技术［R］. 北京：清华大学，2013.

[38] 崔晓强，郭彦林，叶可明. 大跨度钢结构施工过程的结构分析方法研究［J］. 工程力学，2006，23（05）：83-88.

[39] 董海. 大跨度预应力混凝土结构应力状态监测与安全评估［D］. 大连：大连理工大学，2013.

[40] 秦杰，王泽强，张然. 2008奥运会羽毛球馆预应力施工监测研究［J］. 建筑结构学报，2007，28（6）：83-91.

[41] 李占仓，刘占省. 基于SOCKET技术的远程实时监测系统研究［C］. 第十三届全国现代结构工程学术研讨会论文集，海口：2013. 794-799.

[42] 韩建强，李振宝，宋佳，等. 预应力装配式框架结构抗震性能试验研究和有限元分析［J］. 建筑结构学报，2010，31（增刊1）：311-314.

[43] Robert Eadie，Mike Browne，Henry Odeyinka，Clare McKeown，Sean McNiff. BIM implementation throughout the UK construction project lifecycle：An analysis［J］. Automation in Construction，2013（36）：145-151.

[44] Kim Hyunjoo，Kyle Anderson. Energy Modeling System Using Building Information Modeling Open Standards［J］. Journal of Computing in Civil Engineering，2013（27）：203-211.

[45] 李久林，张建平，马智亮，等. 国家体育场（鸟巢）总承包施工信息化管理［J］. 建筑技术，2013，44（10）：874-876.

[46] 刘占省，马锦姝，徐瑞龙，等. 基于BIM的预制装配式住宅信息管理平台研发与应用［J］. 建筑结构学报，2014，35（增刊2）：65-72.

[47] 李忠献，张雪松，丁阳. 装配整体式型钢混凝土框架节点抗震性能研究［J］. 建筑结构学报，2005，26（4）：32-38.

[48] 周文波，蒋剑，熊成. BIM技术在预制装配式住宅中的应用研究［J］. 施工技术，2012，41（377）：72-74.

[49] 夏海兵，熊城. Tekla BIM技术在上海城建PC建筑深化设计中的应用［J］. 土木建筑工程信息技术，2012，04（04）：96-103.

[50] 胡振中，陈祥祥，王亮，等. 基于 BIM 的机电设备智能管理系统 [J]. 土木建筑工程信息技术，2013，05 (01)：17-21.
[51] 何关培. BIM 总论 [M]. 北京：中国建筑工业出版社，2011.
[52] 何关培，李刚. 那个叫 BIM 的东西究竟是什么 [M]. 北京：中国建筑工业出版社，2011.
[53] Chuck Eastman，Paul Teicholz，Rafael Sacks. BIM Handbook [M]. John Wiley & Sons，Inc，2008.
[54] Finith E. Jernigan. BIG BIM little bim [M]. 4Site Press，2008.
[55] Eddy Krygiel. Green BIM [M]. Sybex，2008.
[56] Raymond D. Crotty. The Impact Of Building Information Modeling [M]. 2012.
[57] Willem Kymmell. Building Information Modeling [M]. 2008.
[58] 顾东园. 浅谈如何加强建筑工程施工管理 [J]. 江西建材，2014 (13)：294-296.
[59] 刘祥禹，关力罡. 建筑施工管理创新及绿色施工管理探索 [J]. 黑龙江科技信息，2012 (05)：158-158.
[60] 余春华. 关于建筑工程施工管理创新的探究 [J]. 中国管理信息化，2011 (11)：67-68.
[61] 王光业. 建筑施工管理存在的问题及对策研究 [J]. 现代物业，2011，10 (06)：92-93.
[62] 张西平. 建筑工程施工管理存在的问题及对策 [J]. 江苏建筑职业技术学院学报，2012，12 (04)：1-3.
[63] 孙佩刚. 基于绿色施工管理理念下如何创新建筑施工管理 [J]. 中国新技术新产品，2013 (02)：178.
[64] 中华人民共和国建设部. GB/T 50430—2007. 工程建设施工企业质量管理规范 [S]. 北京：中国建筑工业出版社，2008
[65] 中华人民共和国建设部. GB/T 50326—2006. 建筑工程项目管理规范 [S]. 北京：建筑工程项目管理规范，2006.
[66] 中华人民共和国建设部. GB/T 50326—2001. 建设工程项目管理规范 [S]. 北京：中国建筑工业出版社，2002.
[67] 中华人民共和国住房和城乡建设部. GB 50656—2011. 施工企业安全生产管理规范 [S]. 北京：中国计划出版社，2012.
[68] 刘占省. BIM 在大型公建项目的实施目标及技术路线的制定 [OL]. http：//blog. zhulong. com/u9463957/blogdetail4670708. html，2014-04-29.
[69] 赵雪锋. 从一堵墙、一根桩看施工 BIM [OL]. http://blog. zhulong. com/blog/detail4649782. html，2014-03-03.
[70] 刘占省. BIM 在施工项目管理中的内容划分 [OL]. http://blog. zhulong. com/blog/detail4652737. html? page=2，2014-03-12.
[71] 王慧琛，李炎锋，赵雪锋，等. BIM 技术在地下建筑建造中的应用研究——以地铁车站为例 [J]. 中国科技信息，2013 (15)：72-73.
[72] 赵雪锋，李炎锋，王慧琛，等. 建筑工程专业 BIM 技术人才培养模式研究 [J]. 中国电力教育，2014 (02)：53-54.
[73] 张建平，梁雄，刘强，等. 基于 BIM 的工程项目管理系统及其应用 [J]. 土木建筑工程信息技术，2012 (04)：1-6.
[74] 林佳瑞，张建平，何田丰，等. 基于 BIM 的住宅项目策划系统研究与开发 [J]. 土木建筑工程信息技术，2013，05 (01)：22-26.
[75] 张建平，刘强，余芳强，等. 面向建筑施工的 BIM 建模系统研究与开发 [C]. //第十五届全国工程设计计算机应用学术会议论文集. 2010：324-329.

[76] 王勇，张建平，胡振中，等. 建筑施工 IFC 数据描述标准的研究 [J]. 土木建筑工程信息技术，2011，(04)：9-15.

[77] 张建平，胡振中. 基于 4D 技术的施工期建筑结构安全分析研究 [C]. //第 17 届全国结构工程学术会议论文集. 2008：206-215.

[78] 林佳瑞，张建平等. 基于 4D-BIM 与过程模拟的施工进度—资源均衡 [J]. 第十七届全国工程建设计算机应用大会论文集，2014.

[79] 张建平，郭杰，吴大鹏，等. 基于网络的建筑工程 4D 施工管理系统 [C]. //计算机技术在工程建设中的应用. 2006：495-500.

[80] 程朴，张建平，江见鲸，等. 施工现场管理中的人工智能技术应用研究 [C]. //全国交通土建及结构工程计算机应用学术研讨会论文集. 2001：76-80.

[81] 张建平，范喆，王阳利，等. 基于 4D-BIM 的施工资源动态管理与成本实时监控 [J]. 施工技术，2011，40 (04)：37-40.

[82] 张建平，曹铭，张洋，等. 基于 IFC 标准和工程信息模型的建筑施工 4D 管理系统 [C]. //第 14 届全国结构工程学术会议论文集.：166-175.

[83] 张建平，张洋，张新，等. 基于 IFC 的 BIM 三维几何建模及模型转换 [J]. 土木建筑工程信息技术，2009，01 (01)：40-46.

[84] 王勇，张建平. 基于建筑信息模型的建筑结构施工图设计 [J]. 华南理工大学学报（自然科学版），2013，41 (3)：76-82.

[85] 卢岚，杨静，秦嵩，等. 建筑施工现场安全综合评价研究 [J]. 土木工程学报，2003，36 (9)：46-50，82.

[86] 张建平，马天一. 建筑施工企业战略管理信息化研究 [J]. 土木工程学报，2004，37 (12)：81-86.

[87] 张建平，李丁，林佳瑞，等. BIM 在工程施工中的应用 [J]. 施工技术，2012，41 (16)：10-17.

[88] 张建平，余芳强，李丁，等. 面向建筑全生命期的集成 BIM 建模技术研究 [J]. 土木建筑工程信息技术，2012 (01)：6-14.

[89] 龙文志. 建筑业应尽快推行建筑信息模型（BIM）技术 [J]. 建筑技术，2011，42 (01)：9-14.

[90] 李犁，邓雪原. 基于 BIM 技术的建筑信息平台的构建 [J]. 土木建筑工程信息技术，2012 (02)：25-29.

[91] 李建成. BIM 概述 [J]. 时代建筑，2013 (02)：10-15.

[92] 刘献伟，高洪刚，王续胜，等. 施工领域 BIM 应用价值和实施思路 [J]. 施工技术，2012，41 (22)：84-86.

[93] 许娜，张雷. 基于 BIM 技术的建筑供应链协同研究 [J]. 北京理工大学学报，2014.

[94] 许丽芳. BIM 技术对工程造价管理的作用 [J]. 中国招标，2015.

[95] 孙高睦. BIM 技术在建筑工程管理中的运用经验交流会举行 [J]. 中国勘察设计，2015.

[96] 高兴华，张洪伟，杨鹏飞等. 基于 BIM 的协同化设计研究 [J]. 中国勘察设计，2015 (01)：77-82.

[97] 柳建华. BIM 在国内应用的现状和未来发展趋势 [J]. 安徽建筑，2014，21 (06)：15-16.

[98] 杨光，李慧. 进度模拟与管理中 BIM 标准的研究 [J]. 中国市政工程，2014 (06)：82-84＋101-102.

[99] 李学俊，姚德山，刘学荣，等. 基于 BIM 的建筑企业招投标系统研究 [J]. 建筑技术，2014，45 (10)：946-948.

[100] 王荣香，张帆. 谈施工中的 BIM 技术应用 [J]. 山西建筑，2015 (03)：93-93，94.

[101] 祁兵. 基于 BIM 的基坑挖运施工过程仿真模拟 [J]. 建筑设计管理，2014 (12)：56-59.

[102] 张连营，于飞. 基于 BIM 的建筑工程项目进度—成本协同管理系统框架构建 [J]. 项目管理技术，2014 (12)：43-46.

[103] 胡作琛，陈孟男，宋杰平，等. 特大型项目全生命周期BIM实施路线研究 [J]. 青岛理工大学学报，2014，35 (06)：105-109.
[104] 肖良丽，吴子昊，等. BIM理念在建筑绿色节能中的研究和应用 [J]. 工程建设与设计，2013 (03)：104-107.
[105] 隋振国，马锦明，等. BIM技术在土木工程施工领域的应用进展 [J]. 施工技术，2013 (S2)：161-165.
[106] 姜曦. 谈BIM技术在建筑工程中的运用 [J]. 山西建筑，2013，39 (02)：109-110.
[107] 李犁，邓雪原. 基于BIM技术建筑信息标准的研究与应用 [J]. 四川建筑科学研究，2013，39 (04)：395-398.
[108] 王刚，高燕辉. BIM时代的项目管理 [J]. 建筑经济，2011 (S1)；34-37.
[109] 桑培东，肖立周. BIM在设计-施工一体化中的应用 [J]. 施工技术，2012，41 (371)；25-26+106.
[110] 孔嵩. 建筑信息模型BIM研究 [J]. 建筑电气，2013 (04)：27-31.
[111] 杨德磊. 国外BIM应用现状综述 [J]. 土木建筑工程信息技术，2013，05 (06)：89-94+100.
[112] 应宇垦，王婷. 探讨BIM应用对工程项目组织流程的影响 [J]. 土木建筑工程信息技术，2012，04 (03)：52-55.
[113] 许旭东. 浅谈如何加强建筑工程施工管理 [J]. 中华民居，2013 (03)：199-200.
[114] 刘祥禹，关力罡. 建筑施工管理创新及绿色施工管理探索 [J]. 黑龙江科技信息，2012 (05)：158.
[115] 孙佩刚. 基于绿色施工管理理念下如何创新建筑施工管理 [J]. 中国新技术新产品，2013 (02)：178.
[116] 韦喜梅. 土木工程施工管理中存在问题的分析 [J]. 现代物业，2011 (09)：124-125.
[117] 倪桂敏. 试论当前绿色建筑施工管理 [J]. 科技与企业，2014 (04)：49.
[118] 杨中明. 浅议工程建设施工管理 [J]. 建材发展导向 (下)，2014 (01)：218-218.
[119] 张帅. 工程施工管理中的成本控制分析 [J]. 建材发展导向，2014.
[120] 李于中. 浅谈如何做好建筑工程的安全文明施工管理 [J]. 建筑工程技术与设计，2014 (33)：410-410.
[121] 易晓强. 建筑施工安全管理现状分析与对策研究 [J]. 江西建材，2015 (02)：262.
[122] 吴博飞. 土木工程施工管理中存在的问题分析 [J]. 江西建材，2015 (02)：252.